思维导图学
乐高机器人
创意搭建与编程 上

方其桂 等◎著

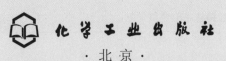

化学工业出版社

·北京·

内容简介

乐高是全世界小朋友普遍爱玩的玩具，通过搭建和编程，可以创造出各种各样的作品，让孩子的奇思妙想变成现实。

本书分为上、下两册：上册借助乐高9686套件，通过案例介绍乐高机器人的基础搭建知识；下册借助乐高EV3套件，结合案例着重讲解通过编程来操控搭建的机器人。全书共43个案例，每个案例均以一个完整的作品制作为例展开讲解，让孩子们边玩边学，同时结合思维导图的形式，启发和引导孩子们去思考和创造。

本书采用视频讲解+全彩图解的方式展现，每节课均配有微课教学视频，还提供所有案例的源程序、素材课件等资源，扫描二维码即可轻松获取相应的学习资源，大大提高学习效率。

本书特别适合对乐高机器人感兴趣的中小学生，以及完全没有接触过编程的小朋友进行编程启蒙使用。对从事青少年编程教育的老师来说，也是一本非常好的教程，同时也可以作为中小学兴趣班以及相关培训机构的教学用书。

图书在版编目（CIP）数据

思维导图学乐高机器人创意搭建与编程／方其桂等著.
—北京：化学工业出版社，2021.1
ISBN 978-7-122-37790-6

Ⅰ.①思… Ⅱ.①方… Ⅲ.①智能机器人-程序设计
-青少年读物 Ⅳ.①TP242.6-49

中国版本图书馆CIP数据核字（2020）第179436号

责任编辑：耍利娜　　　　　　　　　　　文字编辑：吴开亮
装帧设计：北京壹图厚德网络科技有限公司　责任校对：刘　颖
美术编辑：王晓宇

出版发行：化学工业出版社（北京市东城区青年湖南街13号　邮政编码100011）
印　　装：北京宝隆世纪印刷有限公司
880mm×1230mm　1/16　印张 24¼　字数 627千字　　2021年4月北京第1版第1次印刷

购书咨询：010-64518888　　　　　　　　　　售后服务：010-64518899
网　　址：http://www.cip.com.cn
凡购买本书，如有缺损质量问题，本社销售中心负责调换。

定　　价：108.00元（上、下册）

前 言

这是一本面向6～15岁孩子的机器人设计、搭建和编程操控书。让孩子学习机器人搭建、编程，可以提高他们的科学素养，更适应人工智能时代的发展要求。

一 为什么要学习机器人

机器人技术融合了机械原理、电子传感器、计算机软硬件及人工智能等众多技术。学习机器人会涉及编程，通过积木式编程控制机器人运动，不仅可以使孩子获得成就感，增强自信心，还有助于培养孩子科学探究的精神，养成严谨踏实的良好习惯。具体来说，学习机器人有如下优点。

1. 丰富孩子的想象力

机器人学习套装里包含种类丰富的结构件，这些结构件可以组成各种机械结构，这些结构在生活中大量存在。孩子在学习机器人的时候，通过自由搭建，可以了解很多结构知识，同时也大大提高了孩子的空间想象力。

2. 提高解决问题的能力

机器人教育的本质是鼓励孩子自己解决问题，主动思考，学会反思总结，举一反三；充分运用知识去搭建一个机器人，注重知识与生活的联系，旨在培养孩子的动手能力，再通过编程让孩子的想法变成现实，对提高孩子的动手能力和解决问题的能力有很大的帮助。

3. 培养抽象逻辑思维能力

机器人学习中非常重要的一点就是逻辑编程。机器人是通过一整套严密的程序来实现设计者的要求的。因此，只有经过严谨而周密的思考，编写出一套好的执行程序，才能达成自己的设想，让机器人按照自己的意愿来行动。而且机器人程序不是各种生涩难懂的代码，而是形象生动的图形化界面，使得对孩子的逻辑思维训练变得更加容易。

4. 培养勇于试错的能力

在学习机器人过程中，会遇到很多困难和问题，需要孩子不断去尝试新的方法，采取新的措施去获得满意的结果，这是一个不断试错—修正—再试—再改的过程，让孩子在不知不觉中得到锻炼和提高。

5. 提升孩子的科学素养

学习机器人的过程中，会综合学习到很多机械、电子、自动化、数学、计算机软硬件的知识，同时会运用各种先进的传感设备来实现机器人的很多功能。这些科学知识对于开阔孩子的眼界，提升他们的科学素养都是非常有益的。

二　为什么选择乐高

乐高是全世界小朋友普遍爱玩的玩具，而且是完整的零件系统，可以与乐高所有的玩具零件组合使用。本书主要选用乐高9686套件和EV3套件，以积木方式进行搭建，有更多的可能性；程序部分也是通过"搭积木"的方式，把代码拼装起来，创造出各种创意十足、新鲜有趣的案例。具体来说，乐高有如下优点。

1. 入门简单

9686套件好玩易上手，非常适合中小学生初次接触机器人、认识各种零件、了解各种类型机械结构的搭建方式时使用。

2. 零件丰富

乐高的零件非常丰富，主要有皮带传动、齿轮结构、螺旋推杆、蜗杆传动、双链条联动等。你能想到的机构，乐高零件几乎都能满足你的搭建要求。

3. 积木式编程

学习乐高机器人时使用EV3图形化积木式编程语言，非常适合对没有编程基础或编程基础较少的孩子进行编程启蒙。

三　本书结构

本书分为上、下两册：上册借助乐高9686套件，通过案例介绍乐高机器人的基础搭建知识；下册借助乐高EV3套件，结合案例着重讲解通过编程来操控搭建的机器人。上册6个单元，下册5个单元，每单元包含3~4个案例，每个案例以一个完整的作品制作为例展开讲解，内容结构编排如下。

- 任务分析：明确任务功能，提出关键问题，进行头脑风暴，分析解决方案。
- 规划设计：详细讲解作品的结构设计和程序规划。
- 探究实践：从准备活动到程序编写，图文结合，详细指导案例的制作。
- 智慧钥匙：拓展延伸相关知识，丰富知识体系。
- 挑战空间：通过练习，巩固学习效果。

四　本书使用

本书教具选用乐高9686套件和EV3套件，同样适用于其他套件，编程软件使用LEGO MINDSTORMS Education EV3。为了有较好的学习效果，建议学习本书时遵循以下几点。

- 兴趣为先：针对案例，结合生活实际，善于发现有趣的问题，乐于去解决问题。

- 循序渐进：对于初学者，刚开始零件较多，新知识也较多，但不要害怕，更不能急于求成。以小案例为中心，层层铺垫，再拓展应用，掌握搭建技巧，再了解编程知识。

- 举一反三：由于篇幅有限，本书案例只是某方面的代表，我们可以用书中解决问题的方法，解决类似案例或者题目。

- 交流分享：在学习的过程中，建议和小伙伴一起学习，相互交流经验和技巧，相互鼓励，攻破难题。

- 动手动脑：初学者最忌讳的是眼高手低，对于书中所讲的案例，不能只限于纸上谈兵，应该亲自动手，完成案例的制作，体验创造的快乐。

- 善于总结：每次案例的制作都会有收获，在学习之后，别忘了总结制作过程，理清错误根源，为下一次创作提供借鉴。

五　本书特点

本书适合编程初学者以及对机器人感兴趣的青少年阅读，也适合家长和老师指导孩子们进行程序设计时使用。为充分调动他们的学习积极性，本书在编写时注重体现如下特色。

- 实例丰富：本书案例丰富，内容编排合理，难度适中。每个案例都有详细的分析和制作指导，降低了学习的难度，使读者更容易理解所学知识。

- 图文并茂：本书使用图片代替了大部分的文字说明，用图文结合的形式来讲解程序的编写思路和具体操作步骤，学习起来更加轻松高效。

- 资源丰富：考虑到读者自学的需求，本书配备了所有案例的素材和源文件，并录制了相应的微课视频，配套资源不管在数量上还是质量上都有保障。扫下二维码可下载配套资源。

- 形式贴心：对于读者在学习过程中可能会遇到的疑问，书中以"提示"和"读一读"等栏目进行说明，使读者在学习的过程中少走弯路。

六　本书作者

本书作者团队成员有省级教研人员以及具有多年教学经验的中小学信息技术教师，深谙孩子们的学习心理，已经编写并出版过多本青少年编程相关图书，有着丰富的图书编写经验。

本书由方其桂、唐小华、周本阔、赵新未、高纯、鲍却寒、刘斌等人编写。此外，本书配套学习资源由方其桂整理制作。

虽然编者尽力认真构思验证，反复审核修改，但由于时间和精力有限，书中难免有不足之处。在学习使用的过程中，针对同样的案例，读者也可能会有更好的制作方法。不管是哪方面的问题，都衷心希望广大读者不吝指正，提出宝贵的意见和建议。

扫一扫
下载学习资源

著者

目 录

第4单元

开心游乐园
——了解齿轮结构

第5单元

创意生活坊
——了解机器人机构

第6单元

欢乐货运站
——机器人综合应用

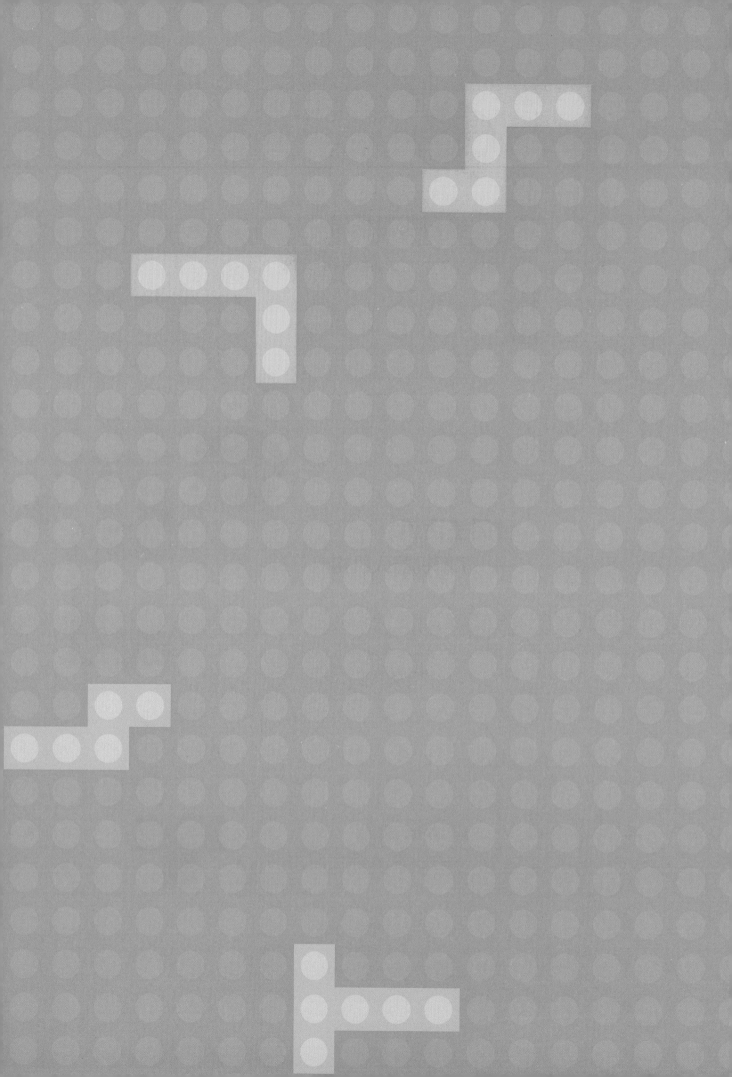

第1单元

学习准备间
——乐高零件分类

拿到乐高器材，你一定很兴奋吧？你知道乐高器材的分类吗？它们都有哪些特征呢？俗话说"磨刀不误砍柴工"，让我们一起走进"学习准备间"来了解乐高器材吧。

本单元通过设计垃圾分类游戏、构建数学图形、搭建生活中的物体，了解乐高器材的名称、分类及特点，为进一步学习打好基础。

垃圾分类

观光塔

射门

伸缩夹子

垃圾分类显时尚

扫一扫 看微课

日常生活中，垃圾无处不在，比如家庭公寓里的垃圾桶、街头巷尾的垃圾箱、城市郊区的垃圾场等。你会发现，垃圾处理时通常有着多种分类。你知道垃圾为什么要进行分类吗？又该如何进行合理分类呢？本节课，我们使用乐高设计一款垃圾分类的游戏，了解垃圾分类的更多常识。

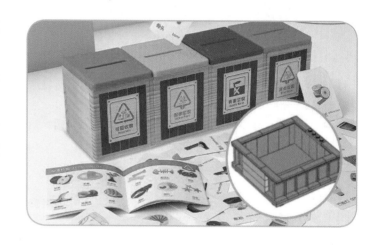

任务分析

要设计"垃圾分类"游戏，首先要明确游戏的玩法，然后围绕玩法思考并提出设计作品中需要解决的问题，在此基础上提出相应的解决方案。

明确功能

要设计制作"垃圾分类"的游戏，首先要设计游戏规则，再根据游戏规则思考需要哪些道具。请将你认为游戏所需要达到的功能填写在图1-1的思维导图中。

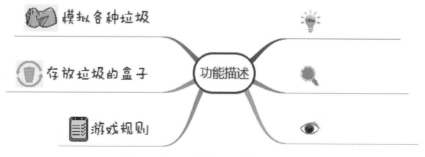

图1-1 构思"垃圾分类"游戏功能

提出问题

制作"垃圾分类"游戏时，需要思考的问题如图1-2所示。你还能提出怎样的问题？填在框中。

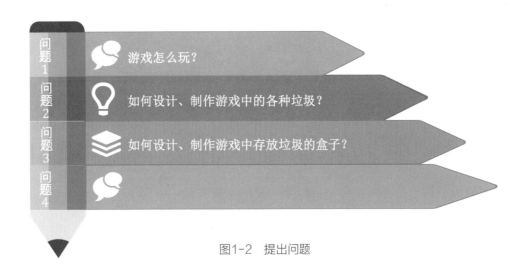

问题1　💬 游戏怎么玩？

问题2　💡 如何设计、制作游戏中的各种垃圾？

问题3　📚 如何设计、制作游戏中存放垃圾的盒子？

问题4　💬

图1-2　提出问题

头脑风暴

　　如图1-3所示，日常生活中的垃圾分为"可回收物""湿垃圾""有害垃圾""干垃圾"四种，面对各种各样的垃圾我们是如何分类的呢？可以结合生活经验或者查阅资料，了解垃圾分类的更多知识，对你设计游戏一定会有很大的启发。

图1-3　日常生活中的垃圾分类

📝 **提出方案**

要将垃圾分类设计成游戏，需要设计游戏规则，明确游戏怎么玩。在此基础上还要制作各种模拟垃圾的道具和用于收纳垃圾的容器。请根据表1-1的内容，选一选你的游戏设计方案，并说说为什么这样选择。

表1-1 "垃圾分类"游戏方案选择表

构思	设计类型		
游戏规则	■ 多人游戏 ■ 加分方式	■ 单人游戏 ■ 减分方式	■ 其他＿＿＿＿ ■ 其他＿＿＿＿
各种垃圾	■ 卡片模拟	■ 积木模拟	■ 其他＿＿＿＿
垃圾容器	■ 垃圾桶 是否考虑： ■ 颜色	■ 垃圾盒 ■ 数量	■ 其他＿＿＿＿ ■ 大小

 **规划设计**

Ⓐ **作品规划**

根据以上的方案，可以初步设计出"垃圾分类"游戏作品的构架，将自己的想法和问题添加到图1-4的思维导图中。

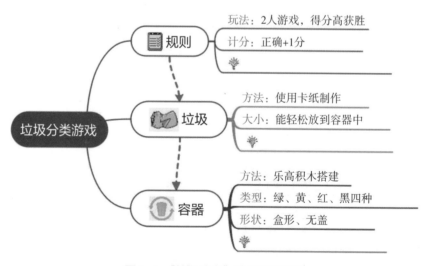

图1-4 "垃圾分类"游戏规划设计

结构设计

垃圾分类游戏需要设计多张垃圾卡片和收纳垃圾卡片的盒子。参考图1-5，你有什么更好的结构方案？

垃圾卡片

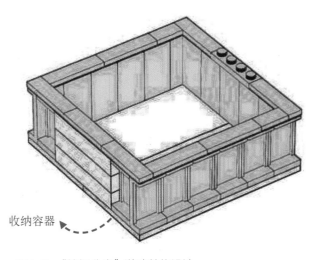

收纳容器

图1-5　"垃圾分类"游戏结构设计

探究实践

在制作"垃圾分类"游戏作品时，首先根据作品规划，选择合适的器材和工具；然后依次制作收纳盒子和垃圾卡片；最后设计游戏规则，使用搭建的作品开展实验探究。

器材准备

垃圾分类游戏首先要使用乐高零件搭建收纳盒子，主要用到乐高中的板、砖、瓦片等零件；另外还需要使用卡纸、剪刀、蜡笔、直尺制作垃圾卡片。主要器材清单如表1-2所示。

表1-2　"垃圾分类"游戏零件清单

名称	工具
垃圾卡片 	![卡纸] ![剪刀] ![蜡笔] ![直尺]
收纳盒子	![板] ![砖] ![长砖] ![瓦片]

搭建作品

根据日常垃圾的类型，要搭建4个收纳盒子，分别用于存放"可回收物""湿垃圾""干垃圾""有害垃圾"；再使用卡纸制作若干张垃圾卡片。

● 搭建盒子

如图1-6所示，使用基础底板搭建盒子的底，使用砖搭建盒子的侧面，最后用瓦片将盒子侧面砖互锁，使盒子更结实。

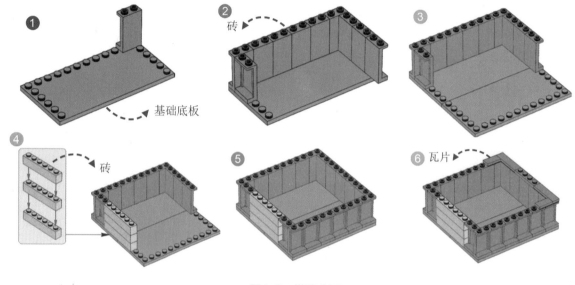

图1-6 搭建盒子

● 安装底座

如图1-7所示，将盒子互锁后，使用圆瓦片为盒子安装底座。使用相同的方法搭建其他3个盒子。

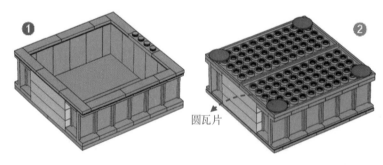

图1-7 安装底座

● 制作卡片

先在卡纸上按规划大小绘制各种垃圾，再标注文字和涂色，最后裁剪，制作各种垃圾卡片，如图1-8所示。

图1-8 制作卡片

思考

❶ 你能分辨出乐高器材中砖、板、瓦片的区别吗？使用1×4瓦片将盒子的砖体互锁，有什么作用？

❷ 在整个任务的实施过程中，哪些环节可以通过分工合作提高工作效率？

功能检测

垃圾卡片和收纳盒子制作好后，我们就可以进行垃圾分类游戏了、让我们开始游戏吧，了解更多垃圾分类的相关知识。

● 设计游戏规则

在制定垃圾分类的游戏时，需要考虑人数、场合等因素，不同的规则会带来不同的游戏效果，如图1-9所示为其中一种玩法的规则。你可以参照此规则制定自己的游戏规则。

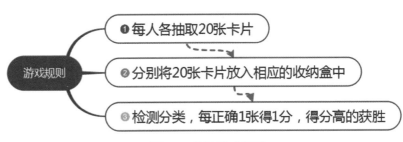

图1-9 设计游戏规则

● 检测分类效果

通过游戏，你们一定了解了很多关于"垃圾分类"的相关常识，你们知道生活中都有哪些"可回收物""干垃圾""湿垃圾"和"有害垃圾"吗？找一找哦，填写在表1-3中。

表1-3 垃圾分类常识

分类	生活中的例子	分类	生活中的例子
♲ 可回收物		♿ 干垃圾	
湿垃圾		有害垃圾	

1. 乐高常用零件分类

乐高之所以能拼出令人惊叹的作品，很大程度上依赖于其种类繁多的零件，目前乐高零件的种类超过23000种。那么多的零件找起来会相当费劲，如果能知道零件的名字，并进行分类，就可以节约很多时间。常见的乐高零件有梁、砖、板、连杆、轴、销、连接件等，如表1-4所示。

表1-4 乐高常用零件分类

名称	形状	名称	形状
梁		砖	
板		连杆	
轴		销	
轴套		连接件	

2. 乐高零件单位

乐高器材中，同一类零件有形状、颜色和大小的区别。如图1-10所示，通常将1×1块的宽度作为基本lego单位。其中积木上一个"凸点"的长度也是一个乐高单位，因此可以用轴和连杆进行比较，从而确定轴的名称。一个轴的长度是几个乐高单位，通常就把它叫作几号轴。

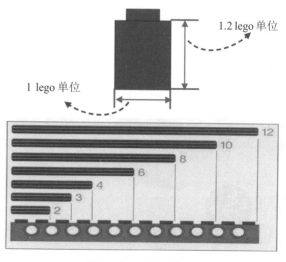

图1-10 乐高零件单位

3. 互锁结构

使用连杆、砖等零件搭建物体时，就像建筑工人砌砖一样，作品都是由一小块一小块的积木块搭建的，如果没有进行互锁，作品会不稳固。利用互锁结构可以将上、下层的缝隙互相锁住，使整个结构更加牢固、不易散架。如图1-11所示，常用互锁结构类型有单点互锁、平面互锁、立体互锁等。

单点互锁

平面互锁

立体互锁

图1-11 乐高互锁结构

挑战空间

① 任务拓展

本节课我们使用乐高中的板、砖等零件学会了盒子的搭建，如图1-12所示，你能使用同类零件设计、制作一个个性笔筒吗？说说盒子和笔筒在设计、制作过程中的相同点和不同点。

图1-12 "个性笔筒"作品效果图

② 举一反三

使用乐高不仅可以制作简单的盒子，只要能分析事物的本质特征，掌握物体的基本结构，还能搭建出各种复杂的物体。请选择器材，完成如图1-13所示的椰子树和火烈鸟结构。

图1-13 创意搭建作品效果图

第 2 课

观光塔高入云霄

扫一扫 看微课

你见过高塔吗？有些高塔是作为城市景观出现的，如巴黎的埃菲尔铁塔、上海的东方明珠电视塔等。有些则作为景区的游乐设施，如建筑高塔可以供游客进行跳伞、蹦极、攀岩等极限娱乐活动使用。本节课，我们使用乐高器材设计一款关于观光塔，一起来试一试吧。

 **任务分析**

要设计"观光塔"作品，首先要明确任务要求，然后围绕任务要求思考并提出设计作品中需要解决的问题，在此基础上提出相应的解决方案。

明确功能

要设计制作"观光塔"作品，首先要了解观光塔的结构特征，并且设计任务的竞技规则。请将你认为作品所需要达到的功能填写在图2-1的思维导图中。

图2-1 构思"观光塔"作品功能

❓ 提出问题

制作"观光塔"作品时，需要思考的问题如图2-2所示。你还能提出怎样的问题？填在框中。

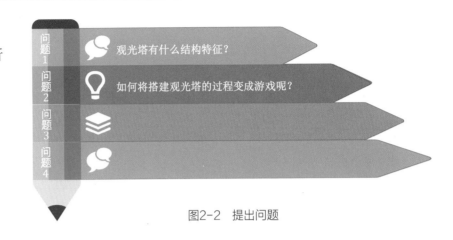

问题1	💬 观光塔有什么结构特征？
问题2	💡 如何将搭建观光塔的过程变成游戏呢？
问题3	▨
问题4	💬

图2-2　提出问题

头脑风暴

如图2-3所示，东方明珠广播电视塔是上海的标志性文化景观之一，塔高约468米。东方明珠广播电视塔是国家首批5A级旅游景区。塔内有太空舱、旋转餐厅、上海城市历史发展陈列馆等景观和设施，1995年被列入上海十大新景观之一。利用网络了解更多观光塔的功能和特征，对你设计游戏任务一定会有很大的启发。

它可是由好几层组成的哦。

东方明珠塔那么高！

图2-3　东方明珠塔

📝 提出方案

要设计"观光塔"作品，首先要了解它的基本特征，把握作品结构，在此基础上还要设计作品的评选规则。请根据表2-1的内容，选一选你的作品设计方案，并说说为什么这样选择。

表2-1 "观光塔"作品方案选择表

构思	设计类型		
了解特征	■ 位置	■ 高度	■ 外形
	■ 层次	■ 其他 _____	
把握结构	■ 塔基	■ 塔身	■ 塔尖
	■ 其他 _____		
游戏竞技点	■ 比时间	■ 比高度	■ 比牢固
	■ 比外观	■ 比创意	■ 其他 _____

规划设计

作品规划

根据以上的方案，可以初步设计出作品的构架，请规划作品所需要的元素，将自己的想法和问题添加到图2-4的思维导图中。

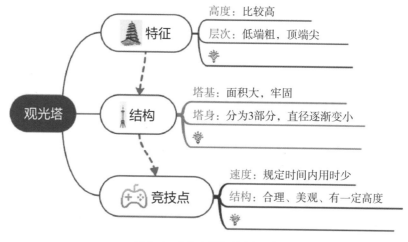

图2-4 "观光塔"规划设计

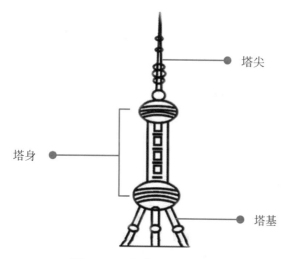

图2-5 设计"观光塔"结构

结构设计

观光塔由塔基、塔身和塔尖3部分组成。图2-5所示为"观光塔"作品结构草图，请给每个部分标注合理的尺寸，你还有什么更好的结构方案吗?

在制作"观光塔"作品时，首先根据作品规划，选择合适的零件；然后按照塔身、塔尖、塔基的顺序搭建作品；最后设计、制定作品评价标准，给自己的作品打分。

器材准备

在制作"观光塔"作品时，不同的设计方案会选择不同的零件。本案例主要用到乐高中的轴、轴套制作塔基和塔尖，使用齿轮、轴构建塔身，主要器材清单如表2-2所示。

表2-2　"观光塔"作品零件清单

名称	形状	名称	形状
轴		齿轮	
轴套		连接件	

搭建作品

在搭建"观光塔"作品时，可以先从塔身开始搭建，塔身可以根据需要设计多层，在此基础上为作品添加塔尖和塔基。

● 搭建塔身

如图2-6所示，使用大号齿轮与4根轴连接，构建作品的塔身，齿轮的作用是构建出塔的观光台。

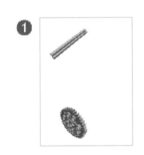

图2-6　搭建塔身

● 搭建塔尖

如图2-7所示，在最顶层齿轮观光台上，使用轴和红色轴套构建塔尖部分。

图2-7　搭建塔尖

● 安装塔基

如图2-7所示，使用"3＃连接器"与轴连接，制作3个支架用于塔基结构，将其分别与塔身下方的轴连接。

图2-8　安装塔基

思考

❶ 在搭建观光塔的过程中，怎样可以实现很高的结构，又不容易倒掉？

❷ 塔基和塔身是如何进行连接的？你还能选择其他的连接方法吗？选择合适的乐高零件试一试。

功能检测

"观光塔"作品制作完成后，如何检测、评价自己的作品呢？首先需要设计作品的评比规则，然后设计评分表，找同伴为自己的作品评分。

● 设计评比规则

在设计制作观光塔时，要求塔不仅要坚固、稳定，可以很好地立在水平面上，有一定的高度，而且还要结构合理、新颖漂亮。参照图2-9所示，你能根据任务要求，设计游戏评比的规则吗？

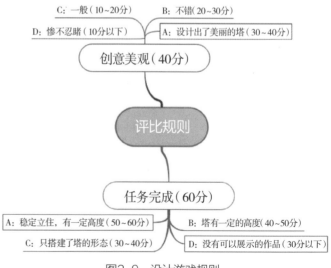

C：一般（10~20分）　　B：不错（20~30分）
D：惨不忍睹（10分以下）　　A：设计出了美丽的塔（30~40分）
创意美观（40分）
评比规则
任务完成（60分）
A：稳定立住，有一定高度（50~60分）　　B：塔有一定的高度（40~50分）
C：只搭建了塔的形态（30~40分）　　D：没有可以展示的作品（30分以下）

图2-9　设计游戏规则

● 作品得分分析

　　根据设计、制定的观光塔作品评比规则，将作品展示给同伴或者家长，让他们当评委给你的作品评分，将数据填写在表2-3中。根据得分反思一下自己的作品有什么优缺点，在此基础上还能做哪些改进，让作品更加完善。

表2-3 "观光塔"作品评分表

维度	等级	评委1	评委2
任务完成 （60分）	A. 稳定立住，有一定的高度		
	B. 塔有一定的高度		
	C. 只搭建了塔的形态		
	D. 没有可以展示的作品		
创意美观 （40分）	A. 设计出了美丽的塔		
	B. 不错		
	C. 一般		
	D. 惨不忍睹		
总分	满分100分		

1. 乐高普通轴

　　轴是乐高中重要的连接和传动零件，种类众多，使用极为广泛。轴的横截面为十字形，这样在与带有十字孔的零件连接的时候不会产生打滑现象，可以进行稳定的动力传输。乐高的常规轴通常按长度进行分类，从最短的2号轴到最长的32号轴，共有13个规格，如图2-10所示。

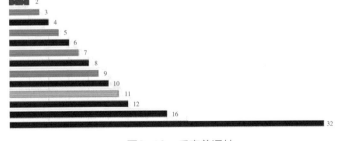

图2-10 乐高普通轴

2. 乐高钉头轴

如图2-11所示，除了直线类型的轴，乐高还有一些特殊形状的轴，如钉头轴，其一端带有一个类似钉头的帽子，这种轴可以防止零件在轴上滑动，在特定场合下很有用。

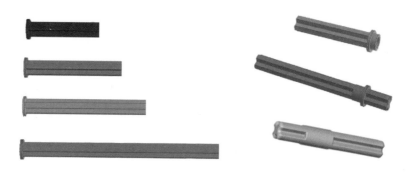

图2-11 乐高钉头轴

3. 连接件

如表2-4所示，乐高零件中有各种各样的连接件，主要用于轴与轴、轴与销之间的连接，便于构建更为复杂的结构。

表2-4 乐高常用连接件

名称	形状	名称	形状
1#连接器		2#连接器	
3#连接器		4#连接器	
5#连接器		6#连接器	
联轴器		正交联轴器	
正交双圆孔联轴器		正交双轴孔联轴器	
长正交联轴器		双轴连接器	

 **挑战空间**

1 任务拓展

　　本节课在构建观光塔时，主要使用轴来塑造塔基和塔身。请按照图2-12所示，选用连杆和直连杆构造不一样的塔基、塔身结构。

图2-12　塔的不同构造效果图

2 举一反三

　　乐高积木中除了轴、齿轮可以用于塑造塔的造型，其他零件也可用于塑造塔。如图2-13所示，使用弯连杆和轮胎构建的塔看上去是不是更加结实、独特？请选用乐高零件，构建一个不一样的观光塔。

图2-13　作品效果图

射门游戏巧设计

扫一扫 看微课

你踢过足球吗？如果可以来一脚凌空射门一定非常过瘾。类似足球射门的游戏有很多，本节课，我们使用乐高设计一款射门游戏，探索游戏设计的更多知识。

任务分析

要设计"射门"游戏，首先要明确游戏的玩法，然后围绕玩法思考并提出设计作品中需要解决的问题，在此基础上提出相应的解决方案。

明确功能

使用乐高积木设计制作"射门"游戏，首先要设计游戏规则，再根据游戏规则思考需要哪些道具。请将你认为作品所需要的功能填写在图3-1的思维导图中。

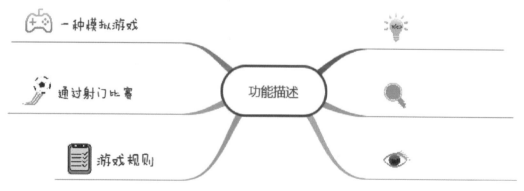

图3-1 构思"射门"游戏功能

？ 提出问题

设计"射门"游戏时，需要思考的问题如图3-2所示。你还能提出怎样的问题？填在框中。

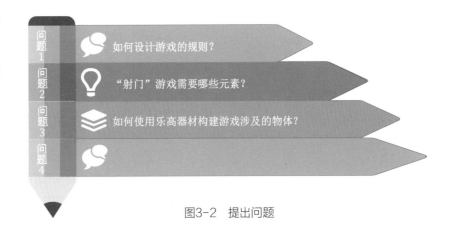

问题1　💬 如何设计游戏的规则？

问题2　💡 "射门"游戏需要哪些元素？

问题3　📚 如何使用乐高器材构建游戏涉及的物体？

问题4　💬

图3-2　提出问题

头脑风暴

怎样利用乐高设计一款"射门"游戏呢？我们可以将射门当作是一项射击或投掷游戏。如图3-3所示为日常生活中常见的套圈、打靶游戏，了解这些游戏项目的规则、元素，对你设计"射门"游戏是不是有所启发呢？

图3-3　日常生活中的投掷和射击游戏

提出方案

要设计"射门"游戏，首先需要设计游戏规则，明确游戏怎么玩。在此基础上还要制作球和球门。请根据表3-1的内容，选择你的游戏设计方案，并说说为什么这样选择。

表3-1　"射门"游戏方案选择表

构思	设计类型			
游戏规则	■ 人数	■ 难度	■ 分制	■ 其他 _____
球	■ 发球点	■ 大小	■ 制作方法	■ 其他 _____
球门	■ 大小	■ 位置	■ 制作方法	■ 其他 _____

规划设计

作品规划

根据以上的方案，可以初步设计出作品的构架，请规划作品所需要的元素，将自己的想法和问题添加到图3-4所示的思维导图中。

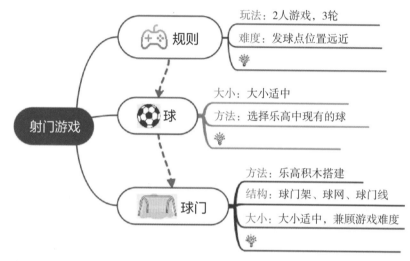

| | 规则 | 玩法：2人游戏，3轮 |
| | | 难度：发球点位置远近 |

射门游戏 — 球 — 大小：大小适中
方法：选择乐高中现有的球

球门 — 方法：乐高积木搭建
结构：球门架、球网、球门线
大小：大小适中，兼顾游戏难度

图3-4 "射门"游戏作品规划

结构设计

根据作品规划，选择乐高现有的球后，要根据球的大小对球门进行设计。如图3-5所示，球门主要分为球门架、球门线和球网。请你设计球门的草图，并标注合适的尺寸。

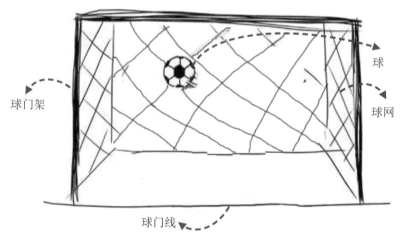

图3-5 "射门"游戏作品结构设计

在制作"射门"游戏作品时，首先根据作品规划，选择合适的器材，然后搭建球门，最后设计游戏规则，使用搭建的作品开展实验探究。

器材准备

可以使用板、连杆构建球门底座；使用轴和连接件构建球门架，再使用管和销构建球网和球门线。主要器材清单如表3-2所示。

表3-2　"射门"游戏零件清单

名称	形状	名称	形状
销板、轴孔连杆		连接件	
销		轴	
板		管、球	

搭建作品

球门主要由底座、球门架、球门线和球网组成。如同盖房子，在构建作品时，可以采用从下往上、从整体到局部的思路进行。

● 搭建底座

如图3-6所示，使用板和连杆搭建球门的底座，注意上、下板的交错，使用互锁结构增强底座的牢固性。

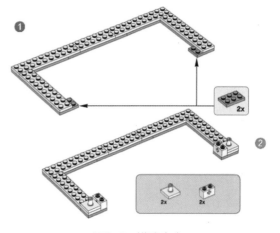

图3-6　搭建底座

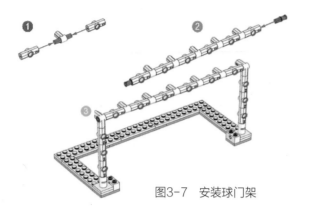

● 安装球门架

　　如图3-7所示，先使用连接件、轴、销构建球门架，再将球门架连接到球门底座上。

图3-7　安装球门架

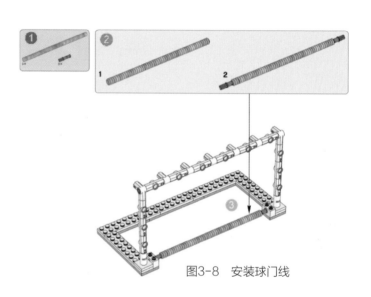

● 安装球门线

　　如图3-8所示，先使用特殊轴、软管构建球门线，再将球门线安装到球门架上。

图3-8　安装球门线

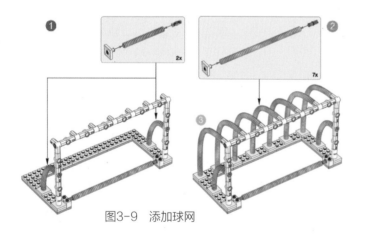

● 添加球网

　　如图3-9所示，先使用销板、软管、轴销构建球网，再将球网依次安装到球门架和底座上。

图3-9　添加球网

功能检测

　　球门制作好后，我们就可以进行射门游戏了。让我们开始游戏吧，了解更多投射游戏的相关知识。

● 设计游戏规则

　　在制定射门游戏规则时，需要考虑发球点、赛制、难度等因素，不同的规则会带来不同的游戏效果，如图3-10所示为其中一种玩法的规则。你可以参照此规则制定自己的游戏规则。

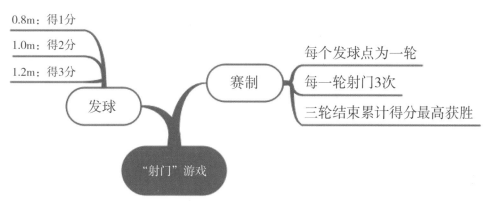

图3-10　设计游戏规则

● 合理调整规则

　　请选择同伴和你一起玩一玩射门游戏，并将结果填写在表3-3中。通过游戏，你发现了什么规律？如何运用测试结果进一步完善作品和修改游戏规则，让游戏变得更合理、更富有趣味性？

表3-3　"射门"游戏记录表

位置	玩家1进球数	玩家2进球数
0.8m		
1.0m		
1.2m		

1. 销的分类

　　销的分类有多种，如表3-4所示。按照长度可以分为1又1/4单位、1又1/2单位、2单位和3单位四类。按照形状可以分为圆柱销和轴销两类。按照摩擦力，可分为摩擦销和光滑销两类。摩擦销和光滑销外形完全一样，但是摩擦销的柱面上带有很多小凸起，这个设计可以防止摩擦销和与之相连接的零件产生转动，通常用于静态连接。光滑销没有小凸起，摩擦阻力极小，通常用于可转动部件。

表3-4 销的分类

分类标准	零件			
长度	1又1/4单位	1又1/2单位	2单位	3单位
形状	圆柱销		轴销	
摩擦力	摩擦销		光滑销	

2. 销的用法

销是乐高零件中最常用的结构，主要用途有两个：一是把两个或三个零件连接起来，其作用相当于金属构件中的螺钉；二是作为转动轴心，这主要是几种光滑销的功能。

● 1¼销

主要用于科技类零件直连杆和板类零件的连接，1单位长的销安装在直连杆销孔中，1/4销用于和板的连接，如图3-11（a）所示。两个薄连杆类零件连接的时候也经常使用此销，这种搭建方法比使用其他规格的销更加美观、占用空间更小，如图3-11（b）所示。

（a） （b）

图3-11 1¼销应用实例

图3-12 1½销应用实例

● 1½销

专门用于薄连杆零件之间或薄连杆类零件与标准厚度零件之间的连接，如图3-12所示。薄连杆类零件的厚度是1/2单位，三片薄连杆零件的厚度恰好是1½单位。标准厚度零件与薄连杆类零件的厚度相加也是1½单位。

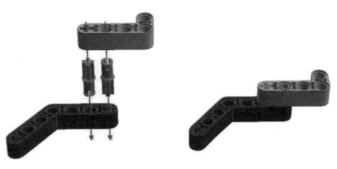

● 2单位轴销

通常是蓝色的,所以也叫"蓝色轴销"。如图3-13所示,这个零件一半是一个单位长的轴,一半是一个单位长的销,用于轴孔和销孔之间的静态连接。

图3-13　2单位轴销应用实例

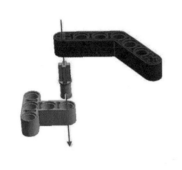

图3-14　2单位光滑轴销应用实例

● 2单位光滑轴销

通常是米色的,因此也叫"米色轴销"。如图3-14所示,销的一侧是光滑的,用于轴孔和销孔之间的可转动连接。

● 3单位摩擦销

通常是蓝色的,也叫"蓝色3单位销"。如图3-15所示,常用于三个单位的零件之间的静态连接。

图3-15　3单位摩擦销应用实例

● 大头销

这个零件相当于全轴套和2单位销的结合体,俗称"大头销",通常用于两个部件之间的结合,由于轴套一端直径较大,比较容易被手捏住,插拔比较方便。如图3-16所示,转盘和圈连杆的组合必须采用3单位长的零件进行连接。虽然也可以用蓝色3单位销,但是插拔很不方便,大头销几乎是这种情况下的不二之选。

图3-16　大头销应用实例

挑战空间

① 任务拓展

除了直接投射，我们还可以将玩法变成弹射，在球门前设计并制作一个"护栏"装置，防止球直接滚到球门中，这样的设计是不是让射门游戏变得更加有趣？作品改进效果如图3-17所示，制作完成后重新设计游戏规则玩一玩，说说两种玩法有什么不一样的游戏体验。

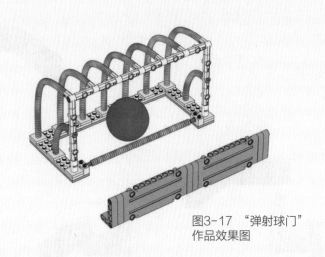

图3-17 "弹射球门"作品效果图

② 举一反三

本节课我们了解了乐高中更多的零件，特别是各种各样的轴。请使用这些零件制作西游记中天蓬元帅使用的"九齿钉耙"，参照图3-18。

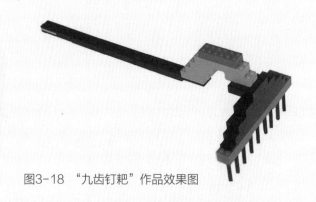

图3-18 "九齿钉耙"作品效果图

伸缩夹子好取物

扫一扫 看微课

在日常生活中除了用手拿物品，还可以借助各种各样的工具。如在高温下，可以使用火钳取出正在燃烧的煤球；在景区，我们可以用垃圾夹收拾地面的废纸、果皮。本节课，我们使用乐高设计一款可以伸缩的夹子，探索乐高零件的灵活运用。

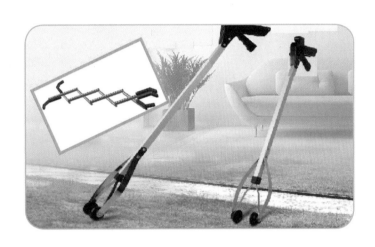

 **任务分析**

要设计"伸缩夹子"作品，首先要明确夹子的功能，然后围绕功能思考并提出设计作品中需要解决的问题，在此基础上提出相应的解决方案。

明确功能

使用乐高积木设计制作"伸缩夹子"作品时，首先要了解作品的功能，请将你认为作品所需要达到的功能填写在图4-1的思维导图中。

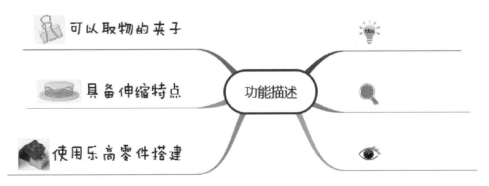

可以取物的夹子

具备伸缩特点 — 功能描述

使用乐高零件搭建

图4-1 构思"伸缩夹子"作品功能

❓ 提出问题

设计"伸缩夹子"作品时，需要思考的问题如图4-2所示。你还能提出怎样的问题？填在框中。

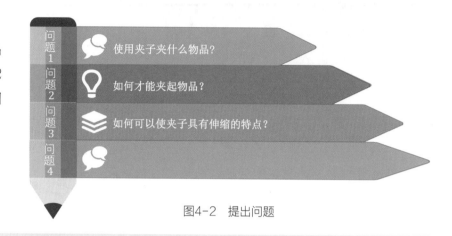

问题1 💬 使用夹子夹什么物品？

问题2 💡 如何才能夹起物品？

问题3 📚 如何可以使夹子具有伸缩的特点？

问题4 💬

图4-2　提出问题

💡 头脑风暴

你玩过"伸缩拳头枪"玩具吗？原始状态下，枪头的拳头是缩着的；当我们按下扳机，拳头会"嗖"的一下飞出去，并且伸得很远很远，让"敌人"防不胜防。再试一试家里晾衣服的夹子是如何夹住衣服的，如果我们将"伸缩拳头枪"的拳头换成一个夹子，是不是对设计伸缩夹子有所启发呢？

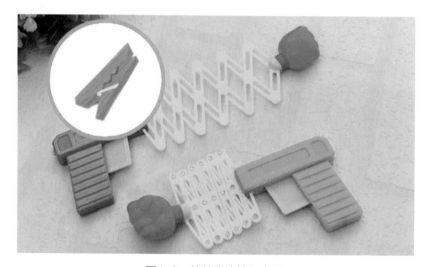

图4-3　伸缩拳头枪和夹子

📝 提出方案

设计"伸缩夹子"作品，关键在于夹子和伸缩装置的构思、设计。请根据表4-1的内容，选一选你的作品设计方案，并说说为什么这样选择。

表4-1　"伸缩夹子"作品方案选择表

构思	设计类型			
夹子	■ 抓手	■ 把手	■ 大小	■ 其他 _____
伸缩装置	■ 原理	■ 长短	■ 稳定	■ 其他 _____

作品规划

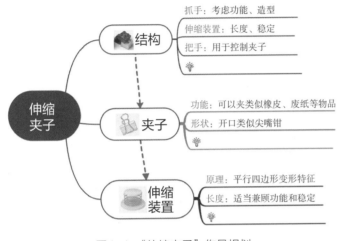

抓手：考虑功能、造型

伸缩装置：长度、稳定

把手：用于控制夹子

功能：可以夹类似橡皮、废纸等物品

形状：开口类似尖嘴钳

原理：平行四边形变形特征

长度：适当兼顾功能和稳定

图4-4 "伸缩夹子"作品规划

根据以上的方案，可以初步设计出作品的构架，请规划作品所需要的元素，将自己的想法和问题添加到图4-4的思维导图中。

结构设计

如图4-5所示，"伸缩夹子"作品由控制手柄、伸缩装置和取物抓手3部分组成。请你参照设计作品的草图，标注合适的尺寸。

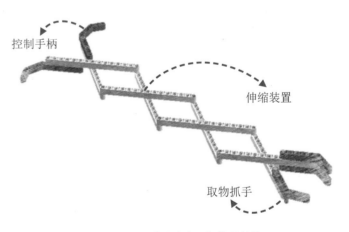

控制手柄

伸缩装置

取物抓手

图4-5 设计"伸缩夹子"作品结构

在制作"伸缩夹子"作品时，首先根据作品规划，选择合适的器材，然后搭建作品，最后使用搭建的作品开展实验探究，改进完善作品。

器材准备

可以使用直连杆和销构建夹子的伸缩装置，再分别在伸缩装置的两端使用单弯连杆和双弯连杆构建夹子的控制手柄和取物抓手。主要器材清单如表4-2所示。

表4-2 "伸缩夹子"作品零件清单

名称	形状	名称	形状
直连杆		单弯连杆	
双弯连杆		轴	
各种销			

搭建作品

"伸缩夹子"作品由控制手柄、伸缩装置和取物抓手3部分组成，可以采用先中间后两端的顺序进行搭建。

● 构建伸缩装置

如图4-6所示，使用直连杆和销构建平行四边形，运用其不稳定的特性，实现伸缩效果。

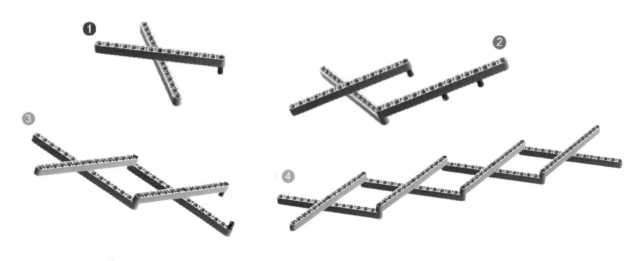

图4-6 构建伸缩装置

● 添加控制手柄

　　如图4-7所示，使用销将双弯连杆与伸缩装置的一端连接，为作品添加控制手柄。

图4-7　添加控制手柄

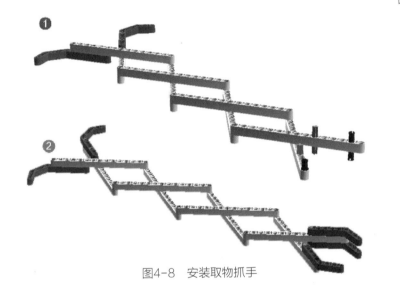

● 安装取物抓手

　　如图4-8所示，使用销将单弯连杆与伸缩装置的另一端连接，为作品安装取物抓手。

图4-8　安装取物抓手

功能检测

　　"伸缩夹子"作品制作完成后，可以用乐高的零件构建几种大小不同的物品。让我们开始测试吧，试一试夹子能否成功抓取这些物品。

● 测试抓取效果

　　如图4-9所示，请使用制作好的伸缩夹子分别抓取轮子、砖块等物品，测试伸缩夹子能否顺利将物品从一个位置移动到另外一个位置。你能根据所夹物品的大小、特点，设计、改进夹子结构吗？

图4-9　测试抓取效果

● 长度与稳定性

　　运用平行四边形的不稳定特征，我们可以让夹子伸缩，究竟一个四边形能让夹子伸得多长？夹子是不是可以无限伸长呢？伸长以后会不会影响夹子的稳定性？请分别制作表4-3中所示3种类型的伸缩夹，通过测量、实践，将实验数据及感受填写到表中。

表4-3　伸缩夹子长度与稳定性测试

类型	最大伸长距离	稳定性	是否易控制

智慧钥匙

1. 连杆的外形

　　连杆是乐高中搭建结构的重要零件，它具有较高的刚度。连杆的作用相当于钢结构中的各种型材，几乎任何结构的设计都离不开它。通过各种连杆的连接可以形成稳固的框架结构。连杆的典型外形是两端为半圆形的长方体，中间带有直径5mm的圆孔，圆孔的中心距为8mm。连杆的横截面为7.8mm×7.4mm的长方形。以5孔直连杆为例，具体尺寸如图4-10所示。

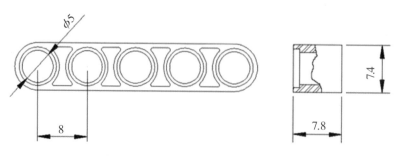

图4-10　5孔直连杆的尺寸

2. 连杆的分类

乐高中的连杆按照形状可分为以下几种，分别有直连杆、直角连杆、单弯连杆、双弯连杆、方框连杆、T形连杆、工字连杆。

● **直连杆**

如图4-11所示，直连杆共有8种，从2孔到15孔，除2孔之外，全部是单数，有多种颜色可选。

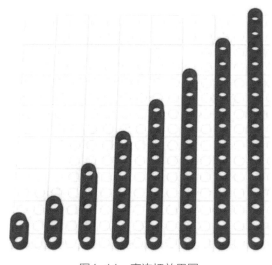

图4-11　直连杆效果图

图4-12　直角连杆效果图

● **直角连杆**

如图4-12所示，直角连杆也称直角杆，是一种带有90°角的杆，形似曲尺。乐高中有两种直角杆，分别为2×4和3×5直角杆。

● **弯连杆**

是带有127.5°角的连杆。乐高共有四种弯连杆，如图4-13所示，其中最右侧的连杆也被称为"双弯连杆"或"大弯连杆"，其折角为135°。

图4-13　弯连杆效果图

图4-14　方框连杆效果图

● **方框连杆**

外形呈长方形框，上面包含很多圆孔，通常为浅灰色。如图4-14所示，方框连杆有两种，分别是5×7和5×11。

● T形连杆

如图4-15所示，T形连杆的外形是一个大写的英文字母T，有多种颜色可选，常见的是浅灰色。

图4-15　T形连杆效果图

图4-16　工字连杆效果图

● 工字连杆

如图4-16所示，工字连杆的外形是一个大写的英文字母I，常见的颜色是浅灰，红色的较为少见。

3. 连杆的命名

直连杆以孔的数量来命名，有几个孔就叫几孔连杆，如5孔连杆、13孔连杆等。直角连杆以两侧的孔来命名，一般数字小的在前，如2×4角连杆。弯连杆也是用两侧的孔来命名，一般数字小的在前，如4×6弯连杆、3×7弯连杆。

挑战空间

①　任务拓展

你能将伸缩夹子的装置改造成一个伸缩拳头吗？可以远距离将物品推倒，参考图4-17。

图4-17　"伸缩拳头"作品效果图

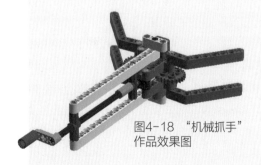

图4-18　"机械抓手"
作品效果图

②　举一反三

本节课我们了解了乐高中更多的零件，特别是各种各样的连杆。请使用这些零件，制作一个"机械抓手"，如图4-18所示。

第2单元

物理实验室
——机器人结构设计

　　创作一个能完成任务的机器人，合理的结构设计是一项重要的内容。要想结构设计合理，我们需要将物理知识应用其中，你知道需要用到哪些物理知识吗？让我们一起走进"物理实验室"。

　　本单元选择物理课中常见的几个物体，设计了4节课，分别是"小小天平称万物""摆钟滴答有规律""悠悠小车向前进""小车受阻找原因"，这些看似普通的物体，看一看、搭一搭、玩一玩，你会发现它们中间蕴含着神秘的物理规律。

杠杆

单摆

惯性

阻力

小小天平称万物

扫一扫 看微课

上课时，物理老师拿出两个外观一样的苹果，问我们哪个苹果更重一些？聪明的你很快可以想到使用天平去称一称物体的质量，就可以知道答案了。天平是一种衡量物体质量的仪器，它依据杠杆原理制成。在本节课内容中，我们使用乐高器材制作一个简易的天平来解决这个问题。

任务分析

天平的种类繁多，结构也大不相同，在物理实验室中最常见的是托盘天平。本节课我们要制作一个能模拟出天平功能的作品。首先在构思这个作品时，要明确作品的功能与特点；然后在设计作品时，需要思考如何通过杠杆原理来制作天平，并能够提出相应的解决方案，从而掌握杠杆原理；最后将所学的知识进行拓展延伸来制作生活中其他的类似物品。

明确功能

要设计制作一个天平，首先要知道它应当具备哪些功能或特征。请将你认为作品所需要达到的目标填写在图5-1的思维导图中。

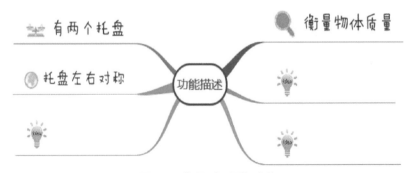

图5-1 构思"天平"功能

提出问题

在制作天平时，需要思考的问题如图5-2所示。你还能提出怎样的问题？填在框中。

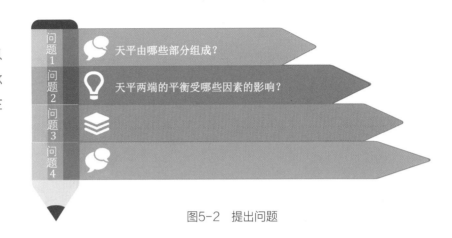

问题1　天平由哪些部分组成？

问题2　天平两端的平衡受哪些因素的影响？

问题3

问题4

图5-2　提出问题

头脑风暴

电动平衡车是我们日常生活中常见的一种代步工具，站在车上通过控制身体平衡，使得平衡车可以稳步行驶，所以掌握平衡的技巧是控制平衡车的关键。其实生活中有很多物品都用到了这种技巧，如走钢丝、跷跷板等。如图5-3所示，请仔细观察，并比较天平和它们的异同。我们在设计天平的时候，有哪些地方可以借鉴呢？

图5-3　平衡车与跷跷板

提出方案

天平是一个类似跷跷板的杠杆结构，其样式有很多种。本课我们利用乐高科学套装搭建一个托盘天平，请填写表5-1，完善你的方案。

表5-1　方案选择表

构思	设计类型		
天平样式	■托盘天平	■吊盘天平	■其他 _____
底座结构设计	■三角形结构	■"汉堡包"结构	■其他 _____
横梁搭建器材	■连杆	■轴	■其他 _____

规划设计

作品规划

根据以上的方案，可以初步设计出作品的构架，请规划作品所需要的元素，将自己的想法和问题添加到图5-4的思维导图中。

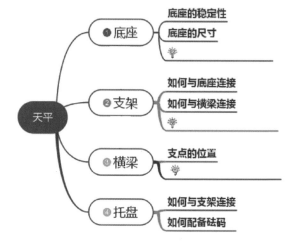

图5-4 "天平"规划设计

结构设计

天平由底座、支架、托盘、指针和横梁5部分组成。参照图5-5，你有什么更好的结构方案吗？

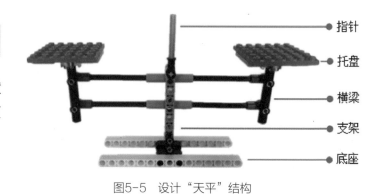

图5-5 设计"天平"结构

探究实践

在制作"天平"作品时，首先根据作品规划，选择合适的器材；然后依次搭建底座、支架、横梁和托盘，并将其组合；最后测试作品功能，开展实验探究活动。

器材准备

天平的底座、支架选择连杆和T形连杆；横梁选择轴、联轴器、销轴连接器和正交联轴器；托盘和指针使用板、双轴连接器、轴和圆砖。它们之间通过各种销相连，主要零件清单如表5-2所示。

表5-2 "天平"零件清单

名称	形状	名称	形状	名称	形状
连杆		板		联轴器	
各种轴		各种轴套		各种销	
正交联轴器		销轴连接器		圆砖	
T形连杆		双轴连接器		—	—

搭建作品

搭建天平时，可以分模块进行。首先搭建天平的底座和支架；然后根据支点的位置搭建横梁；最后搭建左右两侧的托盘和指针。大家也可以根据自己的想法进行搭建，只要满足天平的功能即可。

● 搭建底座和支架

用两根15孔连杆作为底座，再用蓝色长销将两根T形连杆和9孔连杆连接作为支架，最后用黑色销将支架和底座连接，左右两侧对称，这种"汉堡包"结构增大了底面面积，使天平前后方向更加稳定，如图5-6所示。

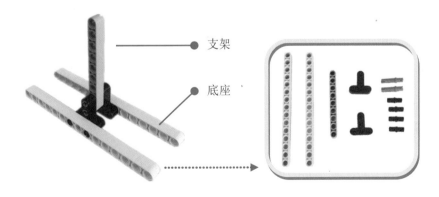

图5-6 搭建底座和支架

● 搭建横梁

横梁以4根8个单位的轴作为基础，用联轴器、销轴连接器、正交联轴器和轴进行连接。注意，搭建时天平横梁是可以转动的，所以两端的连接销需要用灰色的非摩擦销，如图5-7所示。

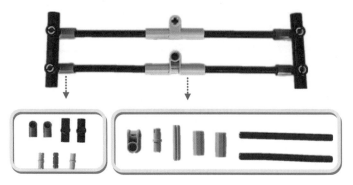

图5-7　搭建横梁

● 搭建托盘和指针

托盘是用来摆放砝码和物品的，用3个2×6的板进行组合，形成一个方形的托盘，反面用2×4的板连接，中心固定一个圆砖。指针是用来判断天平的平衡状态的，将双轴连接器和5个单位的轴连接，指针搭建完成，如图5-8所示。

● 组合

将支架、横梁、托盘和指针用轴和销进行连接，并用轴套将轴固定，要求松紧适当，从而可以有效降低横梁转动时的阻力，作品搭建完成。

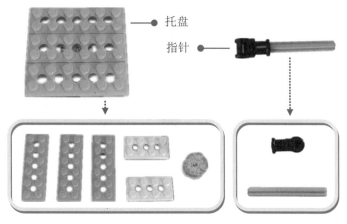

托盘

指针

图5-8　搭建托盘和指针

功能检测

天平搭建好后，我们可以利用现成的乐高积木充当砝码，衡量不同物体的质量。下面开始我们的科学探究吧。

● 积木称重

使用3孔连杆充当砝码，对不同物体进行称重，假定一个3孔连杆的质量是一个单位，按照表5-3中"分组"所示开展实验，将实验结果记录在表中。

表5-3　质量变化实验记录表

分组	物品	结果
	11孔的梁	＿＿个单位
	中号车轮	＿＿个单位

● 力臂变化

使用搭建的天平，按照表5-4中"分组"所示开展实验，通过更换横梁上轴的长度，仔细观察天平状态并思考分析原因，将实验结果记录在表中。

表5-4　力臂变化实验记录表

分组	说明	结果	原因分析
	横梁左右长度一致		
	横梁左侧长于右侧		

思考

❶ 要保持天平平衡，天平支点如何选择？你在搭建过程中，用了哪些方法让天平保持平衡？

❷ 如果天平左边托盘的质量大于右边托盘的质量，你需要在力臂上做哪些调整才能使天平保持平衡？

1. 杠杆原理

所谓的杠杆就是能围绕一个固定点转动的杆。固定点称为支点，支点两端的重物所处的位置称为作用点。在天平模型中，作用点受到的力是垂直向下的物体本身的重力，分别用F_1和F_2表示。而支点距作用点的距离则称为力臂，用L_1和L_2表示。它们之间的关系是$F_1 \times L_1 = F_2 \times L_2$（一边的重力×物体到支点的距离=另一边重力×另一边物体到支点的距离），如图5-9所示。

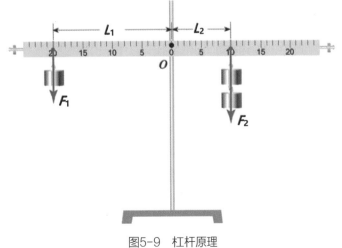

图5-9　杠杆原理

2. 杠杆分类

天平是利用杠杆原理来测量物体质量的，它是一种等臂杠杆。生活中的杠杆按照施加动力的大小分为省力杠杆、费力杠杆、等臂杠杆。如图5-10所示，剪刀、筷子、指甲钳等生活用品都是杠杆原理的实际应用。

图5-10　杠杆原理的实际应用

挑战空间

1 任务拓展

本课我们利用杠杆原理搭建了天平，在搭建过程中，发现如果天平搭建得比较高，在测量托盘物品质量时，往往某一边的托盘在突然放进东西受力时，就会猛地向下砸去，使托盘上的测试物品撒了一地，大家可不可以在托盘下方追加一个"高度限制器"来解决这个问题呢？另外，在搭建过程中你还遇到了哪些问题，有哪些创新之处，还有哪些需要改进，请记录下来。

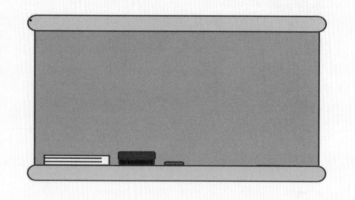

图5-11　"跷跷板"作品效果图

2 举一反三

跷跷板是一种多人参与的儿童玩具。坐在跷跷板上，一人坐一头，一个人上去，一个人下来，如此反复，因其趣味性强深受人们的喜爱。你能运用杠杆原理使用乐高器材搭建出它吗？效果如图5-11所示。

摆钟滴答有规律

扫一扫 看微课

在古代，人们尝试使用日晷、沙漏、水钟等简易的时钟计时，可是只能知道大概的时间。聪明的古人并没有停止过思考，他们不断创造，终于发明了更精确的计时工具——机械摆钟，它的出现大大提高了时钟的精确度。那么为什么时钟可以通过摆动精确计时呢？本节课，让我们一起使用乐高器材制作一个机械摆钟去探究一下其中的奥秘吧！

任务分析

人们生活在地球上，都要受到重力的作用，用重力作为时钟的驱动力，是一个比较不错的想法。本节课我们要制作一个能模拟出时钟功能的作品。首先在构思这个作品时，要明确作品的功能与特点；然后在设计作品时，需要思考如何通过重力和摆的等时性原理来制作时钟，并能够提出相应的解决方案，从而掌握相应的物理知识；最后将所学的知识进行拓展延伸来制作生活中其他的类似物品。

明确功能

要设计制作一个重力时钟，首先要知道它应当具备哪些功能或特征。请将你认为作品所需要达到的目标填写在图6-1的思维导图中。

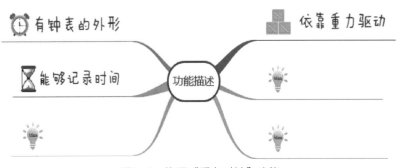

图6-1 构思"重力时钟"功能

提出问题

在制作重力时钟时，需要思考的问题如图6-2所示。你还能提出怎样的问题？填在框中。

问题1：
重力时钟如何让重物成为动力源？

问题2：
重力时钟如何实现时钟摆动效果？

问题3：

图6-2 提出问题

头脑风暴

摆钟是我们日常生活中常见的计时工具，它一般由盘面、指针和钟摆组成。生活中的摆钟是通过电力来驱动钟摆摆动的，从而使指针转动记录时间。本课设计的作品是依靠重力来驱动钟摆和指针，需要将重物抬起一定的高度。那么我们如何把重物提起来呢？其实在生活中可以使用滑轮来提升重物，比如升国旗、起重机搬运等事例都用到了这种方法。如图6-3所示，请仔细观察并比较重力时钟和它们的异同。我们在设计重力时钟的时候，有哪些地方可以借鉴呢？

图6-3 起重机和滑轮

提出方案

重力时钟可以使用重力块作为动力源产生动力，从而驱动时钟摆动，其外形、功能可以设计成摆钟的样式。本课我们利用乐高科学套装搭建一个重力时钟，请填写表6-1，完善你的方案。

表6-1 方案选择表

构思	设计类型		
动力来源	■重力	■电力	■其他 _____
影响摆动因素	■摆长	■摆锤质量	■其他 _____
时钟底座结构	■"汉堡包"结构	■四边形	■其他 _____

规划设计

作品规划

根据以上的方案，可以初步设计出作品的构架，请规划作品所需要的元素，将自己的想法和问题添加到图6-4的思维导图中。

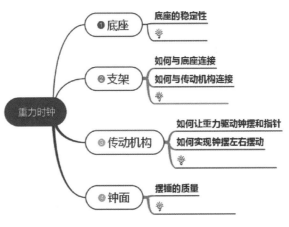

图6-4　"重力时钟"规划设计

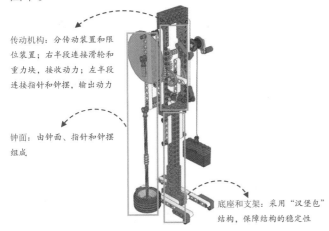

传动机构：分传动装置和限位装置；右半段连接滑轮和重力块，接收动力；左半段连接指针和钟摆，输出动力

钟面：由钟面、指针和钟摆组成

底座和支架：采用"汉堡包"结构，保障结构的稳定性

图6-5　设计"重力时钟"结构

结构设计

重力时钟由底座、支架、传动机构、钟面4部分组成。参照图6-5，你有什么更好的结构方案吗？

探究实践

在制作"重力时钟"作品时，首先根据作品结构，选择合适的器材；然后依次搭建时钟的底座、支架、传动机构和钟面，并将其组合；最后测试作品功能，开展实验探究活动。

器材准备

重力时钟的底座和支架选择连杆、梁、2×4直角厚连杆和板；传动机构（图6-5中左侧）选择轴、齿轮、连杆、滑轮和正交联轴器；钟面使用连杆、圆形面板、轴和车轮；传动机构的重力驱动部分由重力块、滑轮和线构成。它们之间通过轴套长销相连，主要器材清单如表6-2所示。

表6-2 "重力时钟"零件清单

名称	形状	名称	形状	名称	形状
15孔梁		3孔梁		1孔梁	
15孔连杆		9孔连杆		7孔连杆	
5孔连杆		2×4直角厚连杆		长正交联轴器	
2×8板		1×4板		1×2板	
175°销轴连接器		联轴器		联销器	
40齿齿轮		16齿齿轮		8齿齿轮	
滑轮		43.2mm×22mm车轮		24mm×14mm车轮	
线		滑轮		轮轴	
圆形面板		重力块		轴套长销	
各种轴		各种轴套		各种销	

搭建作品

搭建重力时钟时，可以分模块进行。首先搭建它的底座和支架；然后根据支架的位置搭建传动机构图6-5中左侧；最后搭建左右两侧的钟面和重力驱动部分。大家也可以根据自己的想法进行搭建，只要能够满足时钟的功能即可。

● 底座和支架

　　底座用黑色销将两根15孔连杆和4根2×4直角厚连杆连接，再用互锁机构将梁锁定作为支架，如图6-6所示。

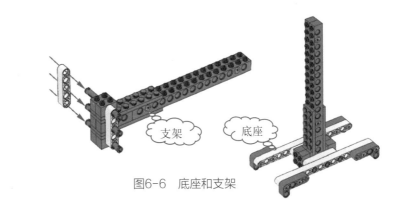

图6-6　底座和支架

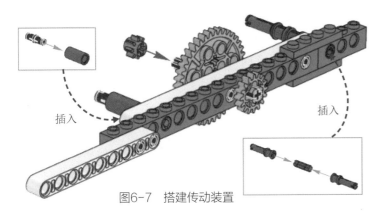

图6-7　搭建传动装置

● 传动装置

　　在15孔梁上安装齿轮，通过齿轮传递动力，完成传动装置搭建，如图6-7所示。

● 限位装置

　　用轴和销将滑轮和7孔连杆相连并插入传动机构，再使用轴、轴套和长正交联轴器等零件搭建限位装置，用来控制钟摆摆动的频率，如图6-8所示。

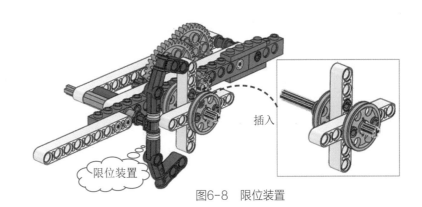

图6-8　限位装置

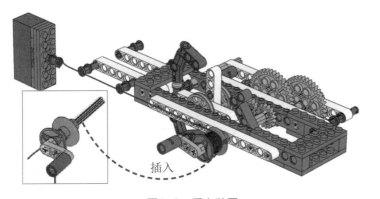

图6-9　重力装置

● 重力装置

　　用重力块和板搭建配重，使用轴套长销与线连接，再将线绕到滑轮上，最后将滑轮安装到传动机构上，如图6-9所示。

● **钟面**

按图6-10所示，构造钟面和表盘，使用轴和联轴器连接车轮搭建钟摆。

● **组合**

将上述搭建的底座、支架、传动机构和钟面等用轴套长销固定连接，作品搭建完成。

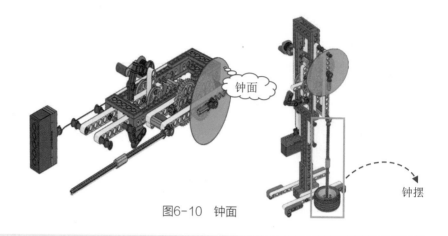

图6-10　钟面

 功能检测

重力时钟搭建好后，我们可以将重力块从上段放下来测试时钟的效果了。当重力块下降时，可以带动指针转动。下面开始我们的科学探究吧。

● **质量与重力**

分别使用1个重力块和2个重力块，记录指针在钟面上转动一周的时间。按照表6-3开展实验，将实验结果记录在表中。

表6-3　质量变化实验记录表

分组	物品	测量/s
	1个重力块	
	2个重力块	

● **摆长变化**

使用搭建的重力时钟，按照表6-4开展实验，更换钟摆上轴的长度，记录指针在钟面上转动一周的时间并思考分析原因，将实验结果记录在表中。

表6-4　摆长变化实验记录表

分组	物品	测量/s	原因分析
	9个单位的轴		
	12个单位的轴		

思考

❶ 要保持重力时钟的稳定性，你在搭建过程中，用了哪些方法让重力时钟的重心始终在底座上？

❷ 请大胆想象一下，如果把重力时钟放到月球上面，指针在钟面上转动一周的时间是快了还是慢了？

智慧钥匙

1. 重力

当衣服洗完后，把衣服拿到户外晾干时，衣服上的水会滴到地面上；苹果成熟了，会从树上落到地面；开车时，遇到下坡路，即使不踩油门，车辆也能自己滑行。这些生活中的事例都与重力有关。重力是物体由于地球吸引而受到的力，其大小与物体质量成正比，方向总是竖直向下，生活中无时无刻不存在重力。所以只要是在地球上的物体，都会受到重力的作用，如图6-11所示。

图6-11　生活中的重力现象

2. 摆的等时性

摆的等时性原理是指不论摆动幅度大小，完成一次摆动的时间是相同的。该原理是由意大利物理学家伽利略发现的，他在比萨的教堂中观察吊灯摆动现象时得到此结论。如图6-12所示，摆钟就是根据摆的等时性原理发明的。

图6-12　摆的等时性

挑战空间

① ▶ 任务拓展

　　本课我们应用重力和摆的等时性原理搭建了时钟，但在操作过程中，我们发现每一次要用滑轮将重力块举到一定高度并且释放，才能运行时钟，如果每次都这样操作，无疑是影响了操作性。请问你有什么好的方法去解决这个问题呢?

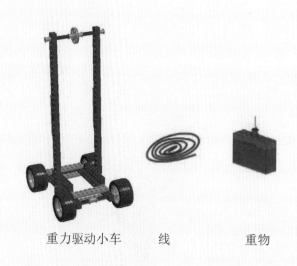

重力驱动小车　　　　线　　　　重物

图6-13　"重力驱动小车"效果图

② ▶ 举一反三

　　通过本课的学习，大家对重力的概念和作用效果有了一定的认知。请试着运用重力使用乐高器材搭建一个重力驱动小车，效果如图6-13所示。

悠悠小车向前进

扫一扫 看微课

当我们坐汽车时，会遇到急刹车的情况，身体会不受自己控制向前倾斜，这是为什么呢？其实这是由惯性造成的，在生活中还有很多实例都与惯性有关。本节课，让我们一起使用乐高器材制作一个惯性小车来探究一下惯性的奥秘吧！

 **任务分析**

惯性小车一般装有质量比较大的摆动轮。当车轮摆动时，让小车产生一个初始速度，驱动小车前进，由于物体的惯性作用使得小车前进一段距离后停止。首先在构思这个作品时，要明确作品的功能与特点；然后在设计作品时，需要思考如何通过惯性和棘轮机构来制作惯性小车，并能够提出相应的解决方案，从而掌握相应的物理知识；最后将所学的知识进行拓展延伸来制作生活中其他的类似物品。

明确功能

要设计制作一个惯性小车，首先要知道它应当具备哪些功能或特征。请将你认为作品所需要达到的目标填写在图7-1所示的思维导图中。

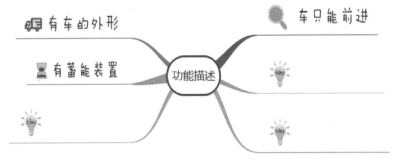

图7-1 构思"惯性小车"功能

提出问题

在制作惯性小车时，需要思考的问题如图7-2所示。你还能提出怎样的问题？填在框中。

图7-2 提出问题

 头脑风暴

自行车是我们日常生活中常见的一种交通工具。人骑上车后，以脚踩踏板为动力，自行车会在动力的带动下向前行驶，如果此时停止为自行车输入动力，我们发现自行车并没有立即停止，而是会在没有动力的情况下前进一段距离后停止，这是为什么呢？其实这是因为惯性的作用，生活中有很多事例都用到了惯性，如紧固锤头、跳远运动员的助跑等。如图7-3所示，请仔细观察，并比较惯性小车和它们的异同。我们在设计惯性小车的时候，有哪些地方可以借鉴呢？

图7-3 斧子与自行车

提出方案

惯性小车是一个拥有蓄能装置的小车，通过车轮摆动产生能量，从而使得小车前进，小车因为惯性作用向前滑行一段距离后停止前进。本节课我们利用乐高科学套装搭建一个惯性小车，请填写表7-1，完善你的方案。

表7-1 方案选择表

构思	设计类型		
蓄能装置	■ 摆动的车轮	■ 齿轮传动	■ 其他 _____
车的类型	■ 四轮车	■ 三轮车	■ 其他 _____
小车前进驱动设计	■ 棘轮机构	■ 弹力驱动	■ 其他 _____

作品规划

　　根据以上的方案，可以初步设计出作品的构架，请规划作品所需要的元素，将自己的想法和问题添加到图7-4的思维导图中。

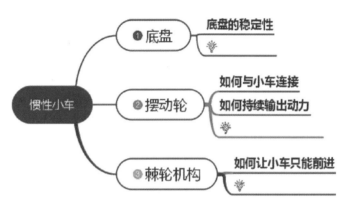

图7-4　"惯性小车"规划设计

图7-5　设计"惯性小车"结构

结构设计

　　惯性小车由底盘、摆动轮、棘轮机构3部分组成。参照图7-5，你有什么更好的结构方案吗？

　　在制作"惯性小车"作品时，首先根据作品结构，选择合适的器材；然后依次搭建小车的底盘、摆动轮和棘轮机构，并将其组合；最后测试作品功能，开展实验探究活动。

器材准备

惯性小车的底盘选择梁、板、轴和轴套；摆动轮选择梁、板、轴、轴套和销轴连接器；棘轮机构使用梁和齿轮。它们之间通过各种销相连，主要器材清单如表7-2所示。

表7-2　惯性小车零件清单

名称	形状	名称	形状	名称	形状
梁		板		43.2mm×22mm车轮	
各种轴		各种轴套		各种销	
齿轮		销轴连接器		双轴连接器	

搭建作品

搭建惯性小车时，可以分模块进行。首先搭建惯性小车的底盘；然后根据支架和横梁的位置搭建摆动轮；最后搭建棘轮机构。大家也可以根据自己的想法进行搭建，只要能够满足惯性小车的功能即可。

● **搭建底盘**

以4根梁作为底盘的主体，用板进行连接固定，在底盘上安装用来固定车轮的轴，如图7-6所示。

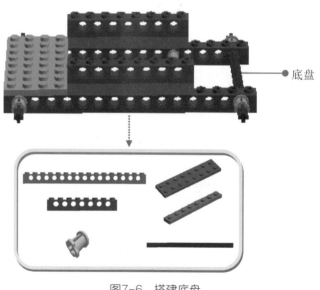

底盘

图7-6　搭建底盘

● 搭建摆动轮

　　使用梁、板、轴和销轴连接器等零件搭建支架和横梁，最后将车轮挂在横梁上，形成摆动轮，如图7-7所示。

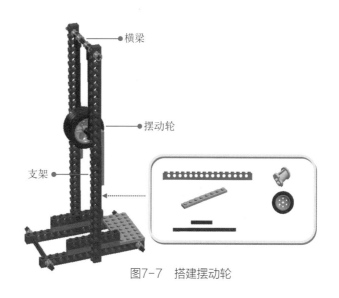

图7-7　搭建摆动轮

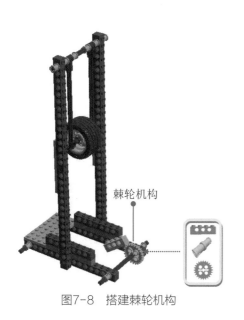

棘轮机构

图7-8　搭建棘轮机构

● 搭建棘轮机构

　　用3孔的梁、灰色的非摩擦销以及24齿的齿轮搭建棘轮机构，从而让惯性小车只能保持前进状态，如图7-8所示。

● 组合

　　将底盘、摆动轮和棘轮机构用销进行连接，然后将4个车轮安装在底盘的轴上，作品搭建完成。

 功能检测

　　惯性小车搭建好后，我们可以利用摆动轮去测量小车的滑行距离。下面开始我们的科学探究吧。

● 质量与惯性

　　使用不同质量的摆动轮，对小车的滑行距离进行测试并思考分析原因，测试的距离以厘米为单位，按照表7-3开展实验，将实验结果记录在表中。

表7-3　质量变化实验记录表

分组	滑行距离/cm	原因分析

● 摆动幅度变化

使用搭建的惯性小车，按照表7-4开展实验，改变摆动幅度，记录惯性小车的滑行距离并思考分析原因，将实验结果记录在表中。

表7-4 摆动幅度变化实验记录表

分组	滑行距离/cm	原因分析
摆动幅度为30°		
摆动幅度为60°		
摆动幅度为90°		

思考

❶ 除了改变摆动轮质量和摆动幅度外，你在搭建过程中，还可以使用哪些方法使小车的滑行距离增长？

❷ 如果你搭建的惯性小车没有安装棘轮机构，当摆动轮摆动时，小车的运动状态是怎样的呢？你能分析其中的原因吗？

智慧钥匙

1. 惯性

物体保持静止状态或匀速直线运动状态的性质，称为惯性。惯性是物体的一种固有属性，是一种抵抗的现象，其大小与该物体的质量成正比。当作用在物体上的外力为零时，惯性表现为物体保持静止或匀速直线运动状态；当作用在物体上的外力不为零时，惯性表现为外力改变物体运动状态的难易程度。如图7-9所示，拍打床被去除灰尘和开车时系安全带等现象都是利用了物体的惯性，请你找一找惯性在生活中还有哪些应用。

图7-9 生活中惯性的应用

2. 棘轮机构

棘轮机构是由棘轮和棘爪组成的一种单向间歇运动机构。可以将连续的转动和往复运动转换成单向步进运动，由主动棘爪、棘轮、主动摆杆、止回棘爪组成。棘轮机构按照机构形式分为齿式棘轮机构和摩擦式棘轮机构。如图7-10所示，男士腰带、千斤顶等生活用品都是棘轮机构的实际应用。

图7-10　棘轮机构的应用

挑战空间

① 任务拓展

本课我们利用惯性和棘轮机构搭建了惯性小车。在搭建过程中，我们发现在摆动幅度大于90°的情况下释放摆动轮，惯性小车会因为释放的能量过大而翻倒，从而破坏了小车的稳定性。大家有没有什么好的方法去解决这个问题呢？另外在搭建过程中你还遇到了哪些问题，有哪些创新之处，还有哪些需要改进，请记录下来。

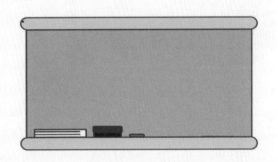

② 举一反三

通过本课的学习，大家对惯性的概念和作用效果有了一定的了解。其实惯性小车的搭建方法有很多，除了本节课的搭建方法外，我们还可以选择不同结构的车体配合不同的飞轮来完成作品。请试着运用惯性，使用乐高器材搭建一个飞轮惯性车，效果如图7-11所示。

图7-11　"飞轮惯性车"效果图

第 8 课

小车受阻找原因

扫一扫 看微课

人总是对未知的事物感到好奇，世界那么大，谁都想去看看。冬季假期时，有不少人会选择自己驾车到北方去看雪，但是，要让汽车在雪地上行驶，可不是一件容易的事情，有什么办法能解决这个问题呢？其实这与轮胎和雪地路面之间的摩擦力有关，只需要在汽车轮胎上裹上铁链或履带来增大与雪地路面的摩擦力，汽车就可以在雪地上行驶了。在本课内容中，我们使用乐高器材制作一个测量小车来探索一下摩擦力的奥秘。

任务分析

测量小车装有一个测量指针，小车前进时指针转动，通过记录指针转动的圈数测算出小车前进的距离，比较小车与水平接触面之间的摩擦力大小。首先在构思这个作品时，要明确作品的功能与特点；然后在设计作品时，需要思考如何利用摩擦力和涡轮机构来制作小车，并能够提出相应的解决方案，从而掌握相应的物理知识；最后将所学的知识进行拓展延伸来制作生活中其他的类似物品。

明确功能

要设计制作一个测量小车，首先要知道它应当具备哪些功能或特征。请将你认为作品所需要达到的目标填写在图8-1的思维导图中。

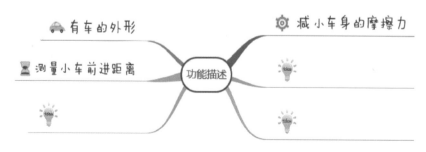

图8-1 构思"测量小车"功能

？ 提出问题

在制作测量小车时，需要思考的问题如图8-2所示。你还能提出怎样的问题？填在框中。

问题 1：

影响摩擦力大小的因素有哪些？

问题 2：

测量小车的结构可以分成哪几个部分？

问题 3：

图8-2　提出问题

头脑风暴

摩擦力与我们的生活息息相关，世界上的万物之间充满着摩擦力，摩擦力无处不在，无处不有，没有了摩擦力的世界是难以想象的。人可以在路面上行走，靠的是脚与地面之间的摩擦力；汽车可以在路面上行驶，靠的是汽车轮胎与地面之间的摩擦力。如图8-3所示，请仔细观察，并比较测量小车和它们的异同。我们在设计测量小车的时候，有哪些地方可以借鉴呢？

图8-3　生活中的摩擦力

📋 提出方案

我们可以将测量小车放在与水平面成45°倾角的斜面木板上，让小车自由滑下，小车因为接触面的摩擦力作用向前滑行一段距离后停止前进。本课我们利用乐高科学套装搭建一个测量小车，请填写表8-1，完善你的方案。

表8-1　方案选择表

构思	设计类型		
底盘结构设计	■ 四边形结构	■ 汉堡包结构	■ 其他 _____
驱动指针转动	■ 涡轮机构	■ 齿轮传动	■ 其他 _____
车的类型	■ 四轮车	■ 履带车	■ 其他 _____

规划设计

 作品规划

　　根据以上的方案，可以初步设计出作品的构架，请规划作品所需要的元素，将自己的想法和问题添加到图8-4的思维导图中。

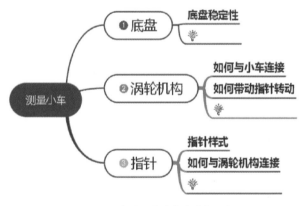

图8-4　"测量小车"规划设计

结构设计

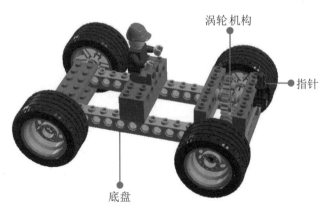

图8-5　设计"测量小车"结构

　　测量小车由底盘、涡轮机构、指针3部分组成。参照图8-5，你有什么更好的结构方案吗？

在制作"测量小车"作品时。首先根据作品规划，选择合适的器材；然后依次搭建底盘、涡轮机构和指针，并将其组合；最后测试作品功能，开展实验探究活动。

器材准备

测量小车底盘选择梁、板、轴和轴套；涡轮机构选择梁、板、轴、轴套、齿轮和蜗杆；指针使用双轴连接器和轴。它们之间通过轴相连，主要器材清单如表8-2所示。

表8-2　测量小车零件清单

名称	形状	名称	形状	名称	形状
梁		板		各种销	
各种轴		各种轴套		蜗杆	
齿轮		销轴连接器		—	—
双轴连接器		43.2mm × 22mm车轮		—	—

搭建作品

搭建测量小车时，可以分模块进行。首先搭建小车的底盘；然后根据底盘的位置搭建涡轮机构；最后搭建指针。大家也可以根据自己的想法进行搭建，只要能够满足测量小车的功能即可。

● 搭建底盘

以2根15孔的梁作为底盘的主体，用板进行连接固定，在底盘上安装用来固定车轮的轴，如图8-6所示。

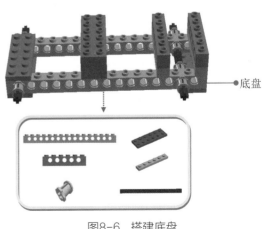

底盘

图8-6　搭建底盘

● 搭建涡轮机构

　　用轴、蜗杆以及24齿的齿轮等搭建涡轮机构。注意只能由蜗杆带动24齿的齿轮转动，反之则不行。搭建好的涡轮机构可以通过车轮传递动力，带动指针转动，如图8-7所示。

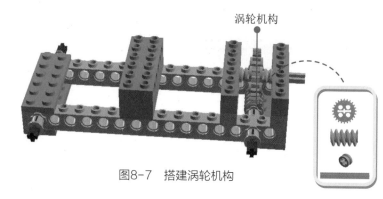

涡轮机构

图8-7　搭建涡轮机构

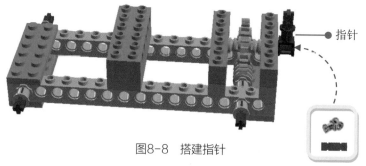

指针

图8-8　搭建指针

● 搭建指针

　　将双轴连接器和2个单位的轴连接，指针搭建完，如图8-8所示。

● 组合

　　将底盘、涡轮机构和指针用轴进行连接，然后用轴套进行固定，接着将4个车轮安装在底盘的轴上，最后将小人放置在车上，作品搭建完成。

🔍 功能检测

　　测量小车搭建好后，将小车放在与水平面成45°倾角的斜面木板上，当小车滑下时，带动指针转动，通过指针转动的圈数来测算小车的滑行距离，得出与水平接触面之间摩擦力的大小。

● 压力变化

　　将小车放在与水平面成45°倾角的斜面木板上，水平接触面是木板，在小车后座上使用不同质量的重力块，改变小车对接触面的压力，记录小车的滑行距离，比较与水平接触面之间的摩擦力大小。按照表8-3开展实验，将实验结果记录在表中。

表8-3　压力变化实验记录表

分组	物品	滑行距离/cm	摩擦力大小 （一样大、分组1大、分组2大）
1			
2			

● 接触面变化

　　将小车放在与水平面成45°倾角的斜面木板上，使用不同材料的水平接触面进行测试，记录小车的滑行距离，比较与水平接触面之间的摩擦力大小。按照表8-4开展实验，将实验结果记录在表中。

表8-4　接触面变化实验记录表

分组	水平接触面	滑行距离/cm	摩擦力大小 （一样大、分组1大、分组2大）
1	毛巾		
2	玻璃		

思考

❶ 试想一下，你在搭建过程中，如果没有在车身和轮子之间加上垫片（轴套），对小车自身的摩擦力有何影响？

❷ 试想同样的水平接触面，一个干燥，一个洒上适量的水，对小车与水平接触面之间有何影响？请通过实验验证。

智慧钥匙

1. 摩擦力

　　摩擦力是阻碍物体相对运动或者相对运动趋势的力，摩擦力的方向与物体相对运动或者相对运动趋势的方向相反。摩擦力可分为静摩擦力、滚动摩擦力、滑动摩擦力。在日常生活中，摩擦力总是无处不在，如图8-9所示，汽车轮胎的凹凸花纹和鞋子底下的纹路，都是为了增大与地面之间的摩擦力，起到防滑作用。

图8-9　摩擦力的应用

2. 距离的测算

尺子是我们最常用的测量距离的工具，但是它在一些特殊场合使用时往往会有一些局限，例如要准确测量一个弯曲的公路长度时，如图8-10所示，这时用尺子测量是无法做到的。但是，本课搭建的测量小车却可以派上用场，只需要推着小车在公路上走一遍，先记录指针转动的圈数；然后找到蜗杆和齿轮之间的传动比关系，因为小车的涡轮机构是由一个24齿的齿轮和蜗杆搭建完成的，所以当蜗杆旋转24圈时，齿轮才旋转1圈，也就是车轮旋转24圈，指针旋转1圈；最后通过测量车轮的周长，就可以测算出公路的长度了，即公路的长度=24×车轮的周长×指针转动的圈数。

图8-10 弯曲的公路

挑战空间

① 任务拓展

本课我们利用摩擦力和涡轮机构，搭建了测量小车。但是在操作过程中，我们发现很难凭肉眼去记录指针旋转的圈数，从而无法准确测量滑行距离。大家是不是可以尝试去制作一个刻度盘来解决这个问题呢？另外在搭建过程中你还遇到了哪些问题，有哪些创新之处，还有哪些需要改进，请记录下来。

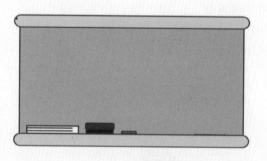

② 举一反三

通过本课的学习，大家对摩擦力的概念和作用效果有了一定的了解。请试着运用摩擦力和棘轮机构使用乐高器材搭建一个下坡挑战车，要求将小车放在一个与水平面成60°角的斜面木板上，小车要停止在斜面上，不能向下滑动，效果如图8-11所示。

图8-11 "下坡挑战车"效果图

第3单元

能量转换站
——探索机器人动力

机器人要想运作起来离不开动力。你知道机器人的动力来源有哪些吗？它们之间又有着哪些关系呢？让我们一起走进"能量转换站"。

本单元选择生活中常见的几个物体，设计了4节课，分别探究重力势能、风能、弹性势能、电能是如何转换为动能的，你通过看一看、搭一搭、玩一玩，会发现生活中处处充满"隐藏的能量"。

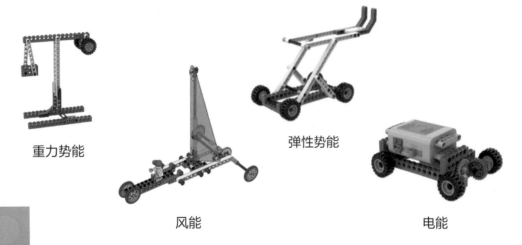

重力势能

风能

弹性势能

电能

第 9 课

桔槔灌溉显智慧

扫一扫 看微课

中华五千年的历史长河，创造发明的东西超乎我们的想象，你听说过桔槔（jié gāo）吗？桔槔也叫吊杆，是中国古代打水用的简单机械，发明于春秋战国时期，在一根竖立的架子上加上一根细长的杠杆，中间是支点，一端系水桶，另一端系重物，它主要是将重力势能转换为动能，通过取水时的一起一落，让装满水的水桶能自动抬起来，又省力又省时。同学们，想不想自己制作一个桔槔呢？让我们一起试试吧！

 **任务分析**

想要制作出桔槔，首先要了解在打水的时候是怎么将重力势能转换为动能的。在构思这个作品时，首先要明确作品的功能与特点，然后思考并提出设计作品中需要解决的问题，并能够提出相应的解决方案。

 明确功能

在你没看到桔槔之前，你想象的打水装置应该是什么样的呢？桔槔跟你想象的有何不同？为何不同？你觉得桔槔的结构又能让它实现什么样的功能呢？请将你认为需要达到的目标填写在图9-1的思维导图中。

图9-1 构思"桔槔"功能

提出问题

要想成功利用桔槔打水，还需思考几个问题，如图9-2所示。你还能提出怎样的问题？填在框中。

问题1 水桶在打水时的运动轨迹如何？

如何能够靠重力势能使取水省力？ 问题2

问题3

问题4

图9-2　提出问题

头脑风暴

生活中有很多重力势能转换的运用，如图9-3所示，无论是从高处往下滑雪还是小孩子玩跷跷板，都是将重力势能转换成动能，需要的元件有一根杠杆和一个支点，变化的是支点的选择和杠杆两侧物体。那么桔槔是如何借鉴这样的设计来让打水省时省力呢？让我们展开思考。

图9-3　重力势能转换在生活中的运用

提出方案

桔槔可以采用杠杆和支点组合的设计方案，就是模拟跷跷板，首先需要有支点，支点的一端连接打水的桶，另一端连接重物，通过重力势能将水桶一端自动提起。请根据表9-1的内容，选一选支点和重物的设计类型，并说说为什么这样选择。

表9-1　"桔槔"方案选择表

构思	设计类型			
支点	■位置	■结构	■其他_____	
	支点插销类型： ■摩擦销	■光销	■轴套长销	■其他_____
取水装置	■大小	■形状	■高度	■其他_____
重物端	■质量	■高度	■其他_____	

作品规划

根据以上的方案，可以初步设计出作品的构架，请规划作品所需要的元素，将自己的想法和问题添加到图9-4的思维导图中。

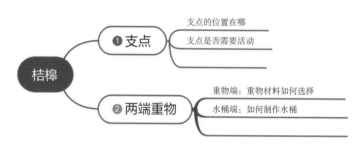

图9-4 "桔槔"规划设计

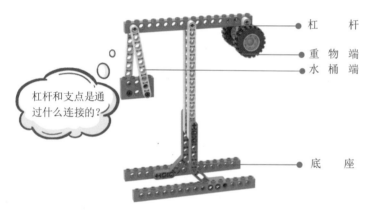

图9-5 "桔槔"结构设计

结构设计

桔槔由底座、杠杆和两端重物3部分组成。参照图9-5，你有什么更好的结构方案吗？

作品的实施主要分器材准备、搭建作品和功能检测3个部分。首先根据作品结构，选择合适的器材；然后依次搭建底座杠杆和两端重物，并将其组合；最后使用搭建的作品开展实验探究。

器材准备

桔槔的底座选择孔梁、孔臂（厚连杆）和连接件，中间杠杆使用的轴须是不带摩擦的轴销；重物端用轮胎代替，水桶端可自制水桶。主要器材清单如表9-2所示。

表9-2　"桔槔"零件清单表

名称	形状	名称	形状	名称	形状
1×16梁		1×4梁		1×11.5双弯厚连杆	
1×15厚连杆		1×9厚连杆		3×5直角厚连杆	
轴销		车轮		轮胎	
长光销若干		摩擦销若干		长摩擦销若干	

搭建作品

搭建桔槔时，可以分模块进行。首先搭建桔槔的底座，再通过光销连接架起杠杆，最后将杠杆的两端一端放"水桶"，一端放"重物"。同学们也可以根据自己的想法进行搭建。

● 底座

如图9-6所示，将2个1×16梁与1×11.5双弯厚连杆通过若干黑销连接起来，再搭建一个相反的结构，两者构建起桔槔的底座。

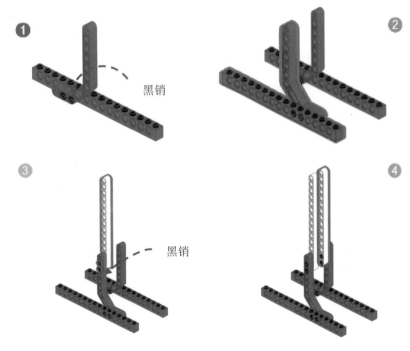

图9-6　底座

● 杠杆

如图9-7所示，先将光销装在杠杆上，再一起固定到底座上端。

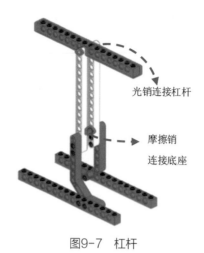

光销连接杠杆

摩擦销
连接底座

图9-7 杠杆

● 重物端

将底座与横梁用蓝色销进行连接，可以使用各种零件进行配重，对比不同配重的实验结果，如图9-8所示。

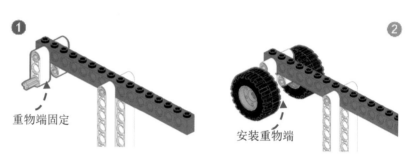

重物端固定

安装重物端

图9-8 重物端

● 水桶端

如图9-9所示，使用短孔梁和孔臂模拟水桶。

● 组合

如图9-10所示，协调好各部件，光销插在孔梁的中间位置。

图9-9 水桶端

图9-10 组合底座和杠杆两端

功能检测

桔槔制作好后，通过改变重物端的质量，观察水桶端是否能自动提起，可以开展有趣的科学探究。

● 重物端质量选择

选择不同数量的车轮和轮胎，预测水桶端是否能自动提起，再比较水桶端和重物端的质量，并将结果记录在表9-3中，同样质量的需实验3次来确认。

表9-3　重物端质量变化的实验记录表

分组	是否比水桶端重	我的预测	水桶端是否能自动提起		
			第1次	第2次	第3次
一个空车轮					
两个空车轮					
一个轮胎加一个车轮					
两个轮胎加两个车轮					

思考

❶ 通过变量重物端质量变化对比定量水桶端质量，你是否能得出当重物端质量达到什么条件时才能使水桶端自动提起的答案呢？

❷ 如果重物端不能使水桶自动提起，还可以通过改变什么条件使水桶自动提起呢？

● 支点的选择

改变支点使其不在孔臂的中间位置，不改变重物端和水桶端的质量，观察当支点向哪一端靠近时，那一端会自动上升还是下降呢？请把实验结果记录在表9-4中。

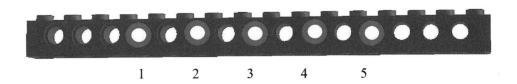

1　　2　　3　　4　　5

表9-4　支点位置对实验影响的记录表

销轴位置	重物端	水桶端
	落下/提起	落下/提起
1		
2		
3		
4		
5		

智慧钥匙

1. 重力的发现

你一定听过这样的一个故事，1666年的一个夏天，一颗苹果落到牛顿的头上，于是牛顿发现了万有引力和重力的存在，重力就是地球对物体的吸引而使物体受到的力，我们在地球上都会受到重力的作用，如图9-11所示。

重力的方向总是竖直向下的，这就解释了为什么我们在地球上跳跃总会下落，而在太空航行时，受重力影响变小，我们会看到宇航员飘浮在空中，如图9-12所示。

图9-11　被苹果砸到的牛顿

图9-12　"神舟九号"中的宇航员

2. 重力的运用

桔槔能让打满水的桶在重力的作用下自动提起，在生活中还有许多利用重力的实例，让重力的能量转换为动能，比如跳水和滑雪就是运动员在重力的作用下，速度越来越快。在医院中，病人吊水也是重力的一种运用（图9-13），你能想出重力在生活中还有哪些运用吗？

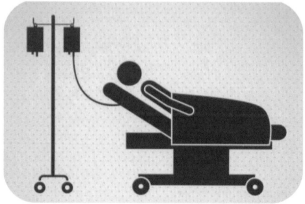

图9-13　重力的运用

挑战空间

1 任务拓展

本节课我们只是用几个积木块虚拟了一个水桶装置，我们也可以通过观察现实中的木水桶，利用我们的板、梁和各种连接件来搭建一个水桶，如图9-14所示，快来拼一拼吧。

图9-14　水桶

2 举一反三

本节课我们利用重力势能让杠杆能够自如升降，其实还有一种可能，我们可以利用齿轮和轴制作滑轮，实现自动提水功能。请同学们开动自己的脑筋，想一想，如何改进桔槔让其打水更省力呢？如图9-15所示为改进后的桔槔。

图9-15　改进后的"桔槔"作品

风帆小车更节能

扫一扫 看微课

你听说过靠风行驶的汽车吗？叫"疾风探险者"号的风力汽车，曾成功穿越广袤的澳大利亚大陆，沿途忍受酷热和寒冷天气，全部行程约5000km。值得一提的是，一路上它主要以风力为驱动力，全程仅花费66元，既时尚又环保。想不想自己制作一个风力驱动的小车？让我们一起试试吧！

任务分析

想制作一辆靠风力行驶的小车并不容易。在构思这个作品时，首先要明确作品的功能与特点，然后思考并提出设计作品中需要解决的问题，并能够提出相应的解决方案。

明确功能

要制作一个风帆小车，首先要知道它应当具备哪些功能或特征。请将你认为需要达到的目标填写在图10-1的思维导图中。

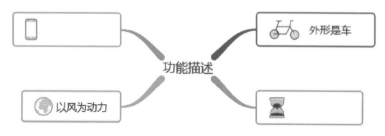

外形是车

功能描述

以风为动力

图10-1 构思"风帆小车"功能

提出问题

制作风帆小车时，需要思考的问题如图10-2所示。你还能提出怎样的问题？填在框中。

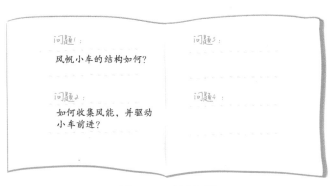

问题1：

风帆小车的结构如何？

问题2：

如何收集风能，并驱动小车前进？

问题3：

问题4：

图10-2　提出问题

头脑风暴

生活中有很多靠风力驱动的交通工具，如图10-3所示，无论是帆船还是风力自行车，虽然它们的外形不同，但都有一个可以收集风力的装置，那么风帆小车是不是可以借鉴这样的设计呢？

帆船可以靠帆借助风在水里行驶

风力自行车靠旋转轮收集风力

图10-3　风力交通工具

提出方案

风帆小车可以采用车和帆组合的设计方案，就是给小车装上帆。帆可以收集风能，驱使小车在地面上行驶。请根据表10-1的内容，选一选车和帆的设计类型，并说说为什么这样选择。

表10-1　"风帆小车"方案选择表

构思	设计类型
车　方案	车的类型： ■ 两轮车　　■ 三轮车　　■ 四轮车　　■ 其他 _____
帆	帆的类型： ■ 风帆　　　■ 旋转轮　　■ 其他 _____

规划设计

作品规划

根据以上的方案，可以初步设计出作品的构架，请规划作品所需要的元素，将自己的想法和问题添加到图10-4的思维导图中。

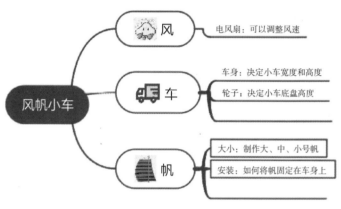

图10-4 "风帆小车"规划设计

图中内容：
- 风 —— 电风扇：可以调整风速
- 风帆小车
- 车 —— 车身：决定小车宽度和高度；轮子：决定小车底盘高度
- 帆 —— 大小：制作大、中、小号帆；安装：如何将帆固定在车身上

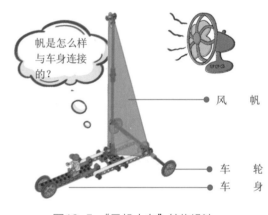

帆是怎么样与车身连接的？

风 帆
车 轮
车 身

图10-5 "风帆小车"结构设计

结构设计

风帆小车由车身、车轮和风帆3部分组成。参考图10-5，你有什么更好的结构方案吗？

探究实践

作品的实施主要分器材准备、搭建作品和功能检测3个部分。首先根据作品结构，选择合适的器材；然后依次搭建车体和风帆，并将其组合；最后使用搭建的作品开展实验探究。

器材准备

风帆小车的车身选择孔梁、孔臂（厚连杆）和连接件；车轮选择滑轮，使用轴与车身连接；风帆可以分别选择3种帆，通过轴和轴套构建。主要器材清单如表10-2所示。

表10-2　"风帆小车"零件清单表

名称	形状	名称	形状	名称	形状
1×12梁		1×4梁		2×4圆孔板	
1×15厚连杆		2×4直角厚连杆		轴套长销	
连轴器		2#连接器		双轴连接器	
24齿冠齿轮		中滑轮		中滑轮轮胎	
各种轴若干		摩擦销若干		轴套若干	
小号帆40cm²		中号帆60cm²		大号帆80cm²	

搭建作品

搭建风帆小车时，可以分模块进行。首先搭建小车的车架，再给小车安装车轮，最后将风帆通过轴和轴连接固定到小车上。同学们也可以根据自己的想法进行搭建。

● 车身

如图10-6所示，利用互锁机构，将1×12梁与1×15厚连杆通过2×4直角厚连杆连接，构建小车的车身。

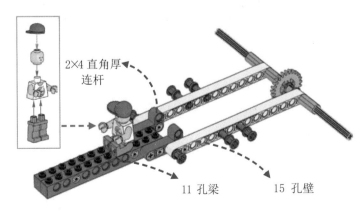

2×4直角厚连杆

11孔梁　　15孔壁

图10-6　车身

● 车轮

如图10-7所示，先将滑轮装上轮胎，再使用轴将车轮安装到车体上。

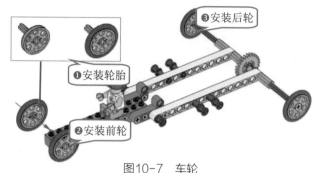

图10-7　车轮

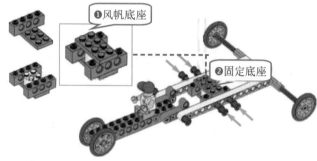

图10-8　帆桩

● 帆桩

将底座与横梁用蓝色销进行连接，可以使用各种零件进行配重，对比不同配重的实验结果，如图10-8所示。

图10-9　风帆

● 风帆

如图10-9所示，使用轴、连接器、双轴连接器、轴套搭建小号帆。使用相同的方法，选择$60cm^2$、$80cm^2$帆叶，搭建中号和大号帆。

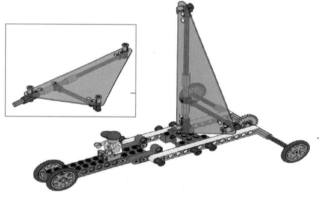

图10-10　组合车身和风帆

● 组合

如图10-10所示，将搭建好的3个帆底部的轴分别固定在小车的帆桩上。

 功能检测

风帆小车构建好之后，可以打开风扇测试一下小车能否在风的驱动下前进。通过更换大小不同的风帆和调整帆的角度，开展有趣的科学探究。

● 帆的大小与距离

　　选择不同型号的帆，先预测小车前进的距离，然后将风扇的风力设定在同一挡位，将小车放置在起始位置，让小车前行。测量小车由起始位置到停止位置的距离，并将结果记录在表10-3中，同样大小的叶片需测量3次。

表10-3　风帆的大小与距离实验记录表

分组	观察	我的预测	实际测量的距离/cm		
			第1次	第2次	第3次
	小号帆40cm^2				
	中号帆60cm^2				
	大号帆80cm^2				

思考

❶ 小号、中号、大号帆对小车的行驶速度和距离有何影响？你能设计出让小车跑得更远的帆吗？

❷ 哪种帆的小车起初行驶速度较快？为什么搭载3种型号帆的小车，在行驶大约10s后都停止了？

● 帆的角度与速度

　　按图10-11所示A、B、C、D四个方向，放置风帆小车，打开风扇，让小车行进，观察小车，将观察结果记录在表10-4中。

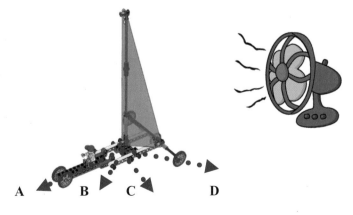

图10-11　帆的角度与速度实验

表10-4　帆的角度与速度实验记录表

分组	风帆小车的实际情况			
	停止	快速前进	中速前进	慢速前进
A				
B				
C				
D				

思考

① 通过实验对比，哪个方向风帆小车速度最快？你能说说其中的道理吗？你能举出类似的生活现象吗？

② 帆的面积大小和方向都会影响小车前进的速度和距离，你还能找到影响小车前进速度和距离的其他因素吗？

智慧钥匙

1. 帆船

　　借助风能转换为动能的交通工具，不仅仅有陆地上的小车，如图10-12所示，现实生活中还有我们熟知的帆船。在近现代很长一段时间内，帆船在海上航行史中有着非同寻常的地位，目前世界上还有许多帆船在航行，同样是运用风能，你能说出两者差别在哪吗？

图10-12　帆船图例

2. 风力汽车的拓展

借助风力行驶的汽车不仅仅有风帆小车，如图10-13所示，还有旋转帆汽车，这种汽车的工作原理与风帆小车不太一样，虽然都是借助风力，但是本节课的风帆小车是将风能转换为动能，旋转帆汽车的工作原理是将风能转换为电能储存起来，再由电能转换为动能，我们后面还会介绍利用电能行驶的小车。探索脚步永不停，我们一起来玩、来学、来创造。

图10-13　现实生活中的旋转帆汽车

 **挑战空间**

①　任务拓展

本节课我们利用风能搭建了一个风帆小车，在搭建过程中你遇到哪些问题，有哪些创新之处，还有哪些需要改进，请记录下来。

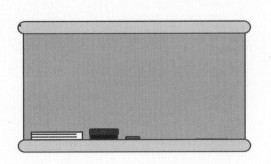

图10-14　"风吸盘车"作品

②　举一反三

本节课利用帆收集风能让小车行进。如图10-14所示，运用学习的知识，搭建一个四叶"风吸盘车"。当风扇转动时，风吸盘车叶片转动，收集风力驱动小车朝风扇前进。

弹力投石显神威

扫一扫 看微课

在本课的开始，让我们的思绪回到古战场上，回到那个冷兵器的时代，你最先想到什么画面？除了刀枪剑影、短兵相接，或许还有一种大型器械很引人注目，那就是投石车，能将石头等重物投向敌后方造成伤害，那么这种投石车利用的是什么原理让石头飞这么远呢？本课我们一起对弹力投石车一探究竟，了解弹力势能是如何转换成动能的。

任务分析

想制作一辆弹力投石车，在构思这个作品时，首先要明确作品的功能与特点，然后思考并提出设计作品中需要解决的问题，并能够提出相应的解决方案。

明确功能

要制作一个弹力投石车，首先要知道它应当具备哪些功能或特征。请将你认为需要达到的目标填写在图11-1的思维导图中。

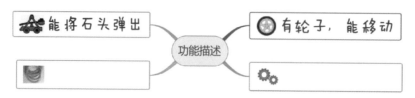

图11-1 构思"弹力投石车"功能

提出问题

制作弹力投石车时，需要思考的问题如图11-2所示。你还能提出怎样的问题？填在框中。

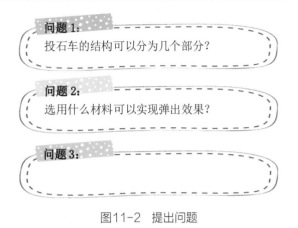

问题 1：
投石车的结构可以分为几个部分？

问题 2：
选用什么材料可以实现弹出效果？

问题 3：

图11-2 提出问题

头脑风暴

如图11-3所示，发散我们的思维，想一想弹弓是怎么玩的。弹弓两头会系上皮筋，皮筋拉力越大，弹弓的威力也越大，因为皮筋在拉扯的过程中发生的形变形成弹力势能，最终转换为动能。所以可以在投石车上也使用皮筋，抓住这个根本点，我们应该怎么设计弹力投石车呢？

这两者有何异曲同工之妙？

图11-3 弹弓与投石车

提出方案

弹力投石车可以采用车身和投石装置的组合方案，就是给小车装上投石装置。请根据表11-1的内容，选一选车的设计类型，并说说为什么这样选择。

表11-1 "弹力投石车"方案选择表

构思	设计类型
车身	车的类型： ■ 两轮车　　　■ 三轮车　　　■ 四轮车　　　■ 其他_____ ■ 重心　　　　■ 大小　　　　■ 其他_____
投石装置	■ 结构　　　　■ 配重物固定　　　■ 杠杆支点选择 ■ 其他_____

规划设计

作品规划

根据以上的方案，可以初步设计出作品的构架，请规划作品所需要的元素，将自己的想法和问题添加到图11-4的思维导图中。

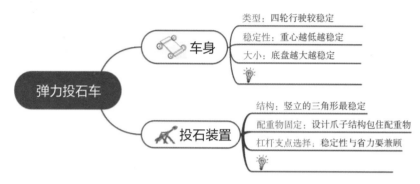

图11-4 "弹力投石车"规划设计

图11-5 设计"弹力投石车"结构

结构设计

通过分析，弹力投石车由车身和投石装置两部分组成。参照图11-5，你有什么更好的结构方案吗？

探究实践

作品的实施主要分器材准备、搭建作品和功能检测3个部分。首先根据作品结构，选择合适的器材；然后依次搭建车身和投石装置，并将其组合；最后使用搭建的作品开展实验探究。

器材准备

弹力投石车的车身选择孔梁、孔臂和连接件等；投石装置选用连杆、销、皮筋等，通过轴和轴套构建。主要器材清单如表11-2所示。

表11-2　"弹力投石车"零件清单表

名称	形状	名称	形状	名称	形状
1×16梁		2×6板		1×11.5双弯厚连杆	
1×15厚连杆		1×7厚连杆		1×5厚连杆	
1×3厚连杆		光销若干		车轮若干	
长摩擦销若干		摩擦销若干		轮胎若干	
各类轴套若干		各类轴若干		皮筋若干	

搭建作品

　　搭建弹力投石车时，可以分步进行。首先搭建小车的车身，然后一步步在车身的基础上搭建投石装置，最后安上皮筋进行实验。同学们也可以根据自己的想法进行搭建。

● 车架

　　如图11-6所示，将1×16梁作为小车两侧支架，两端用板相连并搭上短梁以固定，以此构建小车的车架。

图11-6　车架

图11-7　车轮安装

● 车轮

　　如图11-7所示，前后用长十字轴连接，并在轴上加若干轴套以固定，最后安上4个车轮。

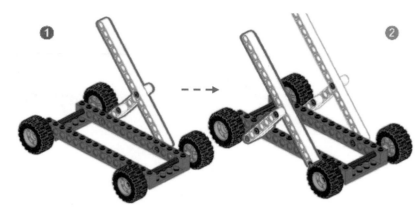

● 投石支架

　　投石支架采用稳定的三角形结构固定在车身上，左右各一个，如图11-8所示。

图11-8　投石支架安装

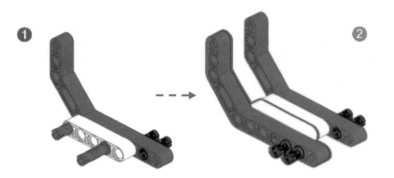

● 配重物端

　　如图11-9所示，固定重物的一端可以用左右对称的弯梁加以组合，以保证在投石时重物能固定好。

图11-9　配重物端

● 杠杆

　　如图11-10，将杠杆固定在刚刚拼好的配重物端，然后将整体与车身相连。

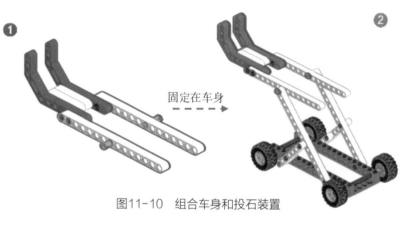

固定在车身

图11-10　组合车身和投石装置

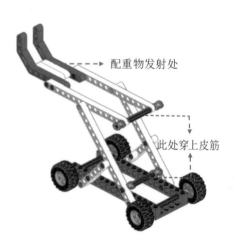

配重物发射处

此处穿上皮筋

● 加皮筋

　　如图11-11，将皮筋穿过十字轴分别拴在支架和杠杆上，两端用轴套加以固定。

图11-11　皮筋的固定

 功能检测

弹力投石车构建好之后，通过更换大小不同的轮胎充当配重物和使用不同数量的皮筋，开展有趣的科学探究。

● 配重物质量与弹出距离

选择不同型号的轮胎充当配重物，固定住小车，使用弹力投石装置，确保每次皮筋拉扯到同一位置，记录3次，并取平均距离，最终将结果记录在表11-3中。

表11-3　配重物质量与弹出距离实验记录表

分组	型号	我的预测	平均距离/cm	实际测试的距离/cm		
				第1次	第2次	第3次
（小号轮胎图）	小号轮胎18mm					
（大号轮胎图）	大号轮胎30.4mm					

 思考

❶ 在相同的条件下，小号、大号轮胎弹出距离哪个更远？你能说出为什么吗？

❷ 配重物的质量对弹出距离有何影响？该实验还能继续优化吗？请你通过实验验证自己的猜想。

● 皮筋数量与弹出距离

配重物不变，选择不同数量的皮筋来做实验，固定住小车，使用弹力投石装置，确保每次皮筋拉扯到同一位置，记录3次，并取平均距离，最终将结果记录在表11-4中。

表11-4　皮筋数量与弹出距离实验记录表

分组	数量	我的预测	平均距离/cm	实际测试的距离/cm		
				第1次	第2次	第3次
（皮筋图）	1					

续表

分组	数量	我的预测	平均距离/cm	实际测试的距离/cm		
				第1次	第2次	第3次
	2					
	3					

思考

❶ 在相同的条件下，皮筋的数量跟弹出距离有何关系？你能说出为什么吗？

❷ 随着皮筋数量的增多，你是否能感到每次拉扯的劲也在增加？请你查找资料验证自己的猜想。

智慧钥匙

1. 弹力

如图11-12所示，当手压弹簧时，我们会感觉到弹簧给手的力，这种力就是弹力。弹力是物体受外力作用发生形变后，若撤去外力，物体能恢复原来形状的力。有些物体具有明显的弹力，比如皮筋和弹簧等。弹力的特征是产生形变越大，弹力就越大，现在你再次回想当你拉扯皮筋或者按压弹簧时，是不是有这样的感觉？

图11-12 手压弹簧

2. 弹力的运用

弹力投石车运用了弹力，将弹力的能量转换为了石头的动能，让石头能够飞得更高更远，实际上生活中还有许多运用弹力的例子，比如女生用橡皮筋扎头发，用弹簧做的床垫让人睡觉更舒服，甚至还有一种体育运动叫做蹦床（图11-13），这可是实实在在的奥运会项目呢！

图11-13 蹦床

挑战空间

1 任务拓展

本课我们探究了配重物的质量、皮筋的数量对投石距离的影响，你还能想出来哪些因素可能会对投石的距离产生影响呢？请通过实验一探究竟。

2 举一反三

投石车的种类很多，本课我们搭建的是运用弹力的投石车，其实还有一种投石车是配重式投石车。如图11-14所示，这类投石车主要利用我们第2单元第5课学习的杠杆原理进行投石，你能搭建这类投石车吗？说出如何运用杠杆原理进行投石。快来尝试一下吧！

图11-14　古代投石车

第12课

电力汽车更环保

扫一扫 看微课

如果你留意过马路上行驶的汽车，你一定会发现越来越多的汽车牌照换了新装，由传统的蓝色变为漂亮的绿色，有这种渐变绿色的牌照的，就是新能源汽车，相较于传统的烧汽油的汽车，它更环保，因为在行驶过程中不产生尾气，那么它究竟是靠什么运行起来的呢？是电能。本节课，我们来一起制作一辆电力小车，并让小车成功跑起来吧！

任务分析

想制作一辆靠电力行驶的小车，在构思这个作品时，首先要明确小车的功能与特点，然后思考并提出设计作品中需要解决的问题，并能够提出相应的解决方案。

明确功能

要制作一辆电力小车，首先要知道它应当具备哪些功能或特征。请将你认为需要达到的目标填写在图12-1的思维导图中。

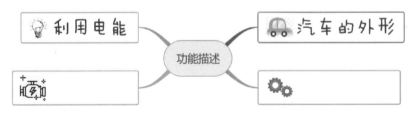

图12-1　构思"电力小车"功能

? 提出问题

制作电力小车时，需要思考的问题如图12-2所示。你还能提出怎样的问题？填在框中。

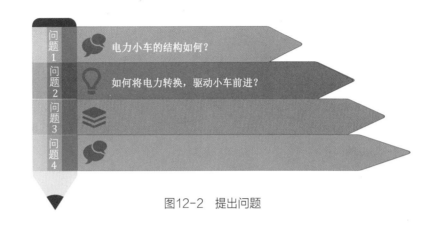

问题1　电力小车的结构如何？
问题2　如何将电力转换，驱动小车前进？
问题3
问题4

图12-2　提出问题

头脑风暴

如图12-3所示，汽车的发展并不是一蹴而就的，最初的汽车是以蒸汽驱动的，需要在汽车上背一个大锅炉来产生蒸汽。后来人们发明了内燃机，也就是我们现在普及的以汽油燃烧驱动的汽车。可以预见的未来，必然以电力汽车为主。那么

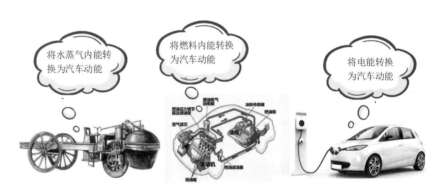

将水蒸气内能转换为汽车动能　　将燃料内能转换为汽车动能　　将电能转换为汽车动能

图12-3　汽车发展简史

回顾这段发展过程，无论是什么形式的汽车，虽然外形不同，但都是将不同形态的能量最终转换为动能，抓住这个根本点，我们应该怎么设计电力小车呢？

提出方案

电力小车可以采用车身和电池组合的设计方案，就是给小车装上电池，让电力驱动小车移动。请根据表12-1的内容，选一选车的设计类型，并说说为什么这样选择。

表12-1　"电力小车"方案表

构思	设计类型			
车身	车的类型： ■ 两轮车	■ 三轮车	■ 四轮车	■ 其他_____
	■ 结构	■ 大小	■ 动力装置	■ 其他_____
电池	■ 规格	■ 安装位置	■ 其他_____	

作品规划

根据以上的方案，可以初步设计出作品的构架，请规划作品所需要的元素，将自己的想法和问题添加到图12-4的思维导图中。

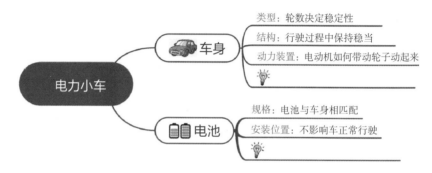

图12-4 "电力小车"规划设计

结构设计

通过分析，电力小车由车身、电动机和电池盒3部分组成。参照图12-5，你有什么更好的结构方案吗？

图12-5 设计"电力小车"结构

作品的实施主要分器材准备、搭建作品和功能检测3个部分。首先根据作品结构，选择合适的器材；然后依次搭建车架和车身动力部分，并将其组合；最后使用搭建的作品开展实验探究。

器材准备

电力小车的车架选择孔梁、板和连接件，使用轴与车身连接；电动机固定在车架上，通过轴和轴套构建。主要器材清单如表12-2所示。

表12-2　"电力小车"零件清单表

名称	形状	名称	形状	名称	形状
1×16梁		1×8梁		1×6梁	
2×8板		1×8板		摩擦销若干	
电动机		电池		车轮若干	
24齿冠齿轮		24齿圆柱齿轮		轮胎若干	
3#轴		12#轴		各类轴套若干	

搭建作品

搭建电力小车时，可以分步进行。首先搭建小车的车架，搭上电动机，再给小车安装车轮，最后将电池盒通过梁的拼接固定到小车上。你也可以根据自己的想法进行搭建。

● 车架

如图12-6所示，将1×16梁作为小车两侧支架，两端用板相连并搭上短梁固定，以此构建小车的车架。

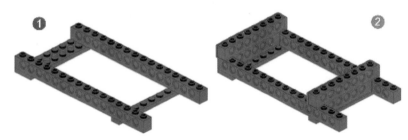

图12-6　车架

● 电动机固定

如图12-7所示，将短销和十字轴装在电动机上，再固定到车架上。

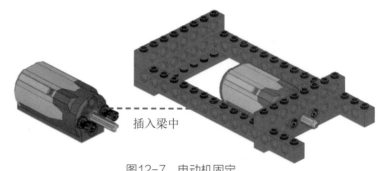

插入梁中

图12-7　电动机固定

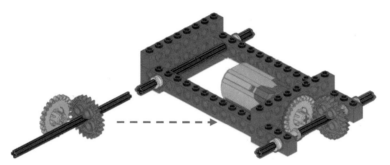

图12-8　搭建动力系统

● 搭建动力系统

将2个齿轮在不同平面啮合，前后都配上长十字轴连接，并在轴上加若干轴套以固定，如图12-8所示。

● 安装车轮

如图12-9所示，将车轮和轮胎配对装好后，再装于长十字轴的两端。

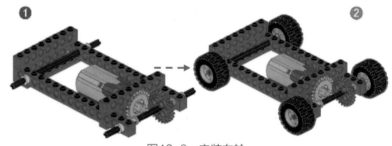

图12-9　安装车轮

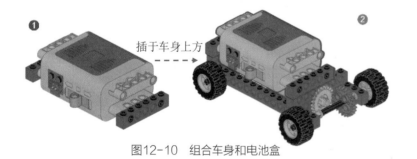

插于车身上方

图12-10　组合车身和电池盒

● 组合车身和电池盒

如图12-10所示，将电池盒上插入短销和梁，将搭建好的电池盒固定在小车车架上，并用连接线连接电池盒与电动机。

功能检测

电力小车构建好之后，可以打开电池盒的开关测试一下小车能否前进或后退。通过更换大小不同的轮胎，开展有趣的科学探究。

● 轮胎的大小与速度

选择不同型号的轮胎，将小车放置在起始位置，让小车前行。测量小车通过固定的一段距离所耗的时间，记录3次，并取平均耗时，最终将结果记录在表12-3中。

表12-3 轮胎的大小与速度实验记录表

分组	型号	我的预测	平均耗时/s	实际测试的耗时/s		
				第1次	第2次	第3次
	小号轮胎18mm					
	大号轮胎30.4mm					

思考

❶ 小车行驶相同距离，大号、小号轮胎谁耗时更短？你能设计出速度更快的小车吗？

❷ 轮胎的大小对小车的速度有何影响？请你通过实验验证自己的猜想。

● 不同路面与速度

轮胎不变，分不同的路面让小车前行，测量小车在相同距离下所耗的时间，记录3次，并取平均耗时，最终将结果记录在表12-4中。

表12-4 不同路面与速度实验记录表

分组	型号	我的预测	平均耗时/s	实际测试的耗时/s		
				第1次	第2次	第3次
	木地板					
	瓷砖					

思考

① 小车分别在木地板和瓷砖行驶相同距离谁耗时更短？你能说出为什么吗？

② 试想同样的路面，一个干燥，一个洒上适量的水，对小车的速度有何影响？请你通过实验验证自己的猜想。

智慧钥匙

1. 电池盒

乐高9686为我们提供了电池盒来供电，为搭建更多丰富的作品提供了可能。如图12-11所示为电池盒的结构，通过向下滑侧边的盖子可以往里面装5号电池以供使用，顶上方提供了可以连接电动机的连接线和开关。开关在中间位为关闭，把开关拨至左或右会让电动机向不同方向旋转。

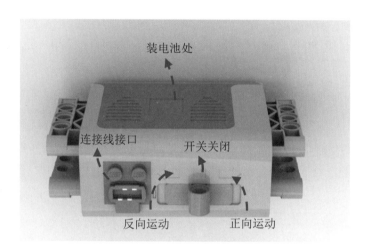

图12-11　电池盒图例

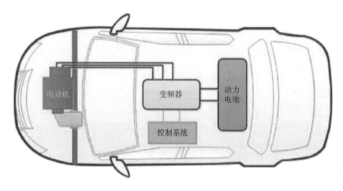

图12-12　电动汽车工作原理

2. 电动汽车的工作原理

本课我们尝试利用乐高9686套件搭建了一个电动小车，理解了电动小车的工作原理，你也就理解了现实中电动汽车的工作原理，两者都是利用电池提供电力给电动机，电动机转动带动汽车行驶（如图12-12所示），都是电能转换为动能的标准运用范例。

挑战空间

1 ▶ **任务拓展**

本课我们探究了轮胎大小、路面不同对速度的影响，你还能想出来哪些因素可能会对电动小车的速度产生影响呢？请通过实验一探究竟。

2 ▶ **举一反三**

本课我们搭建的小车是四轮车，电池盒装在车架上，利用自己的想象力，如图12-13所示，你还可以搭建出各式各样的电动小车，快来尝试一下吧！

图12-13　"电动三轮车"作品

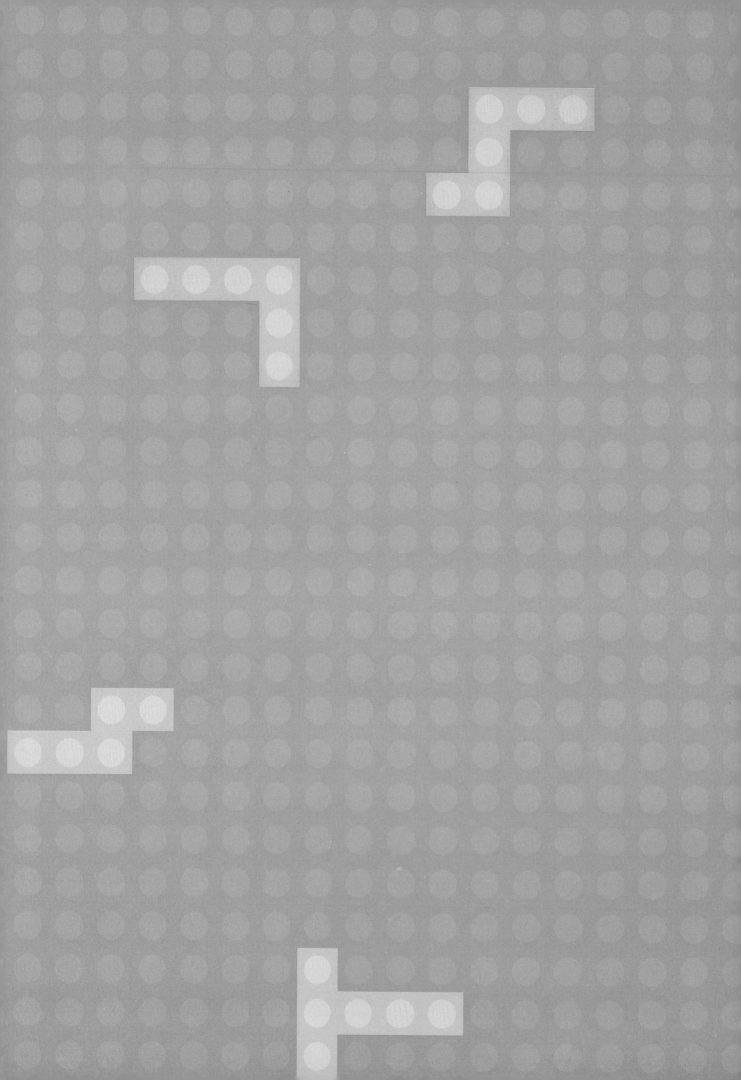

第4单元

开心游乐园
——了解齿轮结构

机器人的搭建中，齿轮是不可缺少的重要零件。齿轮结构不同实现的功能也不相同。让我们一起走进"开心游乐园"，在"游乐园"中体会和了解齿轮的不同结构。

本单元选择游乐园中常见的几个物体，设计了4节课，分别学习齿轮啮合、齿轮加速、齿轮减速、齿轮转换。通过看一看、搭一搭、玩一玩，进一步理解不同齿轮结构的不同功能。

齿轮啮合

齿轮加速

齿轮减速

齿轮转换

电动小车载客忙

扫一扫 看微课

随着时代的进步、物质文化生活的不断发展，旅游已经成了很多家庭必不可少的项目。现在景区的服务也越来越优质和人性化，用载客电动车将游客们从一个观光点送到下一个观光点，节约了游客们的时间和体力，提高了游玩的舒适度。本节课，我们一起来搭建这样一辆载客的电动车吧。

任务分析

想制作载客电动车，首先要明确作品的外形特征和动力结构，在设计作品时，除了把握外形，还要思考如何将电动机的动力传递给轮子，从实践中掌握和理解齿轮的啮合和传动的原理。最后需要将所学的知识进行举一反三来制作生活中其他的类似物品。

明确功能

如图13-1所示，我们生活中常见的载客电动车多种多样，总的来说，它们的主体由轮胎、底盘、车头和车身组成，我们要选择合适的零件，搭建时既要把握外形，又要使结构稳定，最重要的是解决将电动机的动力传递给轮胎，实现载客电动车运动起来的目的。

图13-1 载客电动车

提出问题

制作载客电动车时，针对它的外形特征和动力结构，以及搭建时需要思考的问题，参照图13-2，你还能提出怎样的问题？思考并填在框中。

头脑风暴

生活中用到齿轮传动的地方有许多，如机械手表、榨汁机、缝纫机、汽车变速箱等，如图13-3所示，怎样将齿轮传动运用到本课的载客电动车中呢？让我们展开思考。

提出方案

载客电动车有很多种，三轮的、四轮的、电动的、汽油动力的；本课我们利用乐高科学套装搭建一辆电动的、四轮的后轮驱动载客电动车，请填写表13-1，完善你的方案。

问题

1　如何将电动机动力传给轮子？

2　如何搭建车身？

3

4

图13-2　提出问题

图13-3　汽车变速箱

表13-1　"载客电动车"方案选择表

项目	设计类型		
样式	■三轮	■四轮	■其他_____
动力	■前轮驱动	■后轮驱动	■其他_____

规划设计

作品规划

根据以上作品功能的分析和知识的准备，可以从外观和功能两方面初步设计出载客电动车的构架，请规划作品所需要的元素，将自己的想法添加到图13-4的思维导图中。

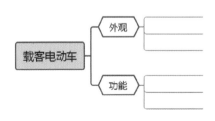

图13-4　"载客电动车"作品规划

作品的实施主要分器材准备、搭建作品和功能检测3个部分。首先根据作品结构，选择合适的器材；然后依次搭建载客电动车的车头、底盘、车身以及关键的电动机和动力装置；最后使用搭建的作品开展实验探究。

器材准备

根据作品规划，对将要制作的载客电动车从外观上和功能上已经有了初步的构思，准备所需要的零件，如表13-2所示。

表13-2 "载客电动车"零件清单

名称	形状	名称	形状	名称	形状
电池盒		电动机		梁	
连杆		圆孔板		摩擦销	
圆柱齿轮		轴和轴套		轮子	

搭建作品

搭建载客电动车时，首先是搭建车头和固定电池盒，接着安装底盘并在底盘上固定电动机，然后搭建关键性的齿轮传动部分，使齿轮有效啮合，最后是安装轮子、座位等完成整体搭建。大家也可以根据自己的想法和规划进行搭建，只要步骤合理、结构稳定即可。

● 搭建车头和固定电池盒

用连杆、摩擦销、轴和轴套合理地将电池盒包裹固定起来，搭建出车头的主体部分。注意灵活使用轴套，使搭建模型结构稳定，如图13-5所示。

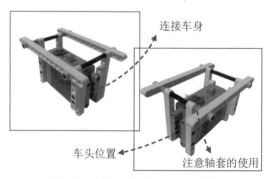

连接车身

车头位置

注意轴套的使用

图13-5 搭建车头和固定电池盒

● **安装底盘**

利用板延长梁的长度，安装在车头的两侧，利用轴和摩擦销固定。注意其宽度，要能将电动机安装进去，如图13-6所示。

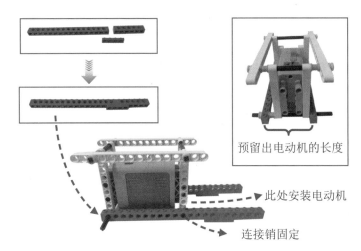

预留出电动机的长度

此处安装电动机

连接销固定

图13-6　安装底盘

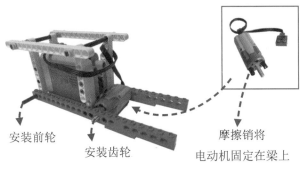

安装前轮

安装齿轮

摩擦销将
电动机固定在梁上

图13-7　安装电动机

● **安装电动机**

利用摩擦销将电动机固定在梁上，如图13-7所示。

● **安装齿轮传动**

因为本课搭建的是后轮驱动的载客电动车，所以我们利用齿轮传动将电机的动力传递到安装后轮的轴上，搭建时一定要注意齿轮之间的有效啮合，如图13-8所示。

用半轴套固定

注意齿轮的有效啮合

安装后轮

图13-8　安装齿轮传动

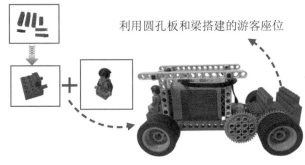

利用圆孔板和梁搭建的游客座位

图13-9　安装轮子、座位及驾驶员

● **安装轮子、座位及驾驶员**

利用梁和摩擦销搭建出驾驶员的座位，将驾驶位固定在车头上，拿一个乐高积木小人当驾驶员坐在上面；选择四个比齿轮大的轮子安装在轴上；最后利用圆孔板和梁搭建出游客们坐的座位。如图13-9所示。

🔍 功能检测

载客电动车搭建好之后，放在桌面或地面上，控制电池盒上的开关，让载客电动车前进和后退，测试一下搭建的齿轮传动机构是否有问题，如图13-10所示。

图13-10　载客电动车动起来

思考

❶ 为什么在安装轮子之前要在轴上装一个半轴套，作用是什么？

❷ 电动机顺时针转动时，载客电动车是前进还是后退？

如表13-3所示，根据所给3组齿轮组合，猜想一下输入齿轮顺时针转动时，输出齿轮的转动方向，并做简单的实验去验证一下，通过实验了解齿轮组合与转动方向的关系。

表13-3　齿轮组合与转动方向的关系

组别	齿轮组合模型	输出齿轮方向
1		■ 顺时针 ■ 逆时针
2		■ 顺时针 ■ 逆时针
3		■ 顺时针 ■ 逆时针
结论	1. 输入齿轮和输出齿轮方向一致时，齿轮个数为奇数还是偶数？ 2. 输入齿轮和输出齿轮的方向与齿轮的大小有没有关系？	

智慧钥匙

1. 齿轮啮合的"16T"原则

在乐高的齿轮系统中，能在连杆或梁上进行正确装配的一对齿轮，其齿数之和必须是16的整数倍。例如，8T与24T齿轮可以在梁上正确装配，因为两者的齿数之和为32，是16的整数倍。但是8T和16T齿轮就无法正确啮合，如图13-11所示，因为24无法整除16。

2. "非标"齿轮装配

虽然不符合16T原则的齿轮无法在梁上装配，但是可以利用角梁、弯梁、交叉块或带孔砖的几何特点，改变齿轮中心的距离进行装配，如图13-12所示，我们把这种装配叫作"非标"齿轮装配。

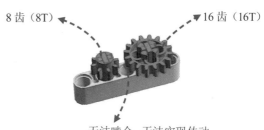

图13-11 齿轮啮合的"16T"原则

图13-12 "非标"齿轮装配

挑战空间

① 任务拓展

本课我们搭建的是后轮驱动的载客电动车，如何在不改变电动机位置的前提下，将小车改成前轮驱动，如图13-13所示，怎样根据梁上面孔的位置，合理地挑选和安装齿轮? 当电动机顺时针方向转动时，小车是前进还是后退?

图13-13 "前轮驱动载客电动车"作品

② 举一反三

齿轮传动在我们的生活中被广泛应用，比如常见的自行车，其原理也是齿轮传动。有兴趣的同学可以完成一个齿轮传动自行车的搭建，如图13-14所示。

图13-14 "齿轮传动自行车"作品

小小陀螺呼呼转

扫一扫 看微课

小时候，你玩过陀螺吗？还记得它飞快转动的样子吗？还记得为了让它能稳稳地转动起来，怎么想办法给它一个快速转动的力吗？还记得想让它转动的时间长一些，怎么去提高它的转动速度吗？本节课，我们来研究并搭建一个能让陀螺快速转动起来的陀螺发射器。

 **任务分析**

想制作一个能让陀螺快速转动起来的陀螺发射器，首先要明确作品的结构特征和功能特点。在设计作品时，除了把握外形，还要思考如何将电动机出来的速度变快再变快，将加速后的速度传递给陀螺。从实践中掌握和理解齿轮加速的原理，最后将所学的知识举一反三来制作生活中其他的类似物品。

 明确功能

如图14-1所示，陀螺发射器各式各样，不管外形如何变化，其根本的作用就是将陀螺加速并发射出去。

图14-1 陀螺发射器

请同学们回忆一下自己的游戏体验，想一想这些外形不同的陀螺发射器由哪些部分组成，有哪些相同之处，它们是如何实现加速的呢？请完成图14-2，将你认为搭建需要达到的目标填写在思维导图中。

可加速

陀螺发射器

图14-2 明确陀螺发射器功能

 提出问题

制作陀螺加速器时，针对它的结构特征和功能特点，以及搭建时需要思考的问题，参照图14-3，你还能提出怎样的问题？思考并填在框中。

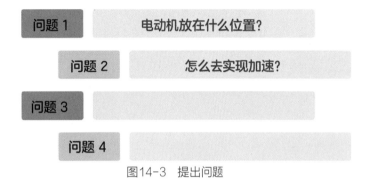

问题1 电动机放在什么位置？

问题2 怎么去实现加速？

问题3

问题4

图14-3 提出问题

头脑风暴

生活中有很多物品也是需要用到加速功能的，如图14-4所示，无论是电钻还是电风扇，都是利用了加速的结构，最终实现其作用和功能。自行车也是，脚蹬脚踏板的力通过齿轮，将变快后的速度传递给后轮，带动自行车前进。陀螺加速器是不是能利用齿轮加速结构呢？让我们展开思考。

图14-4 具有加速功能的物品

提出方案

陀螺发射器有很多种，本课我们利用乐高科学套装搭建一个手柄式、齿轮加速的电动陀螺发射器，请填写表14-1，完善你的方案。

表14-1 "陀螺发射器"方案选择表

项目	设计类型		
样式	■枪式	■手柄式	■其他_____
动力	■手动	■电动	■其他_____
加速形式	■齿轮	■发条	■其他_____

作品规划

根据以上作品功能的分析和知识的准备，可以从外观和功能两方面初步设计出陀螺发射器的构架，请规划作品所需要的元素，将自己的想法添加到图14-5的思维导图中。

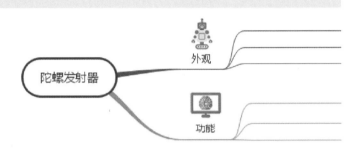

图14-5　"陀螺发射器"作品规划

作品的实施主要分器材准备、搭建作品和功能检测3个部分。首先根据作品结构，选择合适的器材；然后依次搭建陀螺发射器框架、固定电池盒和电动机以及关键的加速装置和发射装置；最后使用搭建的作品开展实验探究。

器材准备

根据作品规划，对将要制作的陀螺发射器在外观和功能上已经有了初步的构思，准备所需要的零件，如表14-2所示。

表14-2　"陀螺发射器"零件清单

名称	形状	名称	形状	名称	形状
电池盒		电动机		梁	
连杆		圆孔板		摩擦销	
圆柱齿轮		轴和轴套			

搭建作品

搭建陀螺发射器时，首先搭建框架和手柄，然后固定电池盒和电动机位置，最后搭建关键性的齿轮加速部分，注意大齿轮带动小齿轮起到加速作用。大家也可以根据自己的想法和规划进行搭建，只要步骤合理，结构稳定，能够满足陀螺发射器的功能即可。

● 框架和手柄

用连杆和梁搭成陀螺发射器的框架及手柄，框架注意宽度和高度，预留齿轮安装位置，手柄注意长度和可手持性，中间部分用梁预留出安装电池盒的位置，如图14-6所示。

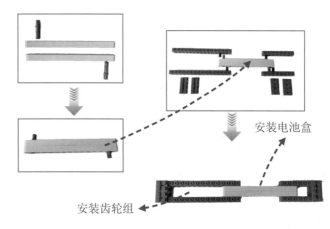

安装电池盒

安装齿轮组

图14-6　框架和手柄

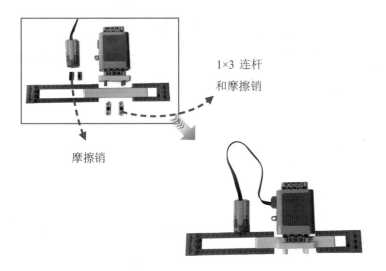

1×3 连杆和摩擦销

摩擦销

图14-7　固定电池盒和电动机

● 固定电池盒和电动机

利用1×3连杆和1×7连杆做辅助，摩擦销和长摩擦销起连接及固定作用，将电池盒和电动机安装在框架上，注意电动机的位置，如图14-7所示。

● 齿轮一级加速

运用大齿轮带动小齿轮起到加速作用的原理，利用轴和轴套，将40齿的大圆柱齿轮连接在电动机上，带动8齿的小圆柱齿轮，在小圆柱齿轮的同轴下方装一个圆柱齿轮作为与陀螺的力量传递点即发射点，如图14-8所示。

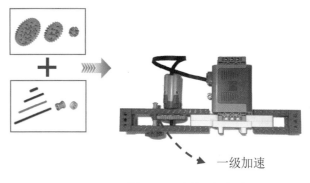

一级加速

图14-8　齿轮一级加速

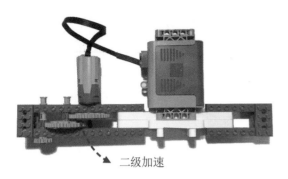

二级加速

图14-9 齿轮二级加速

● 齿轮二级加速

使用轴和轴套以及圆柱齿轮，将一级加速升级成二级加速，如图14-9所示。

 功能检测

陀螺发射器搭建好之后，我们再把握陀螺底盘低、转动面大、接触面小的外形特点，合理选用零件，搭建一个陀螺，体验并测试陀螺发射器作品。注意陀螺和陀螺发射器之间利用齿轮连接传输动力，如图14-10所示。

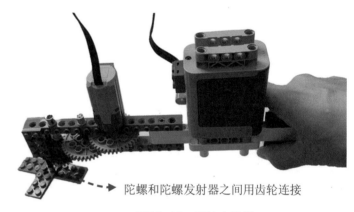

陀螺和陀螺发射器之间用齿轮连接

图14-10 玩转小陀螺

● 齿轮组合及速度的变化

如表14-3所示，根据所给3组齿轮的加速组合，猜想一下，输入齿轮速度相同时，输出齿轮的快慢顺序，并做简单的实验去验证一下。

表14-3 齿轮组合及速度的变化

组别	输入齿轮	输出齿轮
1	40齿	8齿
2	16齿	8齿
3	24齿	8齿
速度排序	＿＿＿＿ ＞ ＿＿＿＿ ＞ ＿＿＿＿	

思考

❶ 轴套能不能紧紧地压在凸点带孔梁上？对齿轮的传动会不会有影响？为什么？

❷ 陀螺发射器发射点处的齿轮，大小的变化对陀螺的速度有没有影响？

● 体验齿轮比和速度比

如图14-11所示，输入齿轮的速度为5（圈/min）时，以齿轮上的摩擦销为参照物，测一测输出齿轮的速度为多少？体会速度变化和齿轮齿数之间的关系，并将你的分析结果写下来。

图14-11　齿轮加速

| 输入齿轮速度： 5 （圈/min） |
| 输出齿轮速度： ___ （圈/min） |
| 我的分析： |

智慧钥匙

1. 齿轮一级加速

如图14-12所示，当输入齿轮为40齿的圆柱齿轮、输出齿轮为8齿的圆柱齿轮时，我们发现大齿轮的每个齿经过连接点时，小齿轮的一个个齿就会随之转动，那么大齿轮转动一圈总共有40个齿经过连接点，小齿轮要转动5圈才行（40/8=5）。同样的时间大齿轮转动1圈，小齿轮传动5圈，起到了加速作用。

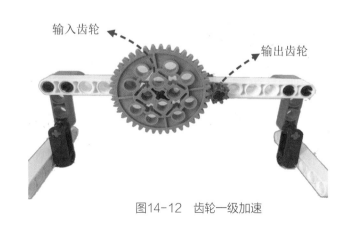

输入齿轮

输出齿轮

图14-12　齿轮一级加速

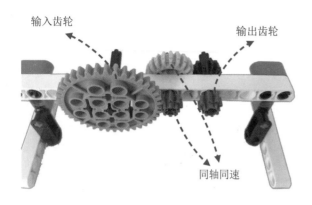

图14-13 齿轮二级加速

2. 齿轮二级加速

如图14-13所示，输入齿轮为40齿的圆柱齿轮，它与8齿圆柱齿轮构成了第一级加速，因同轴同速的原理，20齿双面斜齿轮的速度与8齿圆柱齿轮相同，它与12齿双面斜齿轮构成了第二级加速。

挑战空间

1 任务拓展

本课我们使用齿轮加速原理，搭建了一个陀螺发射器，尝试在二级加速的基础上设计并搭建三级加速，如图14-14所示。如果想让陀螺加速器速度再快一些，是不是可以四级加速、五级加速这样一级一级地往上加？感受速度、摩擦和结构稳定性之间的关系。

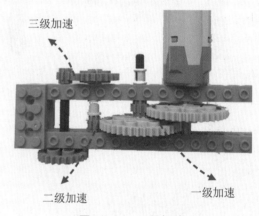

图14-14 三级加速

图14-15 "电风扇"作品

2 举一反三

齿轮是机器中的重要部件，齿轮加速在我们的生活中广泛应用，比如常见的电风扇。有兴趣的同学可以完成一个电风扇的搭建，如图14-15所示。比一比谁的风扇转动更快，谁的风扇吹出来的风比较大。

第15课

荷兰风车慢悠悠

扫一扫 看微课

荷兰是一个风景优美的浪漫国度，人们常把荷兰称为"风车之国"，风车是荷兰具有代表性的建筑，形成了一道道靓丽的风景。荷兰位于地球的盛行西风带，一年四季盛吹西风；同时它濒临大西洋，又是典型的海洋性气候国家，海陆风长年不息，给荷兰提供了充足的风力。本节课，我们来研究并搭建一个慢悠悠转动的荷兰风车吧。

任务分析

想制作一个慢悠悠转动的荷兰风车，首先要明确作品的结构特征和功能特点，在设计作品时，除了把握外形，还要思考如何将电动机出来的速度变慢，让风车的扇叶慢悠悠地转动。从实践中掌握和理解齿轮减速的原理，最后将所学的知识举一反三来制作生活中其他的类似物品。

明确功能

如图15-1所示，荷兰风车的主体由高大的磨坊建筑和宽大的扇叶组成，我们要选择合适的零件，搭建时既要把握外形，又要使结构稳定，最重要的是解决风车扇叶慢慢转动的问题。

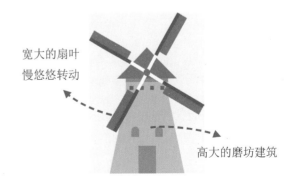

宽大的扇叶
慢悠悠转动

高大的磨坊建筑

图15-1　荷兰风车

提出问题

制作荷兰风车时，针对它的结构特征和功能特点，以及搭建时需要思考的问题，参照图15-2，你还能提出怎样的问题？思考并填在框中。

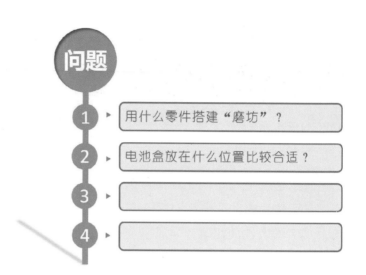

问题	
1	用什么零件搭建"磨坊"？
2	电池盒放在什么位置比较合适？
3	
4	

图15-2 提出问题

图15-3 具有减速功能的物品

头脑风暴

生活中有些物品也是需要用到减速功能的，如图15-3所示，机械时钟和机械手表就很好地利用了齿轮传动和齿轮减速的结构。荷兰风车是不是能利用齿轮减速结构让风车扇叶慢慢转动呢？让我们展开思考。

规划设计

作品规划

根据以上作品功能的分析，可以从外观和功能两方面初步设计出荷兰风车的构架。请规划作品所需要的元素，将自己的想法添加到图15-4的思维导图中。

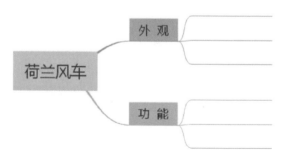

图15-4 "荷兰风车"作品规划

作品的实施主要分器材准备、搭建作品和功能检测3个部分。首先根据作品结构，选择合适的器材；然后依次搭建磨坊、大扇叶，固定电池盒和电机，利用齿轮结构实现减速，让风车扇叶慢悠悠地转动起来；最后使用搭建的作品开展实验探究。

器材准备

根据作品规划，对将要制作的荷兰风车在外观和功能上已经有了初步的构思，准备所需要的零件，如表15-1所示。

表15-1 "荷兰风车" 零件清单

名称	形状	名称	形状	名称	形状
电池盒		电动机		梁	
砖		圆孔板		摩擦销	
圆柱齿轮		轴和轴套		—	—

搭建作品

搭建荷兰风车时，首先搭建磨坊。搭建磨坊时考虑电池盒的摆放位置，再选择合适的零件搭建大大的扇叶，然后搭建关键性的齿轮减速部分，注意小齿轮带动大齿轮起到减速作用，最后将扇叶装到磨坊上的减速装置上面，检查作品的稳定性。大家也可以根据自己的想法和规划进行搭建，只要步骤合理，结构稳定，能够实现荷兰风车慢悠悠转动即可。

● 搭建大磨坊

以梁为主要零件，用摩擦销固定，将电池盒藏在大磨坊的"肚子里"，磨坊的上部是安装齿轮减速装置的位置，注意孔的对齐，底部略大，确保结构稳定，如图15-5所示。

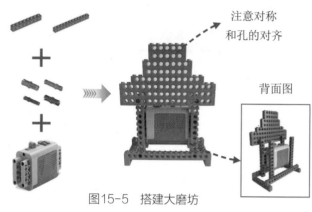

图15-5　搭建大磨坊

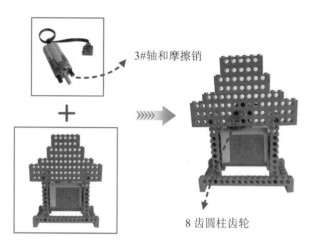

图15-6　固定电动机安装小齿轮

● 固定电动机安装小齿轮

利用摩擦销将电动机安装在磨坊的中间位置，上面预留出安装齿轮减速装置的位置，用一个3#轴将8齿的圆柱齿轮和电动机连接起来，如图15-6所示。

● 齿轮一级减速

利用小齿轮带动大齿轮起到减速作用的原理，将40齿的大圆柱齿轮和8齿的小圆柱齿轮啮合在一起，8齿的小圆柱齿轮转动时带动40齿的大圆柱齿轮转动，速度变慢。大齿轮上装一个3#轴，为搭建第二级减速装置做准备，如图15-7所示。

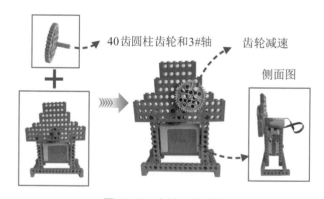

图15-7　齿轮一级减速

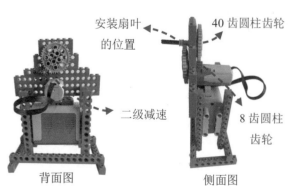

图15-8　齿轮二级减速

● 齿轮二级减速

在一级减速的一面用8齿的小圆柱齿轮和40齿的大圆柱齿轮搭建二级减速装置，在40齿的大圆柱齿轮上装一根黑色轴，利用轴套固定，预留出装扇叶的位置，如图15-8所示。

● 安装风车扇叶完成模型

利用圆孔板和十字孔圆砖搭建风车扇叶，安装到预留的黑色轴上，打开电池盒电源，看看扇叶是否能转动，确认主要部件无误能实现功能后，利用砖和梁等零件，将磨坊的整体造型搭建完成，可巧妙地将数据线固定并利用圆孔板使结构平衡稳定，如图15-9所示。

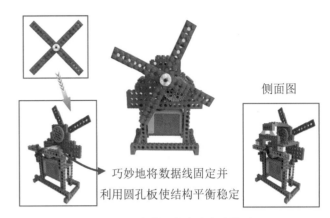

巧妙地将数据线固定并利用圆孔板使结构平衡稳定

图15-9　安装风车扇叶完成模型

功能检测

荷兰风车搭建好之后，启动开关看看能不能让风车慢悠悠地旋转起来，带着问题完成性能测试。

思考

❶ 搭建扇叶时为什么要用十字孔圆砖？还可以利用什么样的零件和结构？

❷ 为什么在搭建模型时要注意对称和平衡？

❸ 将其中的一个圆柱齿轮换成双面斜齿轮行不行？

● 齿轮组合及速度的变化

如表15-2所示，根据所给3组齿轮的减速组合，猜想一下，输入齿轮速度相同时，输出齿轮的快慢顺序，并做简单的实验去验证一下。

表15-2　齿轮组合及速度的变化

组别	输入齿轮	输出齿轮
1	8齿	40齿
2	8齿	16齿
3	8齿	24齿
速度排序	_____ > _____ > _____	

● "举重"实验

如图15-10所示，一个是转动灰色轴在加速情况下尝试抬起轮胎，另一个是转动黑色轴在减速情况下尝试抬起轮胎，先请同学们想一想：你用的力会是一样的吗？哪一个省力？哪一个费力？再请同学们搭建模型，动手试一试，将你的实验结果和分析写下来。

转动　　　　　　　　　　　转动

图15-10　"举重"实验

实验探究

1. 齿轮减速

如图15-11所示，当输入齿轮为小圆柱齿轮（8齿），输出齿轮为大圆柱齿轮（40齿）时，小齿轮传动一圈，8个齿经过连接点，大齿轮上相应的也是8个齿经过连接点，8/40=0.2，不难发现，小齿轮转动1圈仅带动大齿轮转动0.2圈，故转动速度变慢。

输入齿轮　　　　　　　　　　　输出齿轮

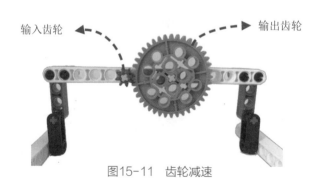

图15-11　齿轮减速

2. 齿轮比

齿轮比是输出速度相对输入速度降低的倍数，计算公式如下：

齿轮比=输出齿轮的齿数∶输入齿轮的齿数

如图15-12所示，输出24齿，输入8齿，那么该结构的齿轮比为3∶1，即输入齿轮转3圈，输出齿轮转1圈，换句话说，输入齿轮的转速是输出齿轮的3倍。

图15-12 齿轮比

挑战空间

1 任务拓展

本节课我们使用齿轮减速原理搭建了一个荷兰风车，尝试在二级减速的基础上设计并搭建三级减速，如图15-13所示。当三级减速时，电动机放在什么位置比较合适？

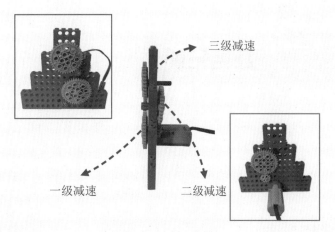

图15-13 三级减速

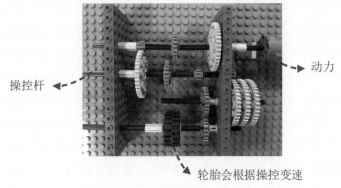

图15-14 "简易变速箱"作品

2 举一反三

在我们的生活中，机械手表和汽车的变速箱都用到了齿轮减速的原理。如图15-14所示，请利用齿轮加速减速的原理，尝试搭建一个简易变速箱，然后玩一玩。

旋转木马游客多

扫一扫 看微课

在游乐场里，旋转木马是大家喜爱的娱乐项目，坐在旋转的小木马上，听着梦幻的音乐，幻想着自己生活在童话之中。旋转木马以圆心为中心点，中心有支柱，上面有顶棚，如雨伞一般，小木马们挂在圆形顶棚之下，绕圆周慢慢转动。本节课，我们来制作一个旋转的木马。

任务分析

想制作一个可以转动的旋转木马，首先要明确作品的结构特征和功能特点，然后在设计作品时，除了把握外形，还要思考如何改变力的方向，从实践中掌握和理解利用齿轮改变力的方向的原理，最后需要将所学的知识举一反三来制作生活中其他的类似物品。

明确功能

你坐过旋转小木马吗？如果坐过，请回忆一下你当时的感受，完成表16-1，尝试总结一下本课要搭建的旋转木马有哪些动力方面的要求。

表16-1 体验感受

项目	类型			
运动方式	■ 上下振动	■ 绕圈转动	■ 不规律运动	■ 其他＿＿＿＿＿
运动速度	■ 匀速	■ 有规律的变化	■ 无规律的变化	■ 其他＿＿＿＿＿
总结				

如图16-1所示，在旋转木马的中心有一根粗粗的柱子，旋转木马上有大大的顶棚、圆圆的底座和一匹匹小木马。小木马是以中心为点，沿圆周缓缓转动的。

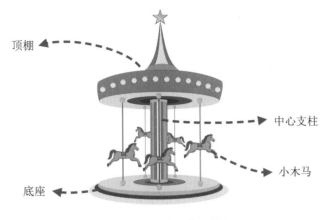

图16-1　"旋转木马"的结构

确定方案

通过体验，知道旋转木马是可以绕圈转动的，电动机提供其转动的力。如图16-2所示，电动机的搭建位置有3种方案，本课选择第3种方案，将电动机放在侧面。

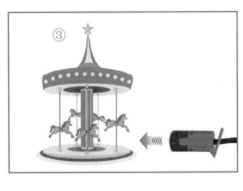

图16-2　确定方案

提出问题

我们选择的方案中电动机是水平摆放的，可是带动木马转动的中心轴是垂直转动的，那么怎么将水平转动的力转变成垂直转动的力呢？想要很好地完成搭建任务，你还有怎样的思考，有什么样的问题，请写下来，如图16-3所示。

问题1　怎么将水平转动的力转变成垂直转动的力？

问题2　电池盒和电动机放在什么位置合适？

问题3

问题4

图16-3　提出问题

规划设计

作品规划

根据以上分析，可以从外观和功能两方面初步设计出作品的构架，请规划作品所需要的元素，将自己的想法添加到图16-4的思维导图中。

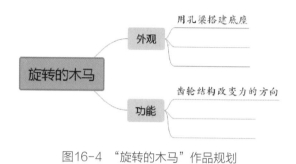

图16-4 "旋转的木马"作品规划

探究实践

作品的实施主要分器材准备、搭建作品和功能检测3个部分。首先根据作品结构，选择合适的器材；然后依次搭建旋转木马的底座、支柱、顶棚和小木马，固定电池盒和电动机以及利用齿轮改变方向的结构；最后使用搭建的作品开展实验探究。

器材准备

根据旋转木马的组成部分和结构特点，给每一部分选择可用的零件，将表16-2填写完整。

表16-2 "旋转的木马"零件选择

结构名称	选用零件 （填写序号）	零件种类
底座和支架		1. 2. 3. 4. 5. 6. 7. 8. 9. 10.
顶棚和木马		11. 12. 13. 14. 15.
锥齿轮结构		16. 17. 18. 19. 20.

搭建作品

搭建旋转小木马时，可以先框架后细节，分模块进行。首先搭建旋转小木马的底座和支架；然后搭建顶棚和小木马等部分；最后搭建锥齿轮结构将小木马的中心轴和电动机连接起来。大家也可以根据自己的想法进行搭建，实现小木马的旋转。

● 底座支架

主要利用长短不一的梁来搭建旋转小木马的底座和支架。在搭建时要注意利用"两点成一线"的原理，使用2个摩擦销将支架垂直立在底座上。同样利用此原理，在支架上搭建2个轴固定点，使旋转木马的中心轴结构稳定，如图16-5所示。

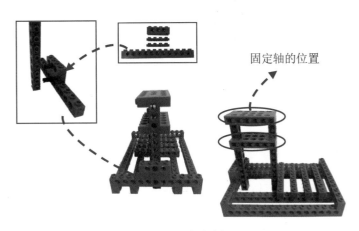

图16-5 底座支架

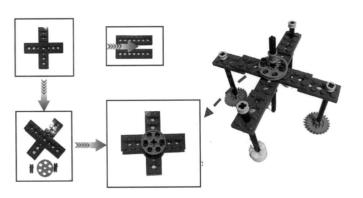

图16-6 顶棚和小木马

● 顶棚和小木马

用长轴作为小木马的中心轴，以此为中心点用圆孔板搭建顶棚部分以及用轴、齿轮等搭建挂在顶棚边缘的小木马部分。特别注意板和轴的咬合连接，这里利用的是滑轮和摩擦销的固定，如图16-6所示。

● 锥齿轮结构

使用单面斜齿轮和双面斜齿轮搭建锥齿轮结构，注意利用轴套固定住齿轮的位置，使2个齿轮最佳啮合，实现力的传递、方向的改变，如图16-7所示。

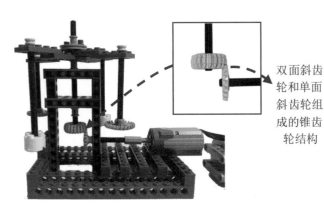

图16-7 锥齿轮结构

● 整体搭建

　　检查各部分的连接，特别是底座、支架的稳定以及齿轮的啮合，将电动机连接到控制器上，测试旋转小木马的效果，如图16-8所示。

图16-8　整体搭建

 功能检测

　　旋转的木马搭建好之后，启动开关看看能不能让"小木马"旋转起来，带着问题完成性能测试。

思考

❶ 锥齿轮结构搭建时要注意哪些方面？你在搭建过程中，用了哪些方法、使用了哪些零件去辅助调整齿轮的啮合？

❷ 顶棚和中心轴的固定，除了使用滑轮和摩擦销，还可以利用哪些零件来实现？

❸ 如果斜齿轮的两根轴不在一个平面上，锥齿轮结构的啮合会稳定吗？会影响力的传递吗？

● 锥齿轮结构实验

　　按照表16-3所示，搭建不同组合的锥齿轮结构，完成以下实验探究。

表16-3　锥齿轮结构实验记录表

分组	结构
输入：20齿单面斜齿轮 输出：12齿双面斜齿轮	
输入：12齿双面斜齿轮 输出：20齿双面斜齿轮	

续表

分组	结构
输入：20齿双面斜齿轮 输出：20齿双面斜齿轮	

● 齿轮比和速度

　　计算一下它们的齿轮比，按照从大到小的顺序写下来；再测一测输入齿轮为同一速度时输出齿轮的速度，记录下来并由快到慢排序，分析并写下得出的结论。

齿轮比：☐ > ☐ > ☐

速　度：☐ > ☐ > ☐

结　论：☐

智慧钥匙

1. 锥齿轮结构

　　如图16-9所示的锥齿轮结构，用它可以改变力的方向。锥齿轮结构用来传递两相交轴之间的运动和动力，在一般机械中，锥齿轮两轴之间的交角等于90°。

锥齿轮结构　　　　　　　　锥齿轮结构

图16-9　锥齿轮结构

2. 锥齿轮结构要素

　　如图16-10所示，锥齿轮结构主要由单面斜齿轮或者是双面斜齿轮以及轴组成，双面斜齿轮可以看作是一个圆柱齿轮和两个单面斜齿轮的结合，到目前为止我们只用圆柱齿轮的齿在两根平行轴之间传递运动，但是用斜齿轮可以创建垂直连接。注意齿轮和齿轮之间的啮合问题，减少传递过程中的能量损耗。

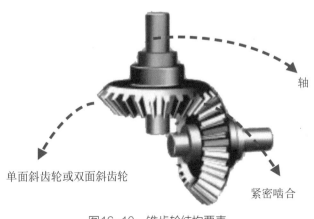

轴

单面斜齿轮或双面斜齿轮

紧密啮合

图16-10　锥齿轮结构要素

挑战空间

1 **任务拓展**

如图16-11所示，利用小齿轮带动大齿轮可减速的原理，改变"旋转的木马"的齿轮传动结构，使得"小木马"转动得慢一些，请同学们结合本节课所学知识，试一试利用其他的齿轮传动结构来给"小木马"减速。

齿轮减速

图16-11 "旋转的木马"减速

2 **举一反三**

如图16-12所示，小车利用齿轮传动将电动机的转动传递到轮子，请你利用本课所学知识改造一下，搭建一辆利用锥齿轮结构传递电动机动力的小车。

图16-12 "齿轮传动小车"作品

创意生活坊
——了解机器人机构

机器人有着不同的机构，根据搭建的不同机构可以完成各种任务。你知道常见机器人的机构有哪些吗？这些机器人机构又有什么特点？让我们一起走进"创意生活坊"。

本单元选择生活中常见的几个运动物体，设计了4节课，分别学习曲柄机构、连杆机构、凸轮机构、涡轮机构，通过看一看、搭一搭、玩一玩，你会发现生活中处处是机构。

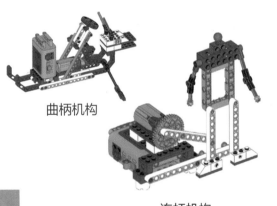

曲柄机构

连杆机构

凸轮机构

涡轮机构

端午时节赛龙舟

扫一扫 看微课

赛龙舟是中国端午节的习俗之一，也是端午节最重要的节日民俗活动之一。关于赛龙舟的起源，有多种说法，如祭曹娥、祭屈原、祭水神或龙神等祭祀活动，其起源可追溯至战国时代。赛龙舟先后传入日本、越南及英国等地，是2010年广州亚运会正式比赛项目。本节课，我们应用曲柄机构制作一艘龙舟，让我们一起试试吧！

任务分析

想制作一艘龙舟，在构思这个作品时，首先要明确龙舟的组成与特点，然后思考并提出设计作品中需要解决的问题，并能够提出相应的解决方案。

 明确功能

要制作一艘龙舟，首先要知道它应当具备哪些功能或特征。请将你认为需要达到的目标填写在图17-1的思维导图中。

图17-1 构思"龙舟"功能

提出问题

制作龙舟时，需要思考的问题如图17-2所示。你还能提出怎样的问题？填在图中。

问题1

龙舟的结构如何？

问题2

如何让龙舟划动并稳定前行？

问题3

问题4

图17-2 提出问题

头脑风暴

赛龙舟是端午节的一项重要活动，现在更是一种体育娱乐活动，如图17-3所示，了解下生活中的龙舟结构和划动原理，对我们通过乐高器材去设计龙舟是否有所启发呢？

图17-3 生活中的龙舟

提出方案

龙舟的搭建略为复杂，首先搭建龙舟的船身，然后搭建涡轮组作为龙舟的动力，龙舟上的船夫也可以搭建得栩栩如生，接着就是搭建龙舟的龙头和船桨，最后把电池盒固定在船身上就完成了！请填写表17-1，完善你的方案。

表17-1 "龙舟"方案选择表

构思	设计类型			
船	■船头	■船尾	■船身	■其他_____
	■涡轮结构	■电池盒的安装	■其他_____	
龙头	■规格	■安装位置	■其他_____	
船夫	■装扮	■手臂	■其他_____	

规划设计

作品规划

根据以上的方案，可以初步设计出作品的构架，请规划作品所需要的元素，将自己的想法和问题添加到图17-4的思维导图中。

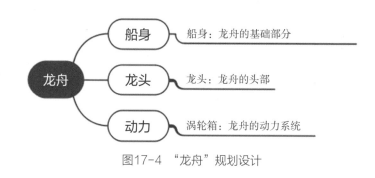

图17-4 "龙舟"规划设计

结构设计

通过分析，龙舟由船身、龙头和涡轮动力3部分组成。参照图17-5，你有什么更好的设计方案吗？

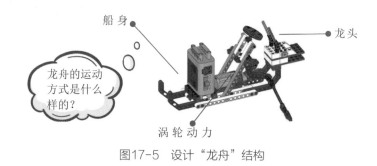

图17-5 设计"龙舟"结构

探究实践

作品的实施主要分器材准备、搭建作品和功能检测3个部分。首先根据作品结构，选择合适的器材；然后依次搭建船身、动力、船夫和龙头和电池盒，并将其组合；最后使用搭建的作品开展实验探究。

器材准备

要想搭建龙舟，首先用厚连杆和梁去搭建船身，然后搭建一个涡轮组作为龙舟的动力系统，最后搭建龙头和船桨，把电池盒装上。主要器材清单如表17-2所示。

表17-2　"龙舟"零件清单表

名称	形状	名称	形状	名称	形状
2×8圆孔板		2×6圆孔板		1×2黑销若干	
1×3长摩擦销		1×12梁		1×9单弯厚连杆	
电动机		电池		1×11.5双弯厚连杆	
2×4砖		1×2轴孔梁		各类轴套若干	
1×4轴		1×3轴		2×1斜面砖	
36齿双锥齿轮		蓝轴销		双轴连接器	
1×9厚连杆		1×15厚连杆		1×2梁	
带一个球砖		1#连接器		1×5轴	
1×2轴		1×6轴		1×3滑销	
1×8轴		1×5厚连杆		三角薄连杆	
蜗杆		8齿圆柱齿轮		带手柄的连接销	
凸轮		3#连接器		—	—
交叉块		1×6梁		—	—

搭建作品

龙舟搭建依次是船身、动力部分、船夫、龙头和电池盒。

● 船身

如图17-6所示，用厚连杆和1×9单弯厚连杆作船身，用梁连接。

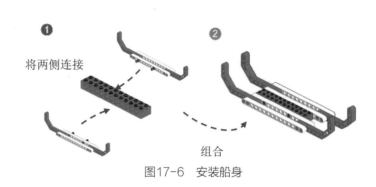

图17-6　安装船身

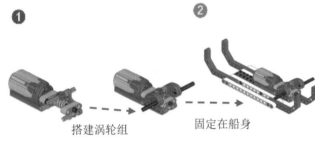

图17-7　动力部分

● 动力

如图17-7所示，搭建一个涡轮组并将电动机安装在船身。

● 船夫

用弯连杆作为船夫的手臂连接在船上，如图17-8所示。

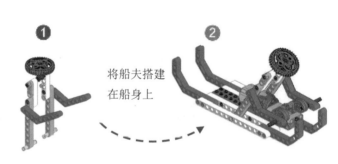

图17-8　安装船夫

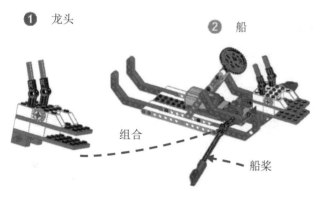

图17-9　安装龙头

● 龙头

如图17-9所示，用梁和圆孔板搭建龙头。

● 电池盒

　　如图17-10所示，将电池盒装在船尾就完成了。

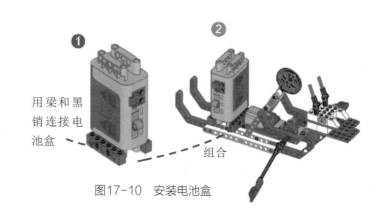

用梁和黑销连接电池盒

组合

图17-10　安装电池盒

 功能检测

　　龙舟搭建完成后，打开开关，看看船桨是否能正常工作。

● 船桨长度

　　通过对船桨改变三次不同的长度，观察龙舟前进速度，最终将结果记录在表17-3中。

表17-3　船桨的不同长度和前进速度变化实验记录表

分组	船桨长度	我的预测	船的速度	其他
1	1×6轴			
2	1×8轴			
3	1×9轴			

思考

❶ 为什么船桨的长度可以影响船的速度？

❷ 龙舟的速度越快是否就越稳定，快来试试吧！

● 稳定性

　　观察船桨的长度与龙舟前进稳定性的关系，记录3次，最终将结果记录在表17-4中。

表17-4　船桨的不同长度和稳定性实验记录表

分组	船桨长度	我的预测	稳定性	其他
1	1×6轴			
2	1×8轴			
3	1×9轴			

① 当船桨不停运动的时候，船身是否稳定？

② 是否能找出一根最稳定的船桨？

智慧钥匙

1. 龙舟

龙舟（或称龙船）是指中国、越南、日本的龙形舟，也是中国端午节竞赛活动时使用的人力船只，龙舟上画着龙的形状或把舟做成龙的形状。如图17-11所示。

图17-11 赛龙舟

2. 曲柄机构的分类

曲柄机构又叫曲柄连杆机构，分成双曲柄、双摇杆、曲柄摇杆3种。首先说明曲柄和摇杆的含义。我们把可以进行圆周运动的叫曲柄，只可以在小于360°范围内摆动的叫摇杆。下面对曲柄机构的分类逐个进行介绍：双曲柄就是曲柄带动曲柄转动；双摇杆就是摇杆带动摇杆摆动；曲柄摇杆机构，当曲柄为主动件时是曲柄做圆周运动带动摇杆做摆动，当摇杆为主动件时，是摇杆做摆动带动曲柄做圆周运动。

挑战空间

① ▶ 任务拓展

本课我们探究了不同长度船桨对龙舟的前进速度以及稳定性的影响。你还能想到哪些因素可以改变龙舟的前进状态呢?

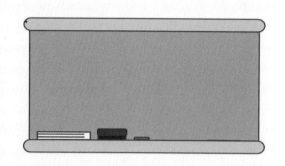

② ▶ 举一反三

本课利用曲柄机构,实现了龙舟船桨的滑行。如图17-12所示,试运用所学知识搭建一驾马车,当电动机转动的时候齿轮转动带动连杆动作。

图17-12 "马车"作品

手舞足蹈真热闹

扫一扫 看微课

同学们，每当我们欢庆元旦、欢度六一的时候，都会聚集在一起载歌载舞，共同度过欢乐美好的时光。你们想不想制作一个会跳舞的机器人和我们一起来手舞足蹈呢？本节课，我们通过连杆机构制作一个会跳舞的机器人，让我们一起试试吧！

 **任务分析**

想制作一个会跳舞的机器人，首先我们要明确跳舞机器人的功能与特点，然后思考并提出设计作品中需要解决的问题，并能够提出相应的解决方案。

明确功能

要制作一个跳舞机器人，首先要知道它应当具备哪些功能或特征。请将你认为需要达到的目标填写在图18-1的思维导图中。

图18-1 构思"跳舞机器人"功能

?　提出问题

制作跳舞机器人时，需要思考的问题如图18-2所示。你还能提出怎样的问题？填在框中。

图18-2　提出问题

头脑风暴

如图18-3所示，观察生活中我们是如何跳舞的，通过身体的扭动、手动以及脚动实现舞蹈效果。抓住这个特点，对于我们设计机器人跳舞是否有启发呢？

图18-3　生活中的舞蹈效果

提出方案

只需要一个连杆和滑销，就可以实现手舞足蹈的机器人效果，注意小人腿部和动力部分的连接，动力部分用的是电动机，固定好电动机的位置很重要！请填写表18-1，完善你的方案。

表18-1　"跳舞机器人"方案选择表

构思	设计类型			
身体结构	腿部的长短： ■5厚连杆	■7厚连杆	■9厚连杆	■其他_____
	■头部结构	■身体	■腿部连接	■其他_____
电动机	■规格	■安装位置	■其他_____	

规划设计

作品规划

根据以上的方案，可以初步设计出作品的构架，请规划作品所需的元素，将自己的想法和问题添加到图18-4的思维导图中。

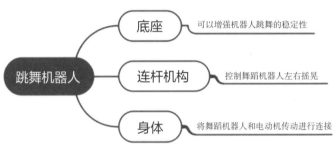

跳舞机器人
- 底座 —— 可以增强机器人跳舞的稳定性
- 连杆机构 —— 控制舞蹈机器人左右摇晃
- 身体 —— 将舞蹈机器人和电动机传动进行连接

图18-4 "跳舞机器人"规划设计

结构设计

通过分析，跳舞机器人由底座、电动机和身体3部分组成。参照图18-5，你有什么更好的结构方案?

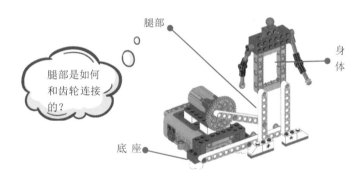

腿部是如何和齿轮连接的?

腿部
身体
底座

图18-5 设计"跳舞机器人"结构

探究实践

作品的实施主要分器材准备、搭建作品和功能检测3个部分。首先根据作品结构，选择合适的器材;然后依次搭底座、腿部和身体部分，并将其组合;最后使用搭建的作品开展实验探究。

器材准备

跳舞机器人的底座选择孔梁、孔臂和黑销，电力传动部分通过齿轮实现，身体部分由厚连杆组成，最后装饰身体。主要器材清单如表18-2所示。

续表

表18-2 "跳舞机器人"零件清单表

名称	形状	名称	形状	名称	形状
2×8圆孔板		2×6圆孔板		1×2黑销若干	
1×3长摩擦销		1×2灰销		1×3轴套长销	
电动机		电池		1/2销	
2×4砖		1×2砖		各类轴套若干	
1×4十字轴		1×3十字轴		2×1斜砖	
40齿圆柱齿轮		2×2圆砖		3#连接器	
9厚连杆		15厚连杆		1×2梁	
带一个球砖		1#连接器		—	—
1×2轴		1×4圆孔板		—	—

搭建作品

搭建跳舞机器人时，可以分步进行。首先搭建跳舞机器人的底座，用电池盒和一些圆孔板做成稳固的底座。然后用电动机和齿轮连接传动部分。最后连接机器人的腿部，从而完成机器人的身体，同学们也可以根据自己的想法进行搭建。

● 底座

如图18-6所示，以电池盒为基础用一些圆孔板和梁搭建底座。

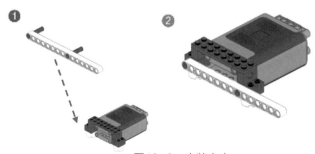

图18-6 安装底座

● 腿部

如图18-7所示，把电动机安装在圆孔板上，然后连接用连杆做的腿部。

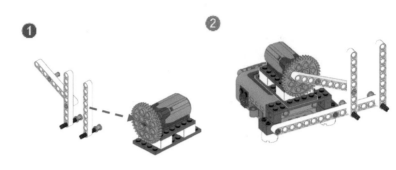

图18-7　安装腿部

 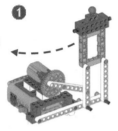

身体与腿部连接

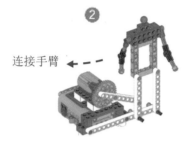

连接手臂

● 身体

依次搭建脚、驱干、手臂、头，如图18-8所示。

图18-8　安装身体

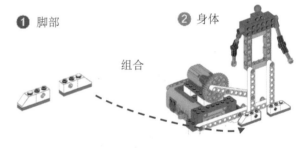

① 脚部　② 身体

组合

● 组合

如图18-9所示，将搭建好的底座和身体组合。

图18-9　组合

 功能检测

舞蹈机器人搭建完毕后，打开电池盒的开关，欣赏机器人的舞蹈吧！通过检测，看看能否达到设计要求。

● 测量腿部长度

通过改变腿部的长度，观察机器人晃动的幅度，最终将结果记录在表18-3中。

表18-3　腿部不同长度的变化实验记录表

分组	腿部长度	我的预测	实际效果	其他
1	5厚连杆			
2	7厚连杆			
3	9厚连杆			

思考

❶ 为什么腿部的变化会影响机器人晃动的幅度？

❷ 除了腿部的变化，如果改变齿轮与腿部连接有什么效果呢？请你通过实验验证自己的猜想。

● 齿轮的连接

在腿部长度不变的条件下，改变与齿轮连接的位置，记录3次，并取平均耗时，最终将结果记录在表18-4中。

表18-4　改变齿轮连接位置实验记录表

分组	安装位置	我的预测	实际效果	其他
1	第6个孔			
2	第7个孔			
3	第8个孔			

思考

❶ 改变齿轮的位置会对机器人跳舞产生什么样的影响呢？

❷ 是不是将齿轮放在任何位置都会让舞蹈机器人正常运动呢？

智慧钥匙

1. 舞蹈机器人

舞蹈机器人，可以展示骑马舞、小苹果、翻跟头、倒立、太极拳、集体操等多种动作或舞蹈，如图18-10所示。它不会像人类一样疲劳，只要有电可以持续跳一整天。它主要用于开业典礼、活动热场、儿童娱乐、驻场表演，配合动感音乐，烘托出热闹的气氛，吸引周围的人驻足观看。

图18-10　舞蹈机器人

2. 连杆机构的工作原理

连杆机构构件运动形式多样，如可实现转动、摆动、移动和平面或空间复杂运动，从而可用于实现一定的运动规律和已知轨迹。如图18-11所示。

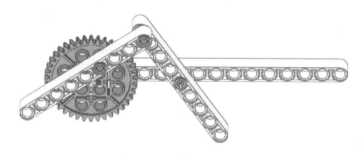

图18-11　连杆机构模型

挑战空间

1 **任务拓展**

本课我们探究了不同长度连杆以及齿轮安装的不同位置对舞蹈机器人的影响，你还能想到哪些因素可以改变机器人的舞蹈效果呢？

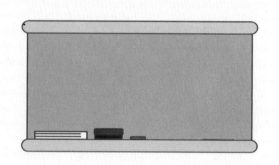

图18-12　"磕头机"作品效果图

2 **举一反三**

本课利用连杆机构，实现了舞蹈机器人的左右摆动。如图18-12所示，试运用所学知识搭建一个磕头机，当电动机转动的时候连杆机构会使四个连杆运动。

电动锤子打甜糕

扫一扫 看微课

很多人都吃过甜糕，在市场上也能看到各种各样好吃的甜糕，这些糕点可以按照生产的工艺流程通过木锤子人工敲打去制作，但是这样制作甜糕费时费力。如果通过自动化工具制作甜糕，既方便又快捷，还可以提高生产的工作效率。本节课中，我们通过凸轮机构制作一个电动锤子敲打甜糕的作品，让我们一起试试吧！

任务分析

想制作一个电动锤子，在构思这个作品时，首先要明确电动锤子的功能与特点，然后思考并提出设计作品中需要解决的问题，并能够提出相应的解决方案。

明确功能

要制作一个电动锤子，首先要知道它应当具备哪些功能或特点。请将你认为需要达到的目标填写在图19-1的思维导图中。

上下敲打

功能描述

提高效率

图19-1 构思"电动锤子"功能

提出问题

制作电动锤子时，需要思考的问题如图19-2所示。你还能提出怎样的问题？填在框中。

问题1 电动锤子的结构如何？

问题2 如何用电动锤子实现敲打糕点？

问题3

问题4

图19-2 提出问题

头脑风暴

人力捶打食材制作糕点的方法费时费力，随着时代进步与科技发展，可以通过电动的器材来实现自动化捶打的工作，这样可以提高工作效率，节省工作时间。人力和电动虽然工作方式不同，但工作原理都一样，需要有一个发力点和捶打的工具，实现上下击打的工作。抓住这个原理，我们应该怎么设计电动锤子呢？

 提出方案

电动锤子可以使用先搭建底座和锤子，然后连接电动机和电池组的设计方案，就是给锤子装上电池，让电力驱动电动机从而带动锤子。请根据表19-1的内容，选一选电动锤子的设计类型，并说说为什么这样选择。

表19-1 "电动锤子"方案选择表

构思	设计类型			
锤子与底座	锤子的类型：			
	■ 圆头锤	■ 羊角锤	■ 方形锤	■ 其他_____
	■ 底部结构	■ 大小	■ 动力装置	■ 其他_____
电池	■ 规格	■ 安装位置	■ 其他_____	

 规划设计

 作品规划

根据以上的方案，可以初步设计出作品的构架，请规划作品所需要的元素，将自己的想法和问题添加到图19-3的思维导图中。

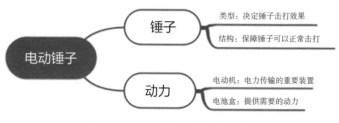

图19-3 "电动锤子"规划设计

结构设计

通过分析，电动锤子由锤子、底座和电动机3部分组成。参照图19-4，你有什么更好的结构方案吗？

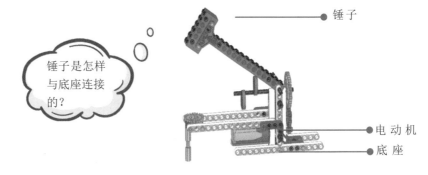

锤子是怎样与底座连接的？

锤子

电动机

底座

图19-4　设计"电动锤子"结构

作品的实施主要分器材准备、搭建作品和功能检测3个部分。首先根据作品结构，选择合适的器材；然后依次搭建底座、动力部分和锤子，并将其组合；最后使用搭建的作品开展实验探究。

器材准备

电动锤子的底座选择孔梁、孔臂和黑销，电力传动部分通过齿轮实现，锤子部分由梁组成，通过轴和轴套构建。主要器材清单如表19-2所示。

表19-2　"电动锤子"零件清单表

名称	形状	名称	形状	名称	形状
1×16梁		1×2梁		1×6梁	
1×3长摩擦销		1×2轴销		1×2黑销若干	
电动机		电池		1×3轴套长销	
24齿冠齿轮		24齿圆柱齿轮		1/2销	
1×8十字轴		1×10十字轴		各类轴套若干	

续表

名称	形状	名称	形状	名称	形状
40齿圆柱齿轮		8齿圆柱齿轮		凸轮	
1×9厚连杆		1×15厚连杆		2#连接器	
三角薄连杆		轴连接器		带手柄的连接销	
2×4直角厚连杆		1×11.5双弯厚连杆		交叉块	

🔲 搭建作品

搭建电动锤子时，可以分步进行。首先搭建电动锤子的底座，用销和1×9厚连杆做成支撑架，然后用电动机和齿轮连接传动部分，最后搭建锤子并安装。同学们也可以根据自己的想法进行搭建。

● 底部支架

如图19-5所示，将1×9厚连杆作为支架，中间用销和连接器固定。

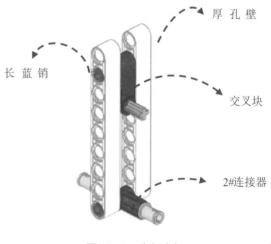

厚孔壁

长蓝销

交叉块

2#连接器

图19-5 底部支架

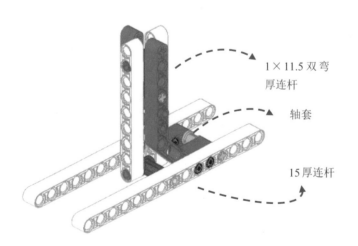

1×11.5双弯厚连杆

轴套

15厚连杆

● 安装底部

如图19-6所示，将15厚连杆和1×11.5双弯厚连杆固定在支架上，安装好底部。

图19-6 安装底部

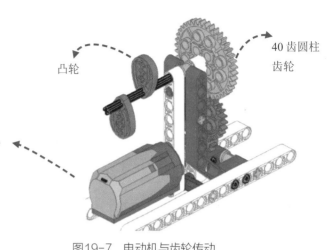

图19-7　电动机与齿轮传动

● 电动机与齿轮传动

将电动机固定在底座上，并用齿轮组进行传动，最后装上凸轮，如图19-7所示。

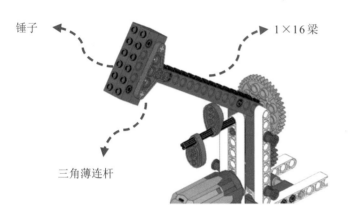

图19-8　安装锤子

● 安装锤子

如图19-8所示，将锤子搭建好，安装在外部支架上。

● 外支架

如图19-9所示，用15厚连杆搭建外支架并用一个齿轮模拟击打糕点的地方。

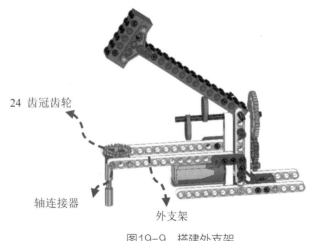

图19-9　搭建外支架

🔍 功能检测

电动锤子搭建好后，打开电动机就可以进行工作了，凸轮的位置改变锤子打击的频率与角度，让我们一起开展有趣的科学探究吧。

● 测量凸轮与支架的不同距离引起的变化

通过改变3次不同的位置，并取平均耗时，最终将结果记录在表19-3中。

表19-3　凸轮与支架的不同距离变化的实验记录表

分组	距离	我的预测	平均耗时/s	击打效果	其他
1	1cm				
2	2cm				
3	3cm				

❶ 为什么距离的变化会影响锤子的击打效果？

❷ 除了改变距离以外，如果改变凸轮的安装会有什么效果呢？请你通过实验验证自己的猜想。

● 凸轮的安装

在距离不变的条件下，改变凸轮安装，记录3次，并取平均耗时，最终将结果记录在表19-4中。

表19-4　改变凸轮安装位置的实验记录表

分组	安装位置	我的预测	平均耗时/s	击打效果	其他
1	第一个孔				
2	第二个孔				
3	第三个孔				

❶ 改变凸轮安装位置会对锤子击打产生什么样的影响？

❷ 锤子的击打效果还与什么因素有关呢？

智慧钥匙

1. 乐高中的凸轮和凸轮机构

凸轮在积木搭建中很常见，但凸轮与凸轮机构是两码事。凸轮机构是由凸轮、电动机和机架3个基本构件组成的机构，如图19-10所示。凸轮是一个具有曲线轮廓或凹槽的构件，一般为主动件，做等速回转运动或往复直线运动。

2. 凸轮机构在生活中的应用

凸轮机构广泛应用于各种自动机械、仪器和操纵控制装置。凸轮机构之所以得到如此广泛的应用，主要是由于凸轮机构可以实现各种复杂的运动，而且结构简单、紧凑，可以准确实现要求的运动规律。只要适当地设计凸轮的轮廓曲线，就可以完成各种预期的运动规律。

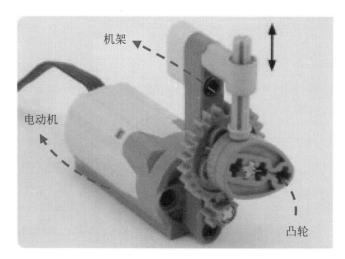

图19-10 乐高中的凸轮机构

挑战空间

① 任务拓展

本课我们探究了凸轮与支架间距离以及凸轮安装在不同孔上对锤子击打效果的影响。你还能想到哪些因素可以改变锤子的击打效果呢？

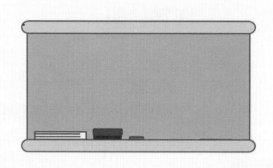

② 举一反三

本课我们搭建的是电动锤子，利用自己的想象力搭建不同的锤子，在搭建的过程中学习凸轮的使用。当我们需要击打更多的甜糕时，可以让两个锤子一起工作，快来搭建升级的电动锤子吧（如图19-11所示）！

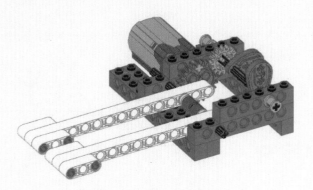

图19-11 升级的电动锤子

第20课

垂直电梯升降忙

扫一扫 看微课

我们平时都坐过电梯，通过坐电梯可以快速到达指定楼层，因为电梯具有升降功能。1889年12月，美国奥的斯电梯公司制造出了名副其实的电梯，它采用直流电动机为动力，通过涡轮减速器带动卷筒上缠绕的绳索，悬挂并升降轿厢。随着科技的发展，电梯的材质、样式都在变化，在操纵控制方面更是步步出新，同学们，想不想自己制作一部垂直升降的电梯呢？让我们一起试试吧！

 **任务分析**

想制作一部垂直升降的电梯并不容易，在构思这个作品时，首先要明确作品的功能与特点，然后思考并提出设计作品中需要解决的问题，并能够提出相应的解决方案。

明确功能

要制作一部垂直升降的电梯，首先要知道它应当具备哪些功能或特征。请将你认为需要达到的目标填写在图20-1的思维导图中。

图20-1 构思"电梯"作品功能

❓ 提出问题

制作垂直升降的电梯时，需要思考的问题如图20-2所示。你还能提出怎样的问题？填在框中。

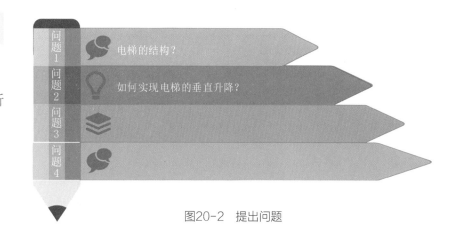

问题1　💬 电梯的结构？

问题2　💡 如何实现电梯的垂直升降？

问题3　📚

问题4　💬

图20-2　提出问题

💡 头脑风暴

电梯是我们日常生活中必不可少的工具，乘坐电梯既稳定又安全，可以快速到达指定的楼层。怎么样利用乐高器材设计电梯并实现垂直升降呢？想想日常生活中哪些地方能看到电梯，如图20-3所示，了解生活中的电梯运行原理，对你设计本课电梯作品是不是有所启发呢？

图20-3　生活中电梯的应用

📝 提出方案

电梯可以采用轿厢和轨道组合的设计方案，就是将电梯轿厢固定在轨道中，由电动机带动进行上下运动。请根据表20-1的内容，选一选电梯轨道和轿厢的类型，并说说为什么这样选择。

表20-1　方案选择表

构思	设计类型
轨道 方案 轿厢	电梯轨道的类型： ■ 单轨道　　■ 双轨道　　■ 四轨道　　■ 其他＿＿＿＿ 轿厢的类型： ■ 方形轿厢　　■ 圆形轿厢　　■ 其他＿＿＿＿

 作品规划

根据以上的方案，可以初步设计出作品的构架，请规划作品所需要的元素，将自己的想法和问题添加到图20-4的思维导图中。

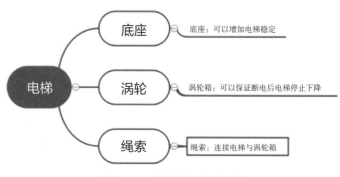

图20-4 "电梯"作品规划

结构设计

电梯由电梯底座、电梯轨道、电梯轿厢3部分组成。参照图20-5，你有什么更好的结构方案吗？

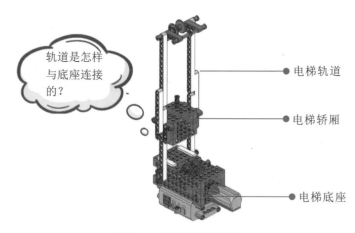

图20-5 设计电梯作品结构

作品的实施主要分器材准备、搭建作品和功能检测3个部分。首先根据作品结构，选择合适的器材；然后依次搭建底座、轨道和轿厢，并将其组合；最后使用搭建的作品开展实验探究。

器材准备

电梯的底座、轿厢选择各尺寸的方梁与圆孔板进行搭建，电梯的轨道选择各尺寸的圆梁与销进行搭构。主要器材清单如表20-2所示。

表20-2　"电梯"零件清单

名称	形状	名称	形状	名称	形状
1×3梁（4个）		1×2黑销若干		2×4直角厚连杆（6个）	
1×5梁（6个）		1×3长摩擦销（2个）		8齿圆柱齿轮（3个）	
1×9梁（2个）		1×3钉销（1个）		24齿圆柱齿轮（2个）	
1×11梁（4个）		1/2销（6个）		蜗杆（2个）	
1×9厚连杆（2个）		1×2板（2个）		线轴（1个）	
1×15厚连杆（4个）		1×4板（6个）		电池盒（1个）	
各尺寸轴若干		1×4滑片（2个）		电动机（1个）	
轴套（13个）		2×4圆孔板（2个）		—	—
半轴套（3个）		2×6圆孔板（9个）		—	—

搭建作品

　　搭建电梯时，可以分模块进行。首先搭建电梯底座，再分别搭建电梯轨道和电梯轿厢，最后将电梯轿厢与电梯轨道分别都固定到电梯底座上。同学们也可以根据自己的想法进行搭建。

● 电梯底座

如图20-6所示，先将电池盒平放，用半销将两个2×6圆孔板固定在电池盒两端作为基础底座，再在上面用方梁堆砌两层框架，分别安装电动机、蜗杆以及与蜗杆相啮合的中齿轮。

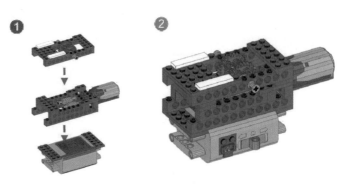

图20-6　电梯底座

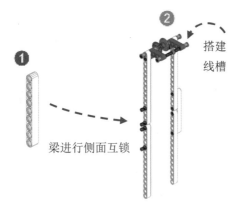

图20-7　电梯轨道

● 电梯轨道

如图20-7所示，使用1×9厚连杆将两根1×15厚连杆进行互锁式延长，并在顶端搭建线槽。

● 电梯轿厢

如图20-8所示，使用方梁搭建电梯轿厢，在轿厢侧面固定多个小型直角梁以便轿厢与轨道进行固定，在轿厢的顶端，插入一根红钉销以便后期固定棉线。

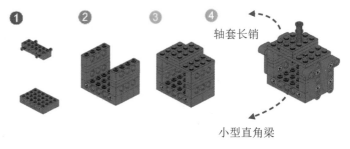

图20-8　电梯轿厢

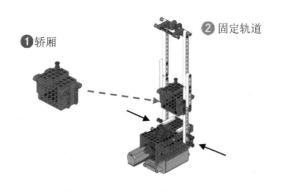

图20-9　组合电梯底座、电梯轨道、电梯轿厢

● 组合

如图20-9所示，将搭建好的电梯底座、电梯轨道与电梯轿厢组合，并将棉线的两端分别固定在底座两中齿轮之间的1×3长摩擦销上与电梯轿厢上的1×3钉销上。

 功能检测

电梯构建好之后，可以打开电池盒测试一下电梯能否控制轿厢匀速在电梯轨道中上下运动。通过更换大小不同的齿轮并给电梯轿厢中添加配重，开展有趣的科学探究。

● 齿轮的大小与电梯的升降速度

　　分别选择不同型号的齿轮，先预测电梯的升降速度。测量电梯由起始位置到停止位置所需要的时间，并将结果记录在表20-3中，同样大小的齿轮需测量3次。

表20-3　齿轮的大小与所需时间实验记录表

分组		我的预测	实际测量的时间/s		
			第1次	第2次	第3次
	8齿圆柱齿轮				
	24齿圆柱齿轮				
	40齿圆柱齿轮				

思考

❶ 小号、中号、大号的齿轮对电梯的升降速度有何影响？你能设计出让电梯升降更快的传动模块吗？

❷ 哪种型号的齿轮可以让电梯升降速度变快，哪种型号的齿轮可以让电梯升降速度变慢？

● 齿轮的大小与电梯的力量

　　分别选择不同型号的齿轮，并在电梯轿厢中添加配重铅块，预测电梯升降状况是否平稳，并将结果记录在表20-4中，同样大小的齿轮需测量3次。

表20-4　齿轮的大小与电梯质量实验记录表

分组		我的预测	实际升降效果		
			第1次	第2次	第3次
	8齿圆柱齿轮				
	24齿圆柱齿轮				
	40齿圆柱齿轮				

思考

❶ 小号、中号、大号的齿轮对电梯的力量有何影响？你能设计出让电梯力量更强的传动模块吗？

❷ 不同型号的齿轮都会影响到电梯升降速度，你还能找到其他影响电梯升降速度的因素吗？

智慧钥匙

1. 电梯

世界上最早的电梯，是1880年在德国制造的，如图20-10所示。从那以后，靠电动机和钢索系统上下的乘坐厢便在多层大楼里开始使用了。19世纪末，汉堡制造出了一部罐笼式电梯，这就是所谓的不停地运行的电梯。乘客可以在电梯运行中进出，因为电梯的速度不那么快——每秒钟只有25～30cm。此后，电梯的发展很快。目前的新式电梯已做到安全、高速、自动化，不需要专人管理。任何人只要一按电钮，电梯就会来到他面前，并自动把门打开。再按一下标有大楼层数的电钮，电梯就会把他送往该层。电梯为现代人快节奏的生活提供了许多便利，已成为不可缺少的工具。

图20-10　世界上最早的电梯

2. 涡轮机构

原理上来说，涡轮机构其实是一种很特殊的减速齿轮组合，如图20-11所示。与正常的减速齿轮组相同，涡轮机构可以降低转速、增大力矩。除此之外，涡轮机构最重要的特征就是用其组成的传动装置会比普通平面齿轮啮合组成的机构在体积上小得多。而且，涡轮机构的输入轴与输出轴之间相互垂直，改变了力量的方向，使得涡轮机构能够适应更多的场合。

图20-11　涡轮机构

挑战空间

1 任务拓展

本课我们利用涡轮机构搭建了电梯，在搭建过程中你遇到哪些问题，有哪些创新之处，还有哪些需要改进，请记录下来。

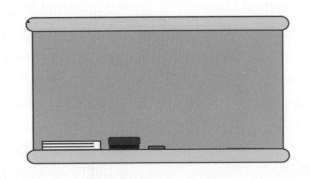

2 举一反三

本课利用涡轮机构实现了电梯的匀速升降。如图20-12所示，试运用所学搭建一个涡轮叉车，当电动机转动的时候涡轮机构会使叉车的抬升臂逐渐抬升或下降。

图20-12　"涡轮叉车"作品

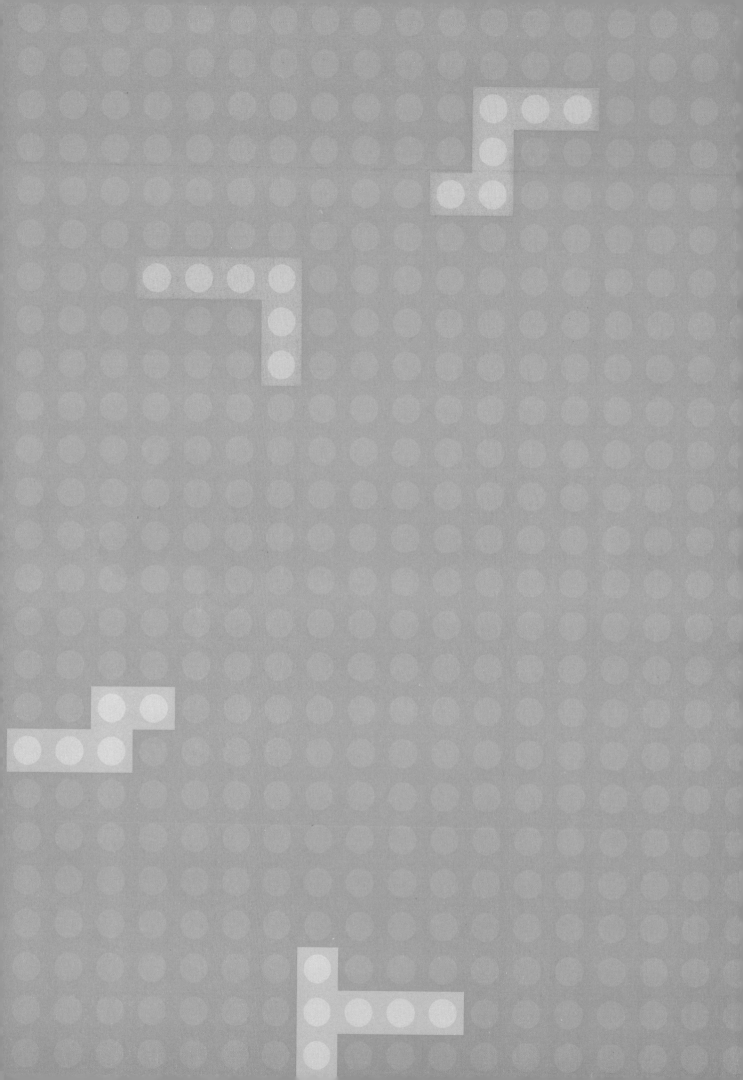

第6单元

欢乐货运站
——机器人综合应用

前几个单元分别从物理结构、能量转换、传动机构等方面进行介绍，你能综合运用所学知识制作实用的机器人吗？

本单元围绕生活中常见的货运机器，设计了4节课，分别探究皮带传动、叉车举重、避障小车、飞机运输，带你进一步探究机械运动的方式，了解传动原理，发现生活的奥秘。

避障小车

皮带传动

飞机运输

叉车举重

自动传送运货忙

人类智慧无穷，传动装置有齿轮传动、皮带传动，在生活中许多设备均采用皮带传动，如拖拉机、工厂车间传送带等。皮带传动与齿轮传动有何不同呢，想不想自己制作一个使用皮带传送的机器人呢？让我们一起试试吧！

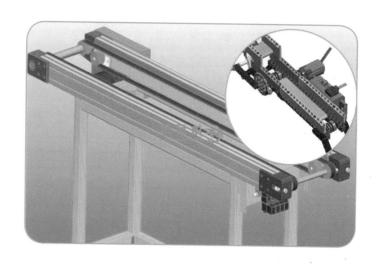

 **任务分析**

要模拟皮带传送运输物品的过程，首先要明确"自动传动机"的功能，然后围绕功能思考并提出设计作品中需要解决的问题，在此基础上提出相应的解决方案。

明确功能

要设计制作"自动传动机"作品，首先要了解皮带传动原理。根据乐高9686套件构思制作方案，思考需要哪些道具。请将你认为作品所需要达到的功能填写在图21-1的思维导图中。

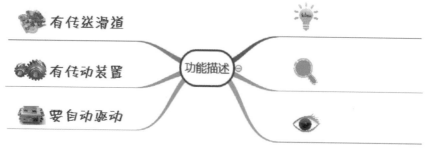

图21-1 构思"自动传动机"作品功能

提出问题

要想成功利用设备运送物品，还需思考几个问题，如图21-2所示。你还能提出怎样的问题？

问题1：
用什么东西模拟皮带？

问题3：

问题2：
如何让皮带运转并能运送物品？

问题4：

图21-2　提出问题

头脑风暴

怎样利用乐高器材设计一款自动传送机呢？想想日常生活中哪些地方用到传送带，如图21-3所示，有跑步机、车间自动传送带，了解这些运输设备运行原理，对你设计自动传送机是不是有所启发呢？

图21-3　自动传送机在生活中的运用

提出方案

要设计"自动传送机"，首先需要设计传送滑道，用来运输物品，然后让传送带自动运行。请根据表21-1的内容，选一选你的作品设计方案，并说说为什么这样选择。

表21-1　"自动传送机"方案选择表

构思	设计类型		
滑道	■ 纸质	■ 履带	■ 其他 _____
动力	■ 自动	■ 手动	■ 其他 _____
传动	■ 齿轮	■ 皮筋	■ 其他 _____

规划设计

作品规划

根据以上的方案，可以初步设计出作品的构架，请规划作品所需要的元素，将自己的想法和问题添加到图21-4的思维导图中。

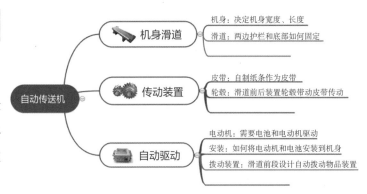

图21-4 "自动传送机"规划设计作品

机身滑道
- 机身：决定机身宽度、长度
- 滑道：两边护栏和底部如何固定

传动装置
- 皮带：自制纸条作为皮带
- 轮毂：滑道前后装置轮毂带动皮带传动

自动驱动
- 电动机：需要电池和电动机驱动
- 安装：如何将电动机和电池安装到机身
- 拨动装置：滑道前段设计自动拨动物品装置

自动传送机

结构设计

自动传送机由机身滑道、传动装置和自动驱动等部分组成。参照图21-5，你有什么更好的结构方案吗？

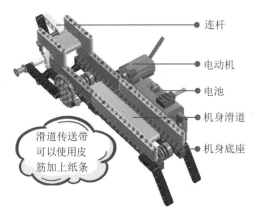

连杆
电动机
电池
机身滑道
机身底座

滑道传送带可以使用皮筋加上纸条

图21-5 设计"自动传送机"作品结构

探究实践

作品的实施主要分器材准备、搭建作品和功能检测3个部分。首先根据作品结构，选择合适的器材；然后依次搭建机身滑道、传动装置、皮带，并将其组合；最后使用搭建的作品开展实验探究。

器材准备

自动传送机的机身选择梁、厚连杆和连接件，传动装置由齿轮、轴相连接；乐高零件中没有宽皮带，所以用纸张自制3个单位宽皮带，用轮毂在滑道下方固定。主要器材清单如表21-2所示。

表21-2　"自动传送机"零件清单

名称	形状	名称	形状	名称	形状
1×16梁		1×10梁		1×9单弯厚连杆	
1×15厚连杆		1×9厚连杆		1×11厚连杆	
1×7厚连杆		1×5厚连杆		8齿齿轮	
1×2带轴光销		轮毂		40齿齿轮	
1×3光销		1×2黑销		1×3蓝销	
十字轴		十字轴套轴		电池	
电动机		皮筋		A4纸	

搭建作品

　　为确保机器稳定，按照传送带特点，用梁搭建机身，使用厚连杆围成"滑道"，接着在滑道前后端安装轮毂，套上皮带用来传动，再用大小齿轮带动厚连杆，用来自动拨送物品，最后安装电池和电动机，用来驱动机器自动运行。

● 搭建底座

　　如图21-6所示，使用1×9单弯厚连杆作为机器四脚，用连接器固定在梁搭建的机身上，结构稳定牢固。

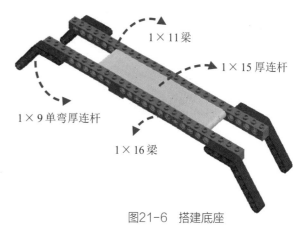

图21-6　搭建底座

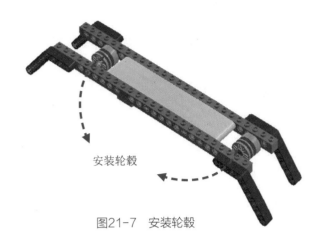

图21-7 安装轮毂

● 安装轮毂

如图21-7所示，使用十字轴把2个轮毂分别固定在滑道前后两端。

思考

❶ 滑道中为什么使用轮毂，而不用滑轮？前后两个轮毂依靠什么来驱动？

❷ 传送带为什么用A4纸制作的纸条，而不用乐高皮带？

● 安装滑道护栏

在"滑道"两边加装护栏，根据滑道长度，使用2个1×15厚连杆和2个1×11厚连杆，如图21-8所示。

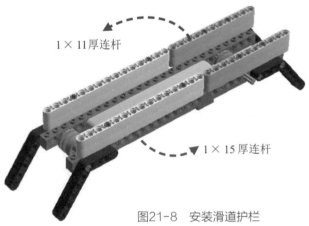

1×11厚连杆

1×15厚连杆

图21-8 安装滑道护栏

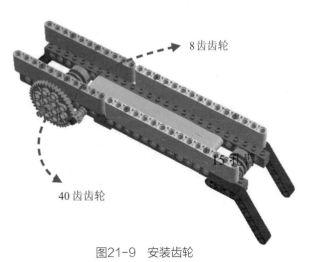

8齿齿轮

15-1臂

40齿齿轮

图21-9 安装齿轮

● 安装齿轮

如图21-9所示，插入十字轴，连接8齿齿轮，再与40齿齿轮相互啮合。

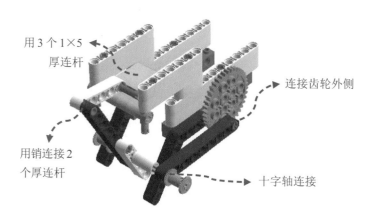

用 3 个 1×5 厚连杆

连接齿轮外侧

用销连接 2 个厚连杆

十字轴连接

图21-10 安装厚连杆

● 安装厚连杆

先用厚连杆和十字轴相互连接，形成活动厚连杆，如图21-10所示。

图21-11 动力驱动

● 动力驱动

如图21-11所示，将9686套件的电动机连接到十字轴，用来驱动齿轮转动，电池连接到电动机提供能源。

● 安装传送带

将使用A4纸裁剪粘贴的纸条传送带安装到轮毂上，形成封闭的传送带，如图21-12所示。

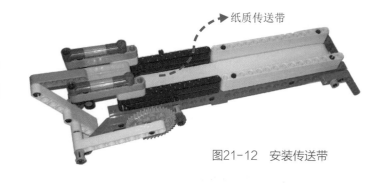

纸质传送带

图21-12 安装传送带

功能检测

自动传送机制作好后，启动电源，测试皮带是否可以正常运转，再放置小零件到滑道前端，检测传送带能否成功运送。

● "滑道"传动轮对比实验

选择不同宽度的轮毂进行测试，预测两种情况传送物品是否一致，并将结果记录在表21-3中。

表21-3 "滑道"传动轮实验记录表

分组	轮毂宽度	传送物品质量和距离		
		第1次	第2次	第3次
轮毂1	_____mm	质量： 距离：	质量： 距离：	质量： 距离：
轮毂2	_____mm	质量： 距离：	质量： 距离：	质量： 距离：

● 传送物品质量实验

不同质量的物体在传送带上运送效果是否一样，选择不同的物品进行测试，观察实验，将结果填写在表21-4中。

表21-4 传送物品质量实验记录表

物品	传送效果
十字轴套轴	
橡皮	
7号电池	

1. 常用机械传动方式

机械传动可以将动力所提供的运动的方式、方向或速度加以改变，被人们有目的地加以利用，在机械工程中应用非常广泛。常见的机械传动方式有带传动、齿轮传动、链传动、蜗杆传动、螺杆传动等。

● 带传动　是具有中间挠性件的传动方式，在机械传动中应用较为普遍，特别是带传动中的V带传动，应用极为广泛。

● 齿轮传动　由分别安装在主动轴及从动轴上的两个齿轮相互啮合而成。齿轮传动是应用最多的一种传动形式。

● 链传动　由两个具有特殊齿形的齿轮和一条闭合的链条所组成，工作时主动链轮的齿与链条的链节相啮合带动与链条相啮合的从动链轮传动。

● 蜗杆传动　当一个齿轮具有一个或几个螺旋齿，并且与涡轮（类似于螺旋齿轮）啮合而组成交错轴传动时，这种传动称为蜗杆传动。

● 螺杆传动　利用螺杆和螺母组成的螺旋副来实现传动要求，主要用于将回转运动变为直线运动，同时传递运动和动力。

2. 传送带工作原理

本课我们通过自动传送机的制作，模拟生活中传送带工作，其工作原理是利用工作构件的旋转运动或往复运动，或利用介质在管道中的流动使物料向前输送；借助物体与传送带的压力和摩擦力，带动物体先做加速运动，当物体运动速度与皮带运动速度相同时，匀速前进。

挑战空间

1 任务拓展

本课我们使用乐高器材的梁、厚连杆等零件搭建了自动传送机，案例中使用纸代替皮带进行传送，实验中发现其摩擦力足以保障物品的正常传送，但是纸质材料不结实，请你动动脑筋，优化此方案。

2 举一反三

通过本课学习，了解了带传动运动方式以及带传动的作用，尤其是在生产车间被广泛运用。你还能设计出其他的带传动方式吗？如完成"电动吊桥"，如图22-13所示。

图21-13　"电动吊桥"作品效果图

第 22 课

叉车轻松举重物

扫一扫 看微课

世界上第一台叉车1917年在美国诞生，与人工搬运和装卸相比，叉车的装卸效率大大提高。现如今，叉车在港口、车站、机场、货场、工厂车间、仓库等场所被广泛运用。叉车工作原理是什么呢？你能使用乐高零件自己制作一个叉车吗？

任务分析

要模拟叉车运输重物，首先要了解叉车的工作原理，搞清叉车前面叉子的功能，思考运用什么传动方式使叉子上下运动，在此基础上提出相应的解决方案。

明确功能

要设计制作"叉车"作品，首先要了解叉车传动原理，构思制作方案，根据特点思考需要哪些道具。请将你认为作品所需要达到的功能填写在图22-1的思维导图中。

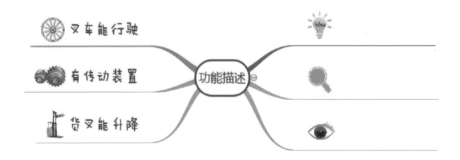

图22-1 构思"叉车"作品功能

?? 提出问题

要想成功控制叉车叉子升降，还需思考几个问题，如图22-2所示。你还能提出怎样的问题？填在框中。

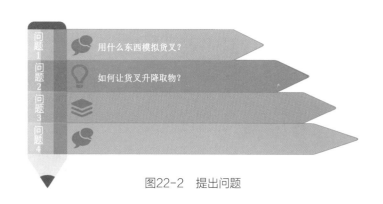

问题1 用什么东西模拟货叉？
问题2 如何让货叉升降取物？
问题3
问题4

图22-2 提出问题

💡 头脑风暴

怎么样利用乐高器材设计一部叉车呢？看看日常生活中的叉车，如图22-3所示，了解叉车运行原理，对你设计叉车是不是有所启发呢？

图22-3 叉车在生活中的应用

📝 提出方案

要设计"叉车"，首先需要设计车身和四个车轮，然后设计叉车传动装置，搭建货叉连接到传动装置，最后安装电动机和电池。请根据表22-1的内容，选一选你的作品设计方案，并说说为什么这样选择。

表22-1 "叉车"方案选择表

构思	设计类型		
车身	■梁	■厚连杆	■其他 _____
货叉	■厚连杆	■十字轴	■其他 _____
传动	■齿轮	■蜗杆	■其他 _____

规划设计

作品规划

根据以上的方案，可以初步设计出作品的构架，请规划作品所需要的元素，将自己的想法和问题添加到图22-4的思维导图中。

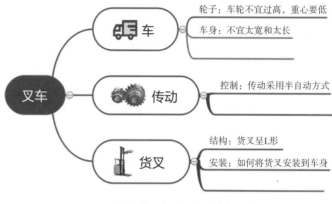

图22-4 "叉车"作品规划设计

结构设计

叉车由小车、传动装置和货叉等部分组成。参照图22-5，你有什么更好的结构方案吗？

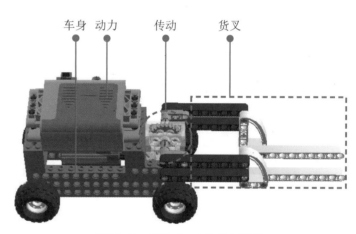

图22-5 设计"叉车"作品结构

探究实践

作品的实施主要分器材准备、搭建作品和功能检测3个部分。首先根据作品结构，选择合适的器材；然后依次搭建小车车身、传动装置、货叉，并将其组合；最后使用搭建的作品开展实验探究。

器材准备

叉车的车身主要由梁、板组成，传动装置由变速箱、蜗杆、齿轮通过轴相连接形成，货叉用厚连杆搭建完成。主要器材清单如表22-2所示。

表22-2　"叉车"零件清单

名称	形状	名称	形状	名称	形状
1×16梁		1×10梁		1×6梁	
1×9厚连杆		1×11厚连杆		3×5直角薄连杆	
2×6板		2×6圆孔板		1×4板	
1×6板		55982轮毂		56891轮胎	
2×4×7变速箱		蜗杆		24齿齿轮	
蓝销		1×2带轴光销		摇把	
1×2黑销若干		十字轴		十字轴套轴	
电动机		电池		—	—

搭建作品

　　所有零件准备妥当，先使用梁搭建车身，安装4个轮子，保持车身结构稳定，然后使用变速箱、齿轮组件搭建叉车传动系统，再使用厚连杆搭建叉车货叉，通过摇把、十字轴等连接器安装到传动系统，最后安装电池和电动机，用来驱动机器自动运行。

● 搭建车身

　　如图22-6所示，使用梁、板搭建车身，使用光销安装车轮，确保车轮转动自如。

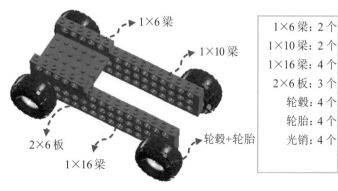

1×6梁
1×10梁
2×6板
1×16梁
轮毂+轮胎

1×6梁：2个
1×10梁：2个
1×16梁：4个
2×6板：3个
轮毂：4个
轮胎：4个
光销：4个

图22-6　搭建车身

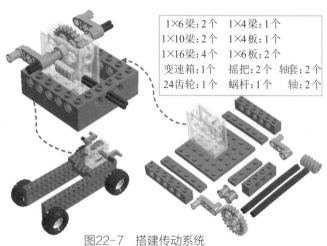

1×6梁: 2个	1×4梁: 1个
1×10梁: 2个	1×4板: 1个
1×16梁: 4个	1×6板: 2个
变速箱: 1个	摇把: 2个	轴套: 2个
24齿轮: 1个	蜗杆: 1个	轴: 2个

图22-7 搭建传动系统

● 搭建传动系统

　　如图22-7所示，使用梁和板将变速箱固定在车身上，再用十字轴把齿轮和蜗杆安装到变速箱。

● 搭建货叉

　　使用轴销和蓝销连接厚连杆和直角薄连杆，形成货叉，按图22-8所示操作，将货叉连接到车身。

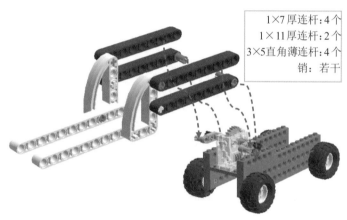

1×7厚连杆: 4个
1×11厚连杆: 2个
3×5直角薄连杆: 4个
销: 若干

图22-8 搭建货叉

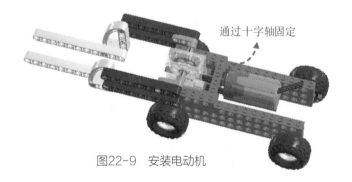

通过十字轴固定

图22-9 安装电动机

● 安装电动机

　　如图22-9所示，使用"十字轴"把电动机固定到车架。

● 安装电池

　　先用厚连杆和十字轴相互连接，形成活动厚连杆，如图22-10所示，使用2×6圆孔板搭建架子，用轴将电池盒固定。

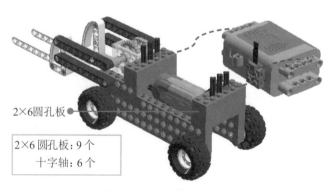

2×6圆孔板

2×6圆孔板: 9个
十字轴: 6个

图22-10 安装电池

功能检测

叉车制作好后，开启电源，测试传动系统是否可以正常运转，货叉能否升降，再放置一些物品，控制货叉升降运送物品。

● 控制叉车运送物品

准备几件物品，或用乐高零件搭建盒子，控制叉车运行，并将结果记录在表22-3中。

表22-3　控制叉车运送物品实验记录表

物品	叉车运送效果
1×10梁	
乐高电池盒	
遥控器	

● 货叉长短实验效果对比

叉车货叉臂长短对运送物品有影响吗？试着将货叉臂1×9厚连杆换成1×7厚连杆和1×15厚连杆，分别去叉相同的物品，将观察到的结果填写在表22-4中。

表22-4　货叉长短实验记录表

货叉臂	我的预测	运送物品效果		
		第1次	第2次	第3次
1×7厚连杆				
1×9厚连杆				
1×15厚连杆				

智慧钥匙

1. 蜗杆传动原理

蜗杆传动由蜗杆和蜗轮组成，如图22-11所示，一般蜗杆为主动件，形成交错传动方式，一般多为蜗杆运动，带动蜗轮旋转。其中本课中运用的叉车就是如此，电动机连接蜗杆做左（右）旋转，从而带动齿轮正（反）转，以此控制货叉升降。

2. 蜗杆传动特点

蜗杆传动因其结构组成，有以下几个特点：传动比大、传动平稳、具有自锁性、蜗杆传动效率低、发热量大，因此主要应用于起重机械中，起到安全保护作用，此外还广泛应用在机床、汽车、仪器、冶金机械等领域。

图22-11 蜗杆传动

挑战空间

① 任务拓展

本课我们使用乐高器材的板、梁、厚连杆等零件搭建了一部叉车，你在探究过程中，发现叉车还有那些不足，或有待改进的地方，请你尝试优化叉车方案。

② 举一反三

通过本课学习，了解叉车广泛运用在日常生产生活中，给人们工作带来了极大的便利，除了叉车，还有吊车、起重机，你能试着完成如图22-12所示的吊车吗？

图22-12 "吊车"作品效果图

无人驾驶避障车

扫一扫 看微课

随着人工智能的发展，无人驾驶技术日益成熟，世界上首辆无人驾驶汽车由我国上海交通大学研制。无人驾驶核心问题就是躲避障碍物，现实中的无人驾驶汽车非常复杂，需要车载传感系统感知道路环境。当然，我们借助机械运动特点，使用乐高零件能够搭建简单的自动避障小车，你想尝试吗？

 **任务分析**

若要做到真正意义的自动避障，必须要有传感器，类似于无人汽车的车载传感系统。此处将借助机械运动的物理结构，巧妙实现通过触碰改变行驶方向来避障。小车的动力是持续的，不会因为碰撞改变电动机转动方向，因此，要思考通过什么传动方式能够触碰改变方向，在此基础上提出整车的解决方案。

 明确功能

要设计制作"避障小车"，首先要确定小车具有自动避障功能，并且采用何种方式避障，需要构思设计方案，选择合适的零件，请将你认为小车所需要达到的功能填写在图23-1的思维导图中。

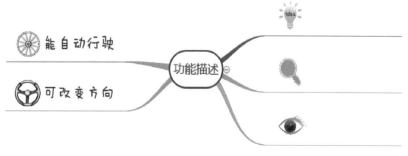

图23-1 构思"避障小车"作品功能

提出问题

要想小车自动避障，需要考虑哪些问题呢？如图23-2所示，除此之外，你还能提出怎样的问题？填在下面的图框中。

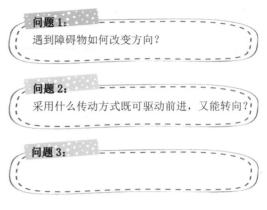

问题1：
遇到障碍物如何改变方向？

问题2：
采用什么传动方式既可驱动前进，又能转向？

问题3：

图23-2　提出问题

头脑风暴

小车自动避障，无非就是自动改变行驶方向，车轮变向需要采用什么传动方式呢？日常生活中的汽车在转弯时，车轮转弯的半径是否一样？参照图23-3，对你设计避障小车有何启发吗？

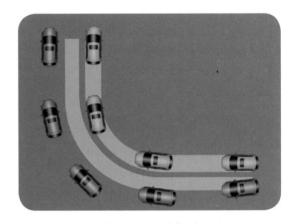

图23-3　无人驾驶

提出方案

首先要探究机械传动方式，小车正常行驶需要动力驱动，而小车是在受到外力作用下改变方向，因此，需要设计一结构通过外力影响小车行驶方向，当然小车需要电动机和电池持续供给动力。请根据表23-1的内容，选一选你的作品设计方案，并说说为什么这样选择。

表23-1　"避障小车"方案选择表

构思	设计类型		
车轮数量	■三轮	■四轮	■其他_____
驱动轮	■前轮	■后轮	
改变方向	■前轮	■后轮	■其他_____
传动方式	■皮带	■齿轮	■其他_____

作品规划

根据以上的方案，可以初步设计出作品的构架，请规划作品所需要的元素，将自己的想法和问题添加到图23-4的思维导图中。

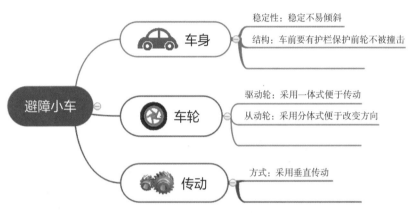

车身
稳定性：稳定不易倾斜
结构：车前要有护栏保护前轮不被撞击

车轮
驱动轮：采用一体式便于传动
从动轮：采用分体式便于改变方向

避障小车

传动
方式：采用垂直传动

图23-4 "避障小车"作品规划设计

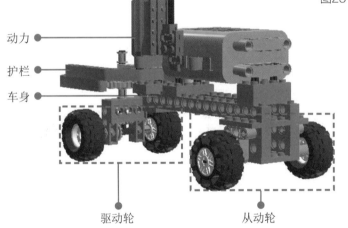

动力
护栏
车身

驱动轮　　　　　从动轮

图23-5 设计"避障小车"作品结构

结构设计

自动避障小车由前轮、后轮、传动装置和车身等部分组成，如图23-5所示，你有更好的结构方案吗？

探究实践

作品的实施主要分器材准备、搭建作品和功能检测3个部分。首先根据作品结构，选择合适的器材；然后依次搭建前轮、小车车身、后轮和动力装置，并将其组合；最后使用搭建的作品开展实验探究。

器材准备

自动避障小车的车身主要由梁、薄板和弯厚连杆组成，传动装置由齿轮通过轴相连接形成，前轮装置设置360°旋转，后轮分体式设计。主要器材清单如表23-2所示。

表23-2 "避障小车"零件清单

名称	形状	名称	形状	名称	形状
1×16梁		1×4梁		1×2梁	
1×11.5双弯厚连杆		1×9单弯厚连杆		T形厚连杆	
1×11厚连杆		2×4圆孔板		2×6圆孔板	
8齿齿轮		12齿单面齿轮		40齿齿轮	
十字轴套轴		55982轮毂		56891轮胎	
蓝销		1×2带轴光销		1×2黑销若干	
十字轴		电动机		电池	

搭建作品

准备好乐高零件，设计的避障小车核心部分是前轮结构。首先使用圆孔板搭建垂直传动结构用来驱动前轮，根据前轮结构高度和宽度，使用梁和板搭建车身和后轮结构，然后用厚连杆将前轮结构固定在车身上，并做好防撞护栏，最后安装电池和电动机，用来驱动机器自动运行。

● 搭建前轮结构

　　使用梁、板搭建传动箱体，再用相互垂直的十字轴固定2个12齿单面齿轮，如图23-6所示。

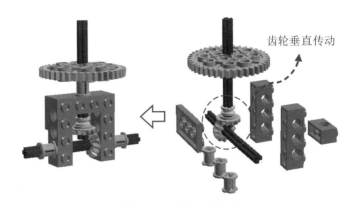

图23-6　搭建前轮结构

思考

❶ 观察此结构，若将箱体结构悬空，当40齿齿轮转动，思考箱体做什么运动？

❷ 如果固定箱体不旋转，大齿轮转动时，思考垂直传动系统哪部分会运动？

1×16梁

2×4 圆孔板　　2×6 圆孔板

图23-7　搭建车身

● 搭建车身

　　如图23-7所示，依据驱动轮结构，考虑车身宽度，使用梁和圆孔板搭建车身。

● 搭建后轮结构

　　使用梁和薄板搭建后轮结构，按图23-8所示操作，使用T形厚连杆将后轮固定在车身。

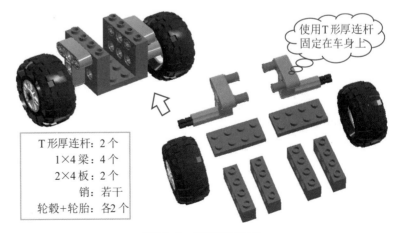

使用T形厚连杆固定在车身上

T形厚连杆：2个
1×4梁：4个
2×4板：2个
销：若干
轮毂+轮胎：各2个

图23-8　搭建后轮结构

❶ 从动轮两个车轮采用分体式，为什么不像前轮一样用一根十字轴连接呢？

❷ 两个车轮连接处分别加一个2#连接器是为了增加车身尾部宽度，你知道什么原因吗？

● 搭建前轮护栏

如图23-9所示，使用弯厚连杆围成护栏，用来保护前轮不被撞击，使用厚连杆固定在车身上。

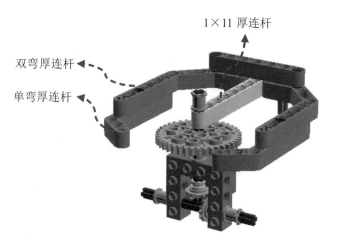

图23-9　搭建前轮护栏

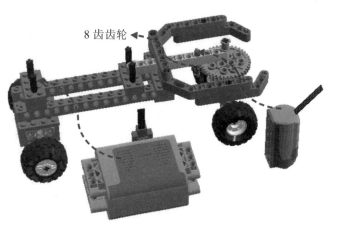

图23-10　搭载动力装置

● 搭载动力装置

先用8齿齿轮与大齿轮啮合，然后使用十字轴连接电动机，如图23-10所示，再用轴将电池盒固定，形成动力系统。

❶ 为什么电动机不是直接连接驱动轮，而是通过8齿齿轮啮合40齿齿轮传动呢？

❷ 电池盒水平放置，而没有纵向竖直固定在车身，只是考虑美观吗？

功能检测

避障小车制作好，先悬空测试动力系统是否正常，然后放到地上测试，观察碰到障碍物能否自己转向。

● 避障测试

为了测试避障效果，分别选择圆柱、平面、凹形几种不同造型的物品进行实验，将结果记录在表23-3中。

表23-3 避障测试实验记录表

障碍物	碰到障碍物后运动方向
水杯	
墙壁	
饭碗	

● 不同齿轮比传动

避障小车采用齿轮啮合，将电动机动力传送到驱动轮，选择不同的齿轮比，对于此车行驶速度以及避障效果会有变化吗？观察实验，将结果填写在表23-4中。

表23-4 不同齿轮比传动实验记录表

齿轮	我的预测	行驶速度及转向效果		
		第1次	第2次	第3次
 24齿：40齿				
8齿：40齿				

智慧钥匙

1. 合并轴与分离轴

连接两个轮子有两种方式。如图23-11所示，一种用一根轴连接两个车轮，称为合并轴；另一种两个轮子分别由两根轴连接，称为分离轴。在一条轨迹上

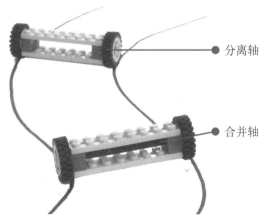

分离轴

合并轴

图23-11 两种连接方式

转弯的两个轮子，在外侧的轮子运动距离多，内侧的轮子运动距离偏少一点。由于合并轴的两个轮子用一根轴连接，运动的速度一样，因此不容易转弯，而分离轴的两个轮子彼此独立，它们根据需要转动，外侧的轮子稍快，内侧的稍慢，能轻松转弯。所以，本课前轮是驱动轮采取合并轴，从动轮为了方便转弯，采用分离轴。

2. 垂直传动

齿轮传动是机械传动的主要方式，若要改变传动方向，就要设计垂直传动，如图23-12所示，将两个12齿单面齿轮垂直相互啮合，原本是垂直方向转动，就能通过这种传动变为水平方向。

图23-12　垂直传动

挑战空间

① 任务拓展

本节课我们搭建的避障小车，巧妙地运用驱动轮的摩擦力和转向力的相互作用，实现前进和转向。你再仔细探究摩擦力与转向力的关系，并尝试完善方案的不足之处。

② 举一反三

通过本节课的学习，可以通过简单的结构实现一些有趣的现象。除了避障小车，还能设计出永远不会掉下桌子的小车，如图23-13所示，你知道怎样实现吗？

图23-13　"不下桌的小车"作品效果图

飞机运输速度快

扫一扫 看微课

自古以来人们就希望能够像鸟儿一般飞翔，在近一个世纪以来，航天科技发展迅速，飞天的梦想早已实现。飞机种类也越来越多，喷气式飞机、大型客机、小型直升机等，你了解哪种飞机呢？敢于挑战自己，用乐高零件搭建一个直升机吧。

任务分析

要想搭建一个直升机，先要了解直升机的造型和结构。搭建的直升机虽然不能真的飞起来，但要能做到螺旋桨可以旋转，因此考虑飞机的动力和传动系统，探究其螺旋桨工作原理，其次要考虑用尽量少的零件确保结构稳定。

明确功能

如上所述，要确保直升机的神形兼备，首先要确定直升机的螺旋桨可以旋转，直升机有两个螺旋桨，顶部一个大的螺旋桨，还有尾部一个小的螺旋桨，因此，要考虑螺旋桨的造型，以及螺旋桨旋转的动力从何而来。除此之外，你还能设计哪些功能，请填写在图24-1的思维导图中。

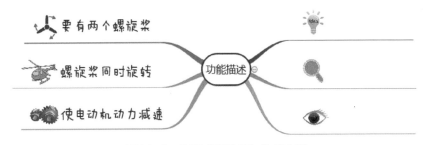

图24-1 构思"直升机"作品功能

提出问题

要想直升机螺旋桨旋转，需要考虑哪些问题呢？如图24-2所示，除此之外，你还能提出怎样的问题？填在图框中。

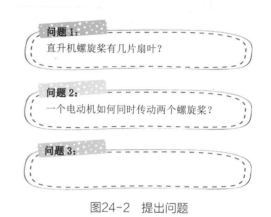

问题1：
直升机螺旋桨有几片扇叶？

问题2：
一个电动机如何同时传动两个螺旋桨？

问题3：

图24-2　提出问题

头脑风暴

直升机造型多样，日常生活中很少见到直升机，你可以在网上查找都有哪些造型，如图24-3所示为两架双螺旋桨直升机，了解多样的直升机，对于你设计直升机的结构有何启发呢？不妨动动脑筋，考虑一下你所设计的直升机造型。

图24-3　各种直升机

提出方案

在全面了解直升机造型结构、工作原理后，需要考虑螺旋桨旋转方式，以及电动机动力传动方式。请根据表24-1的内容，选一选你的作品设计方案，并说说为什么这样选择。

表24-1 "直升机"方案选择表

构思	设计类型		
主螺旋桨叶数量	■2叶	■3叶	■其他 _____
尾桨叶数量	■2叶	■3叶	■其他 _____
传动方式	■皮带	■齿轮	■其他 _____

规划设计

作品规划

根据以上的方案，可以初步设计出作品的构架，请规划作品所需要的元素，将自己的想法和问题添加到图24-4的思维导图中。

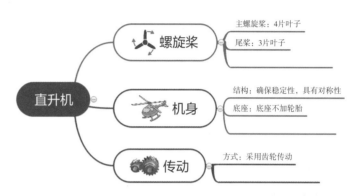

图24-4　"直升机"作品规划设计

图24-5　设计"直升机"作品结构

结构设计

设计的直升机由机身、主螺旋桨、动力、尾桨四部分组成，如图24-5所示，你有更好的结构方案吗？

探究实践

作品的实施主要分器材准备、搭建作品和功能检测3个部分。首先根据作品结构，选择合适的器材；然后依次搭建底座、机身、传动系统、主螺旋桨、尾桨和动力部分，并将其组合；最后使用搭建的作品开展实验探究。

器材准备

　　直升机的主要结构由梁搭建，底座用厚连杆固定电池盒，主螺旋桨用厚连杆组合而成，尾桨主要用三轴连接件和长栓带十字孔搭建，传动装置由齿轮通过轴相连接形成。主要器材清单如表24-2所示。

表24-2 "直升机"零件清单

名称	形状	名称	形状	名称	形状
1×16梁		1×4梁		1×6梁	
1×11.5双弯厚连杆		1×9单弯厚连杆		1×11厚连杆	
1×5薄连杆		2×4圆孔板		2×6圆孔板	
8齿齿轮		12齿单面齿轮		40齿齿轮	
20齿齿轮 #87407		20齿齿轮 #32269		十字轴套轴	
长栓带十字孔		三轴连接件		1×2黑销若干	
十字轴		电动机		电池	

搭建作品

　　根据方案设计准备零件，鉴于电池盒充当直升机机舱，所以从下往上搭建，先搭建飞机底座，将电池盒固定在底座，然后再向上搭建机身，安装齿轮，搭建传动系统，最后再搭建两个螺旋桨，装上电动机驱动。

● 搭建底座

　　使用厚连杆搭建飞机底座，电池盒固定在底座上，作为飞机机舱，如图24-6所示。

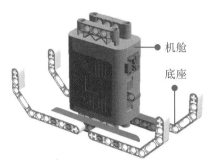

机舱

底座

图24-6　搭建底座

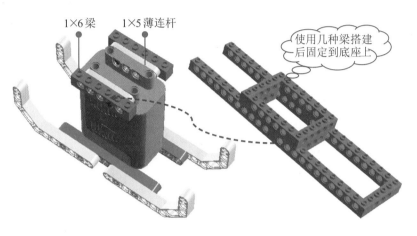

1×6梁　　1×5薄连杆

使用几种梁搭建后固定到底座上

● 搭建机身

　　如图24-7所示，使用不同大小的梁搭建机身，然后由薄连杆和梁固定在底座上，形成稳定结构。

图24-7　搭建机身

思考

为什么使用2个薄连杆固定机身，而不用正常1个乐高单位厚度的连杆呢？

● 搭建传动系统

　　使用十字轴传动到尾翼，主螺旋桨动力采用垂直传动，如图24-8所示，两个螺旋桨处都是8齿齿轮带动20齿齿轮。

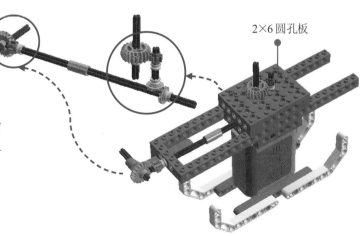

2×6圆孔板

图24-8　搭建传动系统

思考

为什么用小齿轮啮合大齿轮？而且主螺旋桨和尾桨的齿轮比是一样的，你知道是什么目的吗？

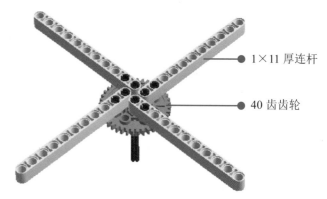

1×11 厚连杆

40 齿齿轮

● 搭建主螺旋桨

如图24-9所示，使用40齿齿轮将4个1×11厚连杆拼在一起，形成十字形螺旋桨。

图24-9 搭建主螺旋桨

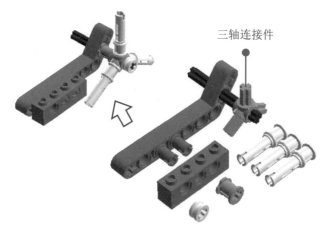

三轴连接件

图24-10 搭建尾桨

● 搭建尾桨

先用1×9单弯厚连杆与1×4梁固定在机身，然后使用三轴连接件和长栓带十字孔拼成尾桨造型，如图24-10所示。

● 安装电动机

如图24-11所示，用3个2×6圆孔板拼在机身梁上，以便固定电机动。

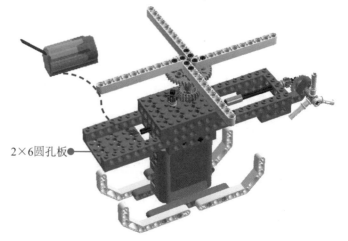

2×6圆孔板

图24-11 安装电动机

功能检测

直升机搭建完毕，我们可以测试螺旋桨旋转效果，并选择不同的乐高零件来搭建螺旋桨，观察不同叶数的螺旋桨旋转效果。

● 螺旋桨旋转测试

为了测试螺旋桨旋转效果，分别使用十字轴、厚连杆作为主要零件搭建螺旋桨，观察实验效果，将结果记录在表24-3中。

表24-3　螺旋桨旋转测试实验记录表

齿轮	我的预测	旋转效果		
		2叶	3叶	4叶
十字轴				
厚连杆				

● 转速测试

主螺旋桨采用8齿齿轮啮合20齿齿轮，如果垂直传动的十字轴直接带动主螺旋桨，速度较前者是快还是慢，观察实验结果，并记录在表24-4中。

表24-4　转速测试实验记录表

齿轮	我的预测/（圈数/分钟）	转速/（圈数/分钟）		
		第1次	第2次	第3次
直接传动				
齿轮传动				

1. 直升机飞行原理

无论什么飞机，升空的根本原因是利用动力克服飞机自身的重力，从而能够起飞，见图24-12。所以直升机的主螺旋桨通过旋转产生升力，当升力大于飞

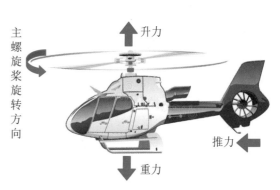

图24-12　直升机飞行原理

机的重力时，飞机就能升空。另外，飞机不仅要垂直升空，而且要能够飞行，所以尾桨的旋转产生推力，保障飞机前进。

2. 齿轮分路传动

齿轮传动除了能够实现变速、变向，还能实现分路传动。如图24-13所示，利用定轴轮系，可以通过装在主动轴上的若干齿轮分别将动力传给多个运动部分，从而实现分路传动。齿轮分路传动应用非常广泛，比如汽车车轮、机械手表、航空传动等。

图24-13　齿轮分路传动

挑战空间

1 任务拓展

本课我们搭建的直升机，只是实现最基本的功能，你能优化方案，给直升机装上轮子，当启动电源，能够让飞机行驶，请将你设计的方案记录下来。

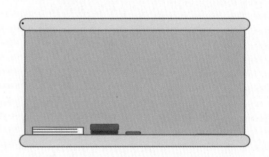

2 举一反三

通过本课学习，我们知道一个电动机能够同时传动控制多个部分，如本案例中的主螺旋桨和尾桨，学会运用多齿轮组合实现分路传动，就可以搭建更多好玩有趣的作品，比如可以搭建旋转木马、吊桥等，甚至能搭建"小狗机器人"，如图24-14所示，你敢挑战吗？你还有哪些创意呢？

图24-14　"小狗机器人"作品效果图

思维导图学乐高机器人

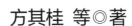

创意搭建与编程 下

方其桂 等◎著

化学工业出版社
·北京·

目 录

第1单元

认识智能机器人

第2单元

初识传感器

第3单元

智能控制

第4单元

精准控制

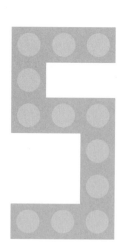

第5单元

综合实例

第1单元

认识智能机器人

　　《变形金刚》《机器人总动员》《超能陆战队》等电影为我们展示了一个个现实的、充满智慧与勇气的机器人形象。很多人对机器人这个概念还停留在科幻小说或电影里面，但近些年随着科技的发展，已经有很多有实际应用功能的机器人出现在我们的生活中。机器人不仅能够代替人类登陆火星和潜入深海，还可以不知疲倦地工作在工厂、公共场所和家庭等地方，使人类生活、工作更加便利。

　　本单元就让我们一起走进智能机器人的世界，领略它们的风采。

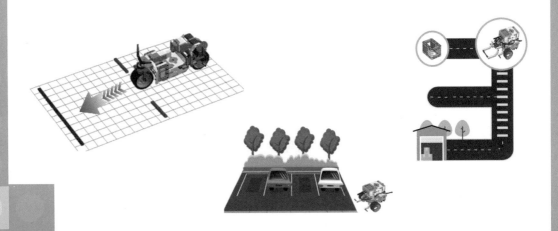

直线行驶

扫一扫 看微课

想要奔跑，先要学会如何行走。同样，机器人若想胜任复杂的工作，首先要能够完成简单的任务。设计一辆能直线行驶的小车，启动时小车以红色线条为起点驶向终点，到达黑色线条时，小车停止。

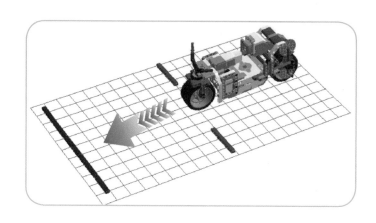

任务分析

设计制作一辆能直线行驶的小车，首先要明确作品的功能，思考并提出需要解决的问题，形成作品的解决方案，并根据方案完成搭建和编程。

明确功能

根据项目任务的要求，作品最终呈现的是一辆小车，并且具有直线行驶的功能。你还有什么思考呢？请将你的想法填写在图1-1的空白处。

图1-1 "直线行驶"小车作品功能

提出问题

在设计作品时，需要思考的问题如图1-2所示。你还能提出怎样的问题？填在框中。

问题1：

如何搭建一辆小车？

问题2：

如何驱使小车直线行驶？

问题3

问题4

图1-2 提出问题

头脑风暴

如图1-3所示,生活中几乎所有的交通工具都可以实现直线行驶。如何控制小车从起点出发,到达终点后自动停止呢?想想数学中的路程问题,是不是可以得到启发?

图1-3 探究原理

提出方案

结构上,你需要考虑搭建一辆什么类型的车,并根据类型明确小车的组成;程序上,要根据任务特征,明确小车需要执行的动作,并确定如何控制小车精确到达终点的策略。请根据表1-1的提示选一选,确定项目方案。

表1-1 "直线行驶"小车作品方案构思表

构思	方案选择		
结构	选一选: 小车类型? ■ 摩托车 ■ 小汽车 小车组成? ■ 底盘 ■ 车身 ■ 车轮		
编程	选一选: 小车需要执行的动作? ■ 前进 ■ 转弯 ■ 后退 起点终点控制? ■ 时间 ■ 速度 ■ 质量		

规划设计

作品规划

根据以上的方案,可以初步设计出作品的构架,请规划作品所需要的元素,将自己的想法和问题添加到图1-4所示的思维导图中。

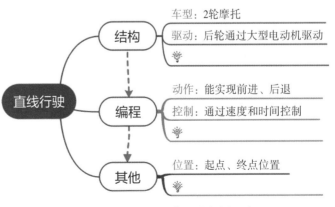

图1-4 "直线行驶"小车规划设计

结构设计

直线行驶小车由车头、车身、车尾3部分组成。如图1-5所示，由EV3程序块构成摩托车的车架，车头包括前轮和把手，车尾有电动机、传动装置和后盾。

图1-5 "直线行驶"小车作品结构

程序规划

摩托车停在红色线上，启动程序它会往正前方行驶；到达红色终点线停止。看似简单的动作，想要让机器人自己完成，需要进行程序规划。

图1-6 "直线行驶"小车任务流程图

● 绘制流程图

如图1-6所示，先要根据小车动作的语言描述，绘制流程图。

● 规划模块

根据流程图选择需要使用的模块，并将结果记录在表1-2中。

表1-2 "直线行驶"小车程序模块表

类别	图标	名称	设置
流程		开始	无
动作		大型电动机	端口、功率、圈数
流程		等待	秒数（拓展）
其他			

作品的实施过程主要分器材准备、搭建作品、编写程序和功能测试4个部分。在"开工"之前，可以先阅读"智慧钥匙"栏目的内容，掌握项目实施过程中涉及的相关知识。

器材准备

表1-3列出了制作机器人小车主要的器材，你能说说为什么要选择这些零件？还需要哪些辅助的零件吗？

表1-3 "直线行驶" 小车器材清单

名称	形状	名称	形状
主控器		电动机	
数据线		连杆	
轮子		齿轮	
其他零件			

搭建作品

直线行驶小车搭建时，建议先从结构相对复杂的车尾开始，然后通过结构件连接EV3主控器构建车身，最后完成车头部分并连接数据线。大家也可以根据自己的想法进行搭建。

● 安装后轮

按图1-7所示，使用连杆、销、齿轮、轴、轴套等零件构建小车尾部支架及传动，最后安装后轮。

❶构建支架及传动

❷添加车轮

图1-7 安装后轮

● 构建车尾传动

　　按图1-8所示，使用连杆、销、齿轮、轴、轴套等零件连接大型电动机，构建车尾传动装置。

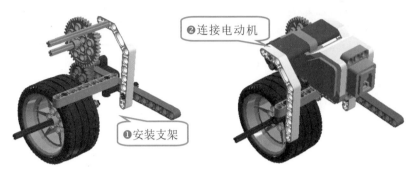

②连接电动机

①安装支架

图1-8　构建车尾传动

①左侧效果

②右侧效果

图1-9　固定车尾

● 固定车尾

　　如图1-9所示，使用各类连杆、销、连接件固定大型电动机、传动装置和后轮，使车尾结构更加牢固。

● 构建车身

　　如图1-10所示，通过连杆、销等零件连接EV3主控器，构建小车的车身，安装小型电动机后使用零件固定。

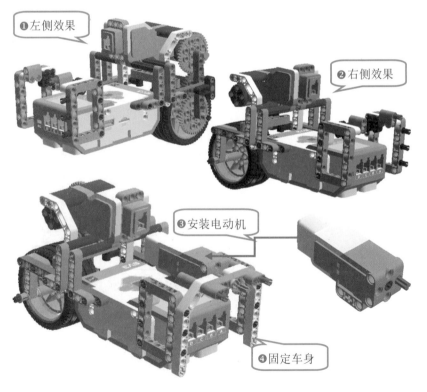

①左侧效果

②右侧效果

③安装电动机

④固定车身

图1-10　构建车身

● 安装前轮

　　如图1-11所示，使用连杆、销、齿轮、轴、轴套等零件构建小车前轮，再将其与搭建好的部分连接。

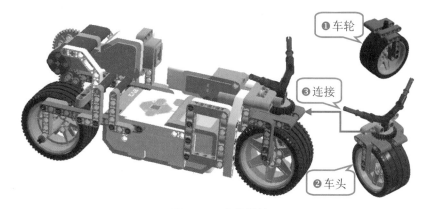

图1-11　安装前轮

● 连接端口

　　使用数据线将小车的小型电动机连接到主控器的A端口，将大型电动机连接到主控器的B端口。

编写程序

　　在开始给机器人编写程序之前，先下载并安装软件。EV3编程软件分PC版和APP版，可以从乐高官网下载。安装好EV3编程软件，就可以根据程序规划开始编程了。

● 运行软件

　　单击桌面上的LEGO MINDSTORMS EV3 Education Edition图标，启动编程软件，按图1-12所示操作，查看编程教程。

图1-12　启动程序

● 认识界面

　　如图1-13所示，EV3编程界面主要由"编程区""程序模块区""硬件页面区"组成，任何一个程序都由"开始模块"开始。

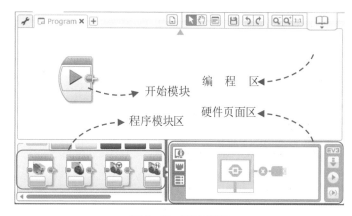

图1-13　程序界面

● 添加大型电动机模块

按图1-14所示操作，拖动"大型电动机"模块到"开始模块"后，选择端口为B，圈数设置为2。

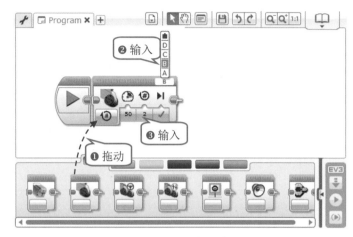

图1-14 添加程序

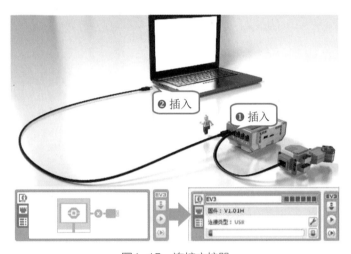

图1-15 连接主控器

● 保存项目

从菜单栏中选择"文件"→"保存项目"命令，将项目命名为MyFirstProject，选择合适位置后保存。

● 连接主控器

按图1-15所示，使用USB连接线将计算机和主控器连接起来，此时软件的"硬件页面区"会显示主控器的相关信息。

● 下载程序

按图1-16所示操作，先测试再将程序下载到主控器中，断开连接线，选择程序运行，此时小车就能根据程序运行。

图1-16 下载程序

图1-17 运行调试

● 运行调试

按图1-17所示操作，进入"文件导航"屏幕，选择运行下载的文件，观察智能小车运行的结果，通过调整"移动转向模块"的圈数来控制小车的位置。

在直线行驶小车程序中，"大型电动机"模块中功率、圈数的设定，是影响小车直线行驶状态的主要因素，只有反复测试，才能提高编程预判，提高完成任务的时间与效率。

● 距离与圈数

如表1-4所示，2个程序模块中功率、圈数分别为多少？用直尺测量、记录小车行驶的距离。想一想在功率相同的情况下，影响小车行进距离的因素是什么？

表1-4　通过距离与圈数判断小车运动状态

模块	测试记录	结论
![模块B 50 2]	功率（　）、圈数（　） 行进距离：＿＿＿＿＿	相同参数（　） 不同参数（　）
![模块B 50 4]	功率（　）、圈数（　） 行进距离：＿＿＿＿＿	实验： ＿＿＿＿＿＿＿＿＿＿ ＿＿＿＿＿＿＿＿＿＿

● 距离与功率

如表1-5所示，用相同的方法进行测试实验，仔细观察并记录实验结果。想一想功率对小车行进状态有什么影响吗？

表1-5　通过距离与功率判断小车运动状态

模块	测试记录	结论
![模块B 20 2]	功率（　）、圈数（　） 行进距离：＿＿＿＿＿	相同参数（　） 不同参数（　）
![模块B 60 2]	功率（　）、圈数（　） 行进距离：＿＿＿＿＿	实验观察： ＿＿＿＿＿＿＿＿＿＿ ＿＿＿＿＿＿＿＿＿＿

智慧钥匙

1. 了解机器人组成

机器人外观上不都是仿人形的，它可以根据不同的使用环境和完成的任务需要而设置不同的形状。机器人的样子千差万别，但它们一般都拥有相似的基本组成部分："大脑""四肢""感官"。

● 机器人的大脑

如图1-18所示，拆开机器人主控器的外壳，可以看到主控器内部构造，它是机器人的"大脑"。机器人主控器是一个计算机控制系统，可以处理外界信息并指挥机器人做出相应的动作。

控制芯片

图1-18 机器人的大脑

● 机器人的四肢

轮形四肢

足形四肢

如图1-19所示，不同功能的机器人，四肢也不相同，有的是轮子，有的是履带。虽然形态各异，但是机器人的四肢非常灵活，能按照主控器的指令完成各种复杂的工作。

图1-19 机器人的四肢

● 机器人的感官

如图1-20所示，各种各样灵敏的传感器充当了机器人的眼睛、耳朵、鼻子、嘴巴、皮肤，让机器人拥有了视觉、听觉、嗅觉、味觉、触觉等感官，进而具备强大的功能，代替人类完成各种工作。

触碰传感器

角度传感器

颜色传感器

图1-20 机器人的感官

2. 乐高EV3套装

乐高EV3套装中有大量的科学套件和电子零件，包括电动机、传感器、EV3主控器、遥控器和连接线等，如图1-21所示。EV3机器人用大型电动机或中型电动机驱动轮子、手臂或其他可运动的部分，机器人用传感器接收外界信号。用连接线把电动机和传感器接到EV3程序块上，利用EV3编程软件在计算机上编程，将程序下载到程序块，机器人就可以自行执行任务。

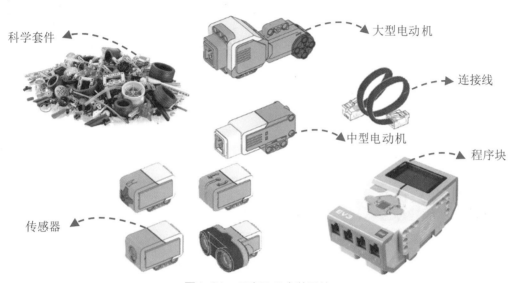

科学套件　大型电动机　连接线　中型电动机　程序块　传感器

图1-21　乐高EV3套装零件

3. EV3主控器

主控器是机器人最为核心的零件之一，它对机器人的性能起着决定性的作用。机器人通过传感器获取信息后，在主控器的指挥下，实现人机交互和人工智能。

● **主控器的功能**

EV3主控器是智能机器人的核心部分，它通过各种传感器获得信息，经过分析、处理，再发出指令，控制机器人的各种运动行为。

● **主控器按钮**

EV3主控器是机器人活动的控制中心。如图1-22所示，它的外部一般包括各种接口、显示屏和操作按钮，以实现程序的下载和人机交互。

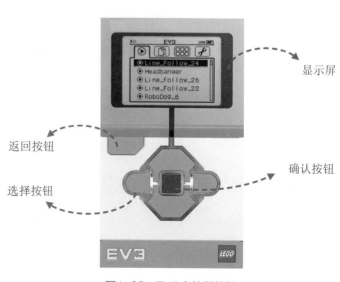

显示屏　返回按钮　选择按钮　确认按钮

图1-22　EV3主控器按钮

● 主控器端口

　　如图1-23所示，EV3主控器分为输入端口和输出端口，可以通过数据线连接各类传感器和电动机。其中输入端口1～4用于连接传感器，输出端口A～D用于连接电动机。

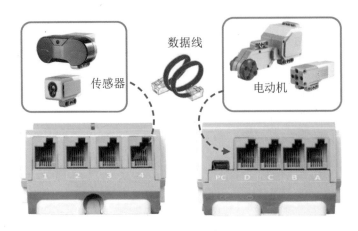

图1-23　主控器端口

挑战空间

① 任务拓展

　　如图1-24所示，编写程序，下载到直线行驶小车的主控器中。先预判小车的执行效果，再测试验证自己的预判是否准确。

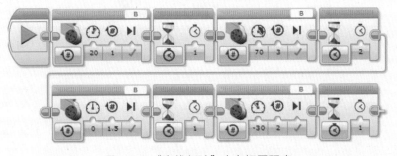

图1-24　"直线行驶"小车拓展程序

② 举一反三

　　生活中高铁、公交车等交通工具在运行过程中都会直线行驶。如图1-25所示，请根据本节课所学知识，设计公交车出发、进站、等候上车、出站的拓展任务。

图1-25　模拟公交行驶

倒车入库

扫一扫 看微课

车辆行驶过程中，除了直线行驶，还要能够转弯和倒车，这样才能完成车辆入库停车的动作。请设计一辆能自动倒车入库的机器人小车，当小车启动时，它会从起点出发，自动倒入车库中，并且在倒车过程中有安全鸣笛提示。

 **任务分析**

设计制作一辆能自动倒车入库的机器人小车，首先要明确作品的功能，思考并提出需要解决的问题，形成作品的解决方案，并根据方案完成搭建和编程。

明确功能

小车倒车入库、安全警示，这些是设计项目任务的关键功能。你还有什么思考呢？请将想法填写在图2-1的空白处。

图2-1 "倒车入库"作品功能

 提出问题

在设计作品时，根据倒车入库项目的功能，可以从小车的外形、结构、运行状态等方面提出需要思考的问题。根据图2-2的提示，你还能提出哪些问题呢？

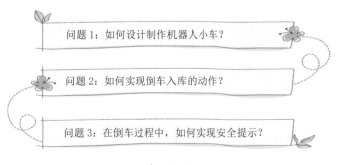

图2-2 提出问题

头脑风暴

如图2-3所示，生活中一辆小汽车从进入停车场到车端正地停在车位里，小车位置、方向等状态都发生了怎样的变化？问问爸爸妈妈，在小汽车状态变化的过程中，驾驶员都要进行哪些操控。试着将观察的步骤绘制成草图，探究小车倒车入库的动作要点。

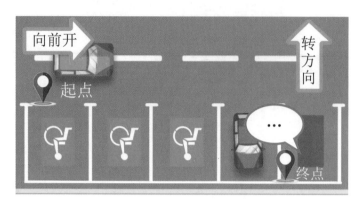
图2-3 小汽车倒车入库要点

 提出方案

结构上，你需要考虑搭建一辆什么类型的车，它的结构特点与组成；程序上，要根据任务特征，明确小车需要执行的动作，并确定控制小车完成倒车入库的策略。请根据表2-1的提示选一选，确定项目方案。

表2-1 "倒车入库"小车作品方案构思表

构思	方案选择
结构	选一选： 小车的结构特点？ ■ 长度、宽度　■ 轮子数量、大小 小车的结构组成？ _____
编程	选一选： 小车需要执行的动作？ ■ 前进　■ 转弯　■ 后退 如何控制小车？ ■ 时间　■ 圈数　■ 角度

规划设计

 作品规划

根据以上的方案，可以初步设计出作品的构架，请规划作品所需要的元素，将自己的想法和问题添加到图2-4所示的思维导图中。

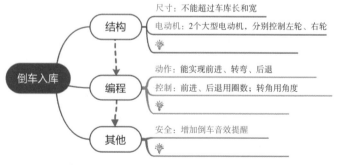
图2-4 "倒车入库"项目规划设计

结构设计

"倒车入库"机器人小车由底盘支架、车轮和车身组成。如图2-5所示，底盘支架由2个大型电动机支撑。车轮包括驱动轮和从动万向轮。车身配备EV3程序块，用来控制小车运行。注意小车的长度、宽度要小于车库的长度和宽度。

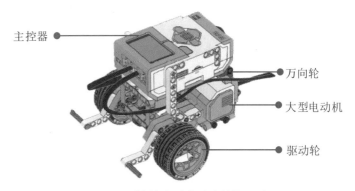

图2-5 "倒车入库"小车结构设计

程序规划

在程序规划时，要理清小车运动的步骤和要点。小车停在起点位置上，启动程序后它会往正前方行驶；到达车库位置时，转弯调整位置后缓缓倒入车库中央停止，在倒车的过程中，还要同时发出安全提示声音。

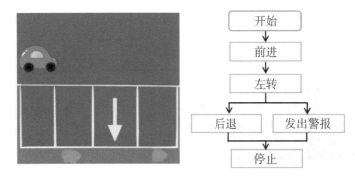

图2-6 "倒车入库"小车任务流程图

● 绘制流程图

如图2-6所示，先要根据小车动作的语言描述，绘制流程图。

● 规划模块

根据流程图选择需要使用的模块，并将结果记录在表2-2中。

表2-2 "倒车入库"小车程序模块表

类别	图标	名称	动作
动作		移动转向	控制小车前进、后退
动作		移动槽	控制小车转弯
动作		声音	显示倒车安全预警
流程		等待	观察、调试

探究实践

作品的实施过程主要分器材准备、搭建作品、编写程序和功能测试4个部分。在"开工"之前，可以先阅读"智慧钥匙"栏目的内容，掌握项目实施过程中涉及的相关知识。

器材准备

表2-3列出了制作机器人小车主要的器材，你能说说为什么要选择这些零件，还需要哪些辅助的零件吗?

表2-3 "倒车入库"小车器材清单

名称	形状	名称	形状
主控器		电动机	
数据线		框架	
轮子		连杆	
其他零件			

搭建作品

搭建倒车入库小车时，可以分模块进行。首先搭建并固定小车的底盘，然后搭建支架连接主控器和辅助轮，最后安装轮胎并连接数据线。大家也可以根据自己的想法进行搭建。

● 搭建底盘

按图2-7所示操作，使用框架件、梁和销可以将2个大型电动机连接，构建小车的底盘。

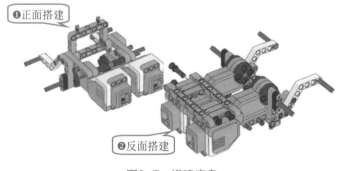

❶正面搭建
❷反面搭建

图2-7 搭建底盘

● 安装前轮

　　按图2-8所示操作，先使用小球制作一个万向轮装置，再将其固定到车体上，作为小车的前轮。

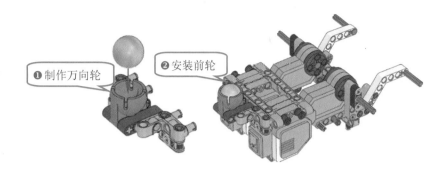

❶制作万向轮　　❷安装前轮

图2-8　安装前轮

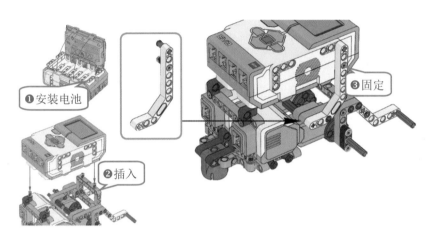

❶安装电池　　❷插入　　❸固定

● 固定主控器

　　如图2-9所示，先将电池装入主控器，再将主控器安装到车架上，使用弯连杆和销进行固定。

图2-9　固定主控器

● 安装后轮

　　如图2-10所示，分别为小车安装左、右后轮。

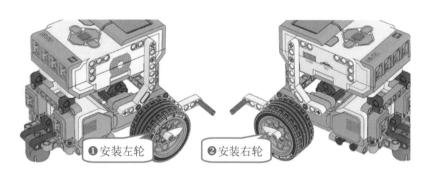

❶安装左轮　　❷安装右轮

图2-10　安装后轮

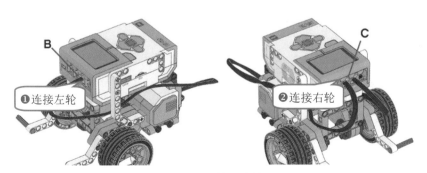

B　　C

❶连接左轮　　❷连接右轮

● 端口连接

　　如图2-11所示，使用数据线将小车的左右电动机连接到主控器的B、C端口。

图2-11　端口连接

编写程序

编写程序之前，请仔细检查小车的结构是否完整，确保电动机端口连接正确，左轮连接B端口，右轮连接C端口。

● 新建程序

启动EV3编程软件，打开MyFirstProject项目，单击⊞按钮新建程序，按图2-12所示操作，将程序名改为dcrk。

图2-12　新建程序

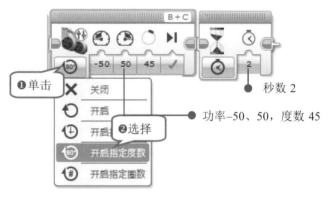

功率 80，圈数 3.25　　秒数 2

图2-13　向前行驶

● 向前行驶

按图2-13所示，在"开始"模块后分别添加"移动转向"和"等待"模块，调整模块参数。

● 向左转弯

在"等待"模块后分别添加"移动槽"和"等待"模块，按图2-14所示，调整模块参数。

功率–50、50，度数 45

秒数 2

图2-14　向左转弯

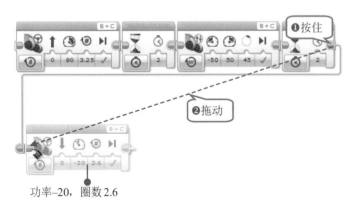

功率–20，圈数 2.6

图2-15　缓缓倒车

● 缓缓倒车

在现有模块下方，添加"移动转向"模块，按图2-15所示，调整模块参数，并将该模块与"等待"模块画线连接。

● 声音预警

　　在现有模块下方，添加"声音"模块，按图2-16所示，选择声音响度，选择声音文件为Overpower，并将该模块与"等待"模块画线连接。

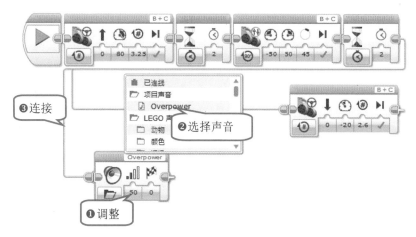

图2-16　声音预警

● 下载运行程序

　　使用USB连接线将计算机和机器人连接起来，将程序下载到主控器中，断开连接线，选择程序运行并修改参数调试。

功能检测

　　转弯是机器人小车完成任务时的重要动作，在EV3程序编写时，"移动转向"和"移动槽"模块都可以实现小车转弯。只有弄清楚影响小车转弯的因素，才能提高预判，提高完成任务的时间与效率。

● "移动转向"模块转弯

　　如表2-4所示，先预判3组"移动转向"模块运行的结果，再下载运行程序，观察结果与自己的预判是否一致，归纳"移动转向"模块转弯的结论。

表2-4　"移动转向"模块转弯判断小车运动状态

组次	模块	预判	结果	结论
第1组	B+C　0 50 1			当↑参数为0时： 小车＿＿＿＿＿
第2组	B+C　移动转向　50 50 1			当↑参数为正值时 小车＿＿＿＿＿
第3组	B+C　-50 50 1			当↑参数为负值时 小车＿＿＿＿＿

● "移动槽" 模块转弯

如表2-5所示,先预判3组"移动槽"模块运行的结果,再下载运行程序,观察结果与自己的预判是否一致,归纳"移动槽"模块转弯的结论。

表2-5 "移动槽"模块转弯判断小车运动状态

组次	模块	预判	结果	结论
第1组	B+C 50 50 1			当功率B=C时 小车_____
第2组	B+C -50 50 1			当功率B<C时 小车_____
第3组	B+C 50 -50 1			当功率B>C时 小车_____

智慧钥匙

1. EV3主控器连接到计算机

如图2-17所示,除了使用USB数据线可以连接EV3主控器外,还可以使用无线蓝牙、Wi-Fi将其连接到计算机。使用无线连接可以远程将计算机中的程序下载到主控器中,非常方便快捷,但需要配置蓝牙等设备。

USB电缆连接　　　　无线连接

图2-17 连接方式

2. 硬件页面

如图2-18所示,"硬件页面"提供一系列关于EV3主控器的信息。当使用程序时,此页面位于右下角,用于下载程序或实验。当主控器连接到计算机时,顶部小窗口处的EV3文本会变成红色。不同的硬件页面控制器按钮分别有如下功能:

图2-18 硬件页面

● 下载

将程序下载到EV3主控器。

● 下载运行

将程序下载到EV3程序块，并立即运行。

● 下载运行选定模块

仅将突出显示的模块下载到EV3主控器，并立即运行。

图2-19 "移动转向"程序模块

3. 移动转向模块

如图2-19所示，仔细研究移动转向程序块的设置，可以更好地理解机器人小车是如何工作的。每个编程模块的模式和设置决定了该编程模块的动作。

● 端口📷

选择将驱动电动机连到EV3主控器的哪个输出端上，这样程序就能知道它要打开哪个电动机。"倒车入库"小车的电动机连到端口B和C上，所以，在本实例程序中，使用它的默认端口B+C。

● 转向↑

在程序dcrk中，机器人小车可以转向。单击转向设置，将滑块拖到左边或右边，可以调整机器人的转向。这个程序模块通过独立控制两个轮子来控制小车的转向。

● 功率🕐

它可以控制电动机的速度。零功率表示轮子完全不动，将功率设置到100，表示电动机会达到最大速度。而负值如−100，则表示小车以最大速度后退。

挑战空间

1 任务拓展

如果本节课中"倒车入库"机器人小车执行如图2-20所示的程序，请预判小车的运行轨迹，画在纸上；将程序下载并运行，看看自己的预判与执行结果是否一致。

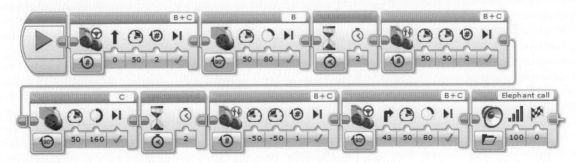
图2-20 主控器菜单

② 举一反三

　　如图2-21所示，侧方位停车是生活中汽车倒车入库的常见类型。运用本节课学习的知识，编写程序完成侧方位入库的停车挑战任务。

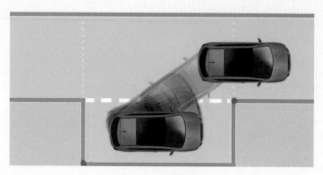

图2-21　侧方位入库

搬运货物

扫一扫 看微课

随着互联网的发展，快递成为人们生活中不可缺少的一部分。每天，有成千上万的包裹借助各种工具被运来运去，其中最高效的当然要数机器人啦。本节课，我们一起制作一辆机器人搬运小车，能够将货物从原本的位置运送到目标区。

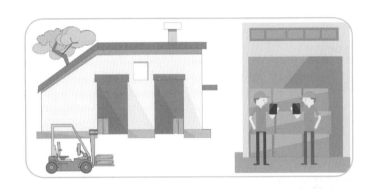

任务分析

设计制作一辆能自动搬运货物的小车，首先要明确作品的功能，思考并提出需要解决的问题，形成作品的解决方案，并根据方案完成搭建和编程。

明确功能

一辆正常行驶的小车并且能搬运货物是设计项目任务的关键功能。你还有什么思考呢？请将想法填写在图3-1的空白处。

图3-1 "搬运小车"作品功能

提出问题

机器人小车我们并不陌生，如何让小车具有搬运货物的功能呢？需要考虑小车的结构、运行状态等问题。根据图3-2的提示，你还能提出哪些问题呢？

问题1：
如何设计携带货物的装置？

问题2：
如何控制小车装货、运货、卸货？

问题3：

问题4：

图3-2 提出问题

头脑风暴

如图3-3所示，生活中能够搬运货物的工具有很多，如娃娃机、挖土机、叉车等。无论哪一种，它们都有抓取、转移、卸载货物的功能。仔细观察这些工具是如何作业的，对你完成项目作品的设计一定会有启发。

图3-3　生活中的搬运工具

 提出方案

结构上，可以选择叉车的车体，用于转移货物；选择挖土机的铲斗，用于装卸货物。程序上，要根据任务特征，明确小车需要执行的动作，并确定控制小车完成货物搬运的步骤与策略。请根据表3-1的提示填一填、选一选，确定项目方案。

表3-1　"货物搬运"小车作品方案构思表

构思	方案选择	
结构	叉车与挖土机的组合	车体：叉车，转移货物 抓手：挖土机铲斗，装卸货物 其他：_____
编程	选一选： 　小车的动作：■前进　■后退　■转弯 　抓手的动作：■张开　■闭合	

 规划设计

 作品规划

根据以上的方案，可以初步设计出作品的构架，请规划作品所需要的元素，将自己的想法和问题添加到图3-4所示的思维导图中。

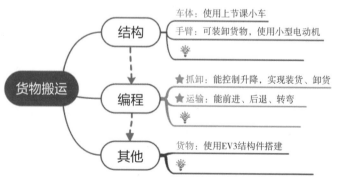

图3-4　"货物搬运"小车规划设计

结构设计

"货物搬运"机器人小车由车体和抓手组成。如图3-5所示，可以使用前一课制作的小车作为车体；抓手主要由小型电动机与车身相连，通过齿轮传动实现上下升降。要根据抓取的货物设计抓手的大小。

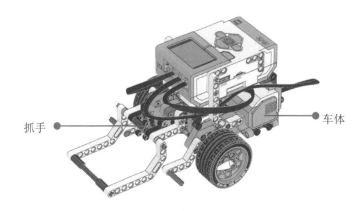

抓手　　　　　　　　　车体

图3-5　"货物搬运"小车结构设计

程序规划

在程序规划时，要理清货物搬运的步骤和要点。小车从起点出发，需要经历找物→抓物→运物→卸物4个步骤才能完成货物搬运。在这一过程中，每个步骤又会包含多个动作。

● 绘制流程图

如图3-6所示，先要根据小车动作的语言描述绘制流程图。

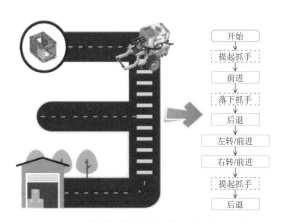

图3-6　绘制"货物搬运"小车流程图

● 规划模块

根据流程图选择需要使用的模块，并将结果记录在表3-2中。

表3-2　"货物搬运"小车程序模块表

类别	图标	名称	动作
动作		移动转向	控制小车前进、后退
动作		大型电动机	控制小车转弯
动作		中型电动机	控制抓手升降
流程		等待	观察、调试

作品的实施过程主要分器材准备、搭建作品、编写程序和功能检测4个部分。在"开工"之前，可以先阅读"智慧钥匙"栏目的内容，掌握项目实施过程中涉及的相关知识。

器材准备

表3-3列出了"货物搬运"小车抓手构建需要的主要器材，你能说说为什么要选择这些零件？还需要哪些辅助的零件吗？

表3-3 "货物搬运"小车器材清单

组成	配件	组成	配件
小车主体		抓手	
其他零件			

搭建作品

搭建货物搬运小车时，可以分模块进行。首先搭建小车的手臂，然后连接手臂，最后搭建货物盒子。

● 制作手臂

如图3-7所示，使用中型电动机、齿轮制作手臂，你也可以根据自己的需要进行改进。

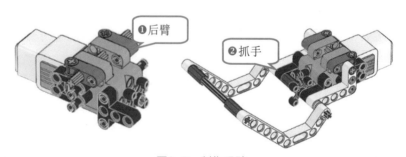

图3-7 制作手臂

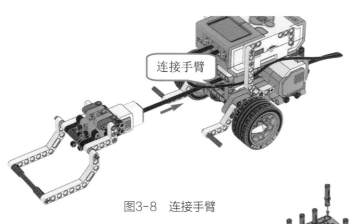

连接手臂

图3-8　连接手臂

● 连接手臂

如图3-8所示，将手臂固定到小车前端，使用数据线将手臂连接到主控器的A端口。

● 货物盒子

如图3-9所示，使用连杆、销搭建一个立方体盒子，模拟任务需要搬运的货物。

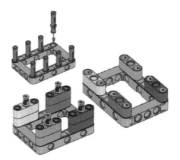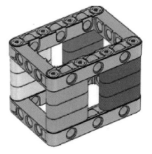

图3-9　货物盒子

编写程序

编写程序之前，请仔细检查小车的结构是否完整，确保电动机端口连接正确，左轮连接B端口，右轮连接C端口，抓手连接A端口。

● 新建程序

启动EV3编程软件，打开MyFirstProject项目，单击 ➕ 按钮新建程序，将程序名改为hwby。

● 寻找货物

在"开始"模块后分别添加"中型电动机""移动转向""等待"模块，按图3-10所示，调整模块参数。想一想中型电动机为什么使用秒数模式？

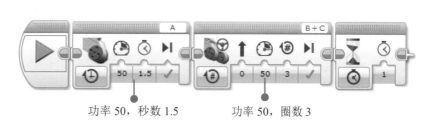

功率 50，秒数 1.5　　　功率 50，圈数 3

图3-10　寻找货物

思考

❶ 为什么在程序"开始"模块后添加"中型电动机"模块？

❷ "中型电动机"模块为什么使用秒数模式？

● 框住货物

按图3-11所示操作，复制"中型电动机"模块，并与之前的程序模块连接，调整模块参数。

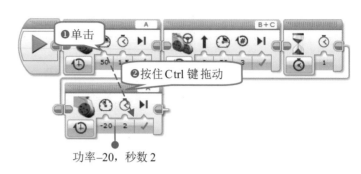

功率-20，秒数2

图3-11 框住货物

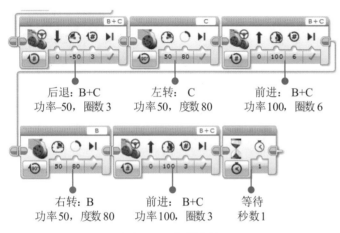

后退：B+C
功率-50，圈数3

左转：C
功率50，度数80

前进：B+C
功率100，圈数6

右转：B
功率50，度数80

前进：B+C
功率100，圈数3

等待
秒数1

图3-12 运送货物

● 运送货物

如图3-12所示，根据运送货物需要，选择后退→左转→前进→右转→前进，直到小车到达目标区等待。

● 卸下货物

在现有模块后，添加"中型电动机"和"移动转向"模块，按图3-13所示，设置模块参数。

功率50，秒数1.5   功率50，圈数3

图3-13 卸下货物

● 下载运行程序

使用USB连接线将计算机和机器人连接起来，将程序下载到主控器中，断开连接线，选择程序运行并修改参数调试。

 **功能检测**

EV3中型、大型电动机，移动转向和移动槽模块都可以设置电动机模式，常用的有"秒数""角度""圈数"。它们的功能一样吗？这些模式在具体的任务中有什么特殊的作用？让我们通过测试来进行探究。

● 秒数模式

如表3-4所示，分别使用"圈数""角度""秒数"让抓手抬起来，先预判3组模块运行的结果，再下载运行程序，观察结果与自己的预判是否一致，归纳"秒数模式"的作用。

表3-4　秒数模式判断小车运动状态

组次	模块	预判	结果	结论
第1组				▨ 不宜控制 ▨ 可以控制 ▨ 精准控制
第2组				▨ 不宜控制 ▨ 可以控制 ▨ 精准控制
第3组				▨ 不宜控制 ▨ 可以控制 ▨ 精准控制

● 秒数模式与功率

　　如表3-5所示，分别使用3种功率让抓手从低处抬起，先预判3组模块运行的结果，再下载运行程序，观察结果与自己的预判是否一致，归纳秒数模式与功率的关系。

表3-5　功率不同判断小车运动状态

组次	第1组	第2组	第3组
模块			
预判			
结果			
结论	秒数相同：功率越大，转角越_____；功率越小，转角越_____。		

智慧钥匙

1. 工具条

如图3-14所示，使用工具条可以在项目中打开和保存程序、撤销或恢复改变的程序和浏览程序，可以有效提高程序编写的效率。

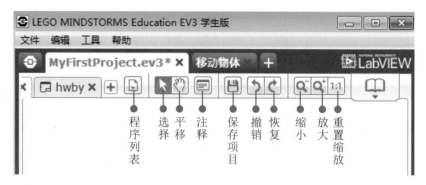

图3-14　工具条

● 选择工具

工具栏上的"选择"按钮变蓝时，可以在编辑区用鼠标放置、移动和配置编程模块，也可以用键盘上的箭头键在区域内移动。

● 平移工具

选择"平移"工具，用鼠标可移动工作区。当程序块大且一屏显示不下时，就要用到此工具。如果导航到程序的某个特定部分，可以选择"平移"工具，在编程区单击，按住鼠标左键并移动鼠标，可以拖动工具。

● 缩放工具

如果程序较大，可以缩小程序以便看到更多的程序模块，再单击"放大"或"缩放重置"工具可以回到原来的大小。

● 注释工具

如图3-15所示，使用"注释"工具可以在编辑区添加注释。这些注释不会改变程序的内容，但是可以帮助你记忆哪部分程序起什么作用。

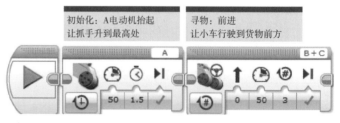

图3-15　程序模块添加注释效果

2. 模式选择

如图3-16所示，"移动转向"模块有几种模式，可以单击"模式选择"按钮，选择其中任意一种，每种模式都会让编程块的动作有一点点不同。例如，程序中的第一个编程块是"开启指定圈数"模式，可以设置让电动机带动机器人转几圈，一般用于控制车轮；而第二个编程块是"开启指定秒数"模式，可以设置机器人在几

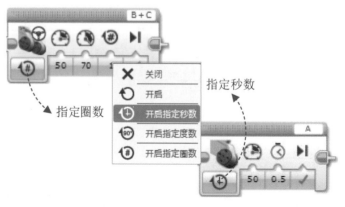

图3-16　移动转向模块

秒内完成动作，一般用于控制机械手臂，防止出现电动机卡死情况。

3. 精确转弯

如图3-17所示，如果想让机器人小车转90°弯，你可能会在"移动转向"模块中将"角度"设置为90°，但实际却并非如此。事实上，"角度"设置的只是电动机转过的角度，而我们需要的是轮子转过的角度。若想让机器人小车转动90°，电动机转动的实际角度对每个机器人来说都是不相同的。

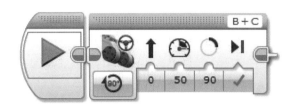

图3-17　精确转弯

挑战空间

1 **任务拓展**

请结合本节课的任务，说说"时间""角度""圈数"三种电动机控制方式各有什么特点，在任务中有什么特殊作用，将结果填写在表3-6中。

表3-6　三种电动机控制方式

模式	特点	应用
时间 🕐		
角度 90°		
圈数 #		

2 **举一反三**

小车和货物的位置如图3-18所示，请运用第一单元所学的知识，指挥小车将货物运送到仓库。数一数你用了多少个程序模块完成任务，有没有更简便的设计。

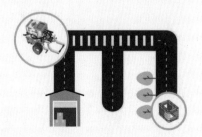

图3-18　"货物搬运"拓展任务

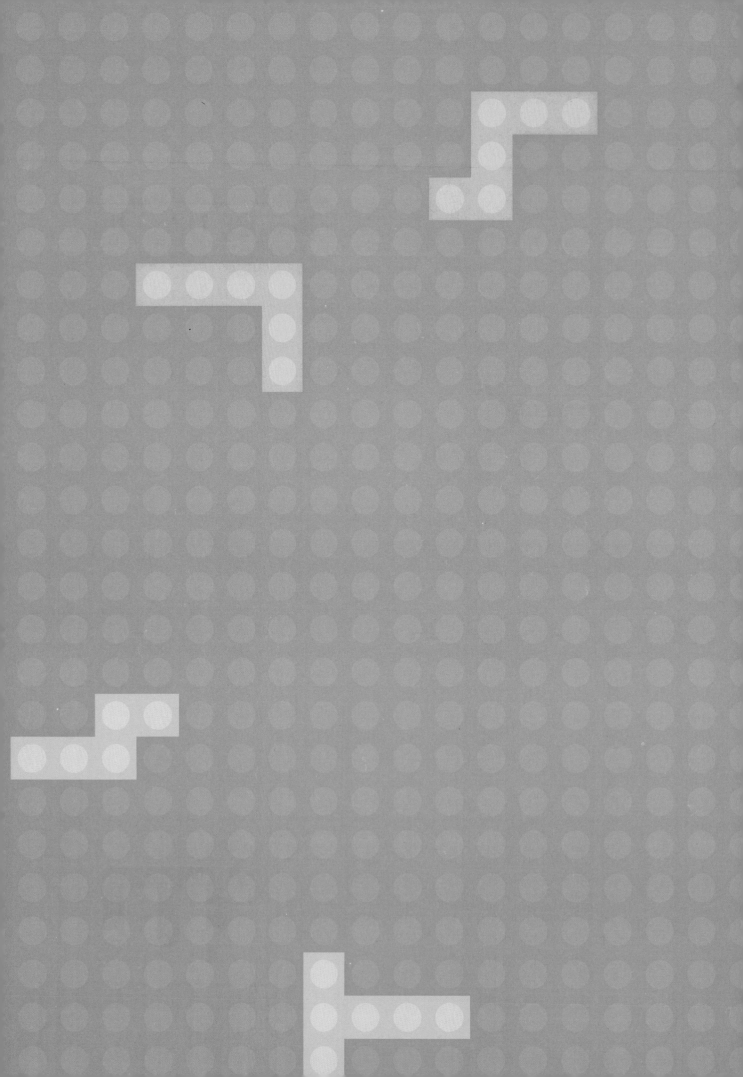

第 2 单元

初识传感器

　　本单元以EV3传感器为主要探索对象，通过分析生活中常见的事物，知道机器人也可以通过传感器感知外面的世界。

　　本单元从不同的传感器类型入手，选择了趣味性较强的案例，设计了4节课，分别是碰碰小车避障碍、智能小车会辨色、巡逻小车懂礼貌和科技小车听指挥。在看一看、想一想、搭一搭、玩一玩的过程中，初步感受智能机器人中传感器的使用和程序设计方法，并通过搭建模型、编写程序去完成一些简单的任务。

第4课

碰碰小车避障碍

扫一扫 看微课

碰碰车是游乐场里常见的机动游戏设施，相信同学们小时候都玩过碰碰车吧，回忆一下你的"驾车"体验，是不是碰撞后要尽快避让开来？碰碰车的四周有由橡胶制作的"围裙"，所以不用担心车会碰坏，让我们在碰撞和避让中享受快乐。本节课我们来一起搭建一辆碰到障碍物后会避让的碰碰小车吧。

任务分析

设计制作一辆碰到障碍物就会拐弯避开的车型机器人，这类似于我们小时候玩过的"碰碰车"。在构思这个作品时，我们知道小车做拐弯避开的动作是因为碰到了障碍物，明确其功能与特点，思考需要解决的问题，并提出相应的解决方案，最后设计搭建碰碰小车。

❀ 明确功能

要设计制作一辆碰到障碍物就会拐弯避开的车型机器人，首先要知道它应当具备哪些功能或特征。请将你认为需要达到的目标填写在图4-1的思维导图中。

图4-1 明确"碰碰小车"功能

提出问题

制作碰碰小车时，需要思考的问题如图4-2所示。你还能提出怎样的问题？填在框中。

头脑风暴

随着科技的进步、人工智能水平的提高，"扫地机器人"已经逐渐走进我们的家里，如图4-3所示，成为非常棒的家务小能手。扫地机器人工作时在地面上平缓前行，将地面上的灰尘吸进自己的"肚子"里。当碰撞到障碍物以后会先后退，再调整前进方向，巧妙地避开障碍物。可见碰撞到障碍物是后面所有动作的一个触发点，也就是一个指令。那么我们在搭建"碰碰小车"时也需要这样一个触动传感器，在碰撞到障碍物后发出相应的指令。

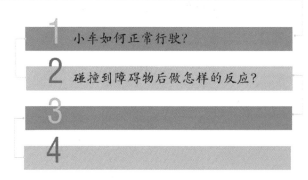

问题

1　小车如何正常行驶？

2　碰撞到障碍物后做怎样的反应？

3

4

图4-2　提出问题

图4-3　扫地机器人

提出方案

通过以上的活动探究，了解到为了实现碰碰小车的功能需要使用触动传感器，在设计小车的结构时不仅要考虑小车的运动方式，还要确定传感器在小车上的安放位置，以及主控器的位置。请根据表4-1的内容，完善你的作品方案。

表4-1　"碰碰小车"方案构思表

构思	提出问题
传感器 小车 主控器	1. 车轮的数量和结构？ 2. 传感器的位置？ 3. 主控器的位置？ 想一想：＿＿＿＿＿＿＿＿＿＿＿＿＿＿＿＿＿＿＿ 小车的驱动轮： 　■前轮驱动　　■后轮驱动

规划设计

作品规划

根据以上的方案，可以初步设计出作品的构架。请规划作品所需要的元素，将自己的想法和问题添加到图4-4所示的思维导图中。

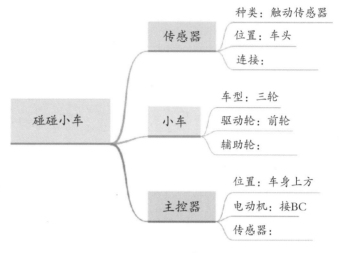

图4-4 规划设计"碰碰小车"

结构设计

碰碰小车由车体、主控器和触动传感器3部分组成。其中车体是由2个大型电动机构成的，如图4-5所示。在搭建车体时，要将触动传感器和主控器的位置预留出来。

图4-5 设计"碰碰小车"结构

程序规划

碰碰小车构建好之后，根据任务需求，先设计算法，然后编写程序并设置程序模块参数，最后下载运行程序。

● 绘制流程图

根据任务需求，小车在前进时若碰到障碍物会先后退，再拐弯，然后接着继续前进绘制程序算法流程图，如图4-6所示。

● 规划模块

根据此任务要求，需要使用的模块及参数见表4-2。

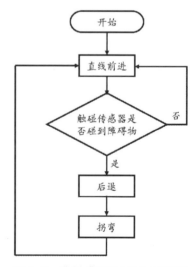

图4-6 绘制"碰碰小车"流程图

表4-2　"碰碰小车"程序模块表

所属类别	模块名称	模块设置
动作	移动转向	开启：功率25
流程控制	等待	等待—触动传感器—比较—按下
动作	移动转向	关闭
动作	移动转向	开启：功率25，角度-300
动作	移动转向	开启：功率25，转向100，角度250

探究实践

　　构建碰碰小车主要分器材准备、搭建作品、编写程序和功能检测4个环节。首先根据作品结构，选择合适的器材；然后依次搭建车体和传动架，并将其组合；最后编写程序后测试作品功能，开展实验探究活动。

器材准备

　　碰碰小车的框架搭建需要选用大型电动机、框架、梁、角梁和连接件，驱动轮选择轮毂和轮胎，使用轴与车身连接，辅助轮选择球座和钢球，使用连接件与车体连接；主控器和触动传感器分别使用连接件与车体连接。主要器材清单如表4-3所示。

表4-3　"碰碰小车"器材清单

名称	形状	名称	形状	名称	形状
5×7框架		5×11框架		3孔梁	
5孔梁		3×7角梁		3×4角梁	
7孔梁		9孔梁		15孔梁	

续表

名称	形状	名称	形状	名称	形状
轴套		各种销		轴销	
轴套长销		轮毂		轮胎	
带末端的轴		球座		钢球	
正交双轴孔联轴器		正交联轴器		各种轴	

📷 搭建作品

搭建碰碰小车，可以分模块进行。首先搭建并固定小车的底盘，然后搭建支架安装主控器和辅助轮，最后安装轮胎和触碰传感器并连接数据线。大家也可以根据自己的想法进行搭建。

● **搭建底盘**

如图4-7所示，利用5×7框架、孔梁和角梁以及各种销，将2个大型电动机整齐地固定在一起，完成小车底盘的搭建。

图4-7 搭建底盘

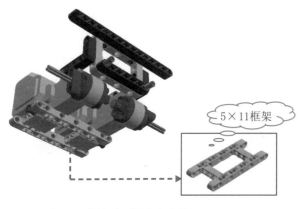

5×11框架

图4-8 固定电动机

● **固定电动机**

如图4-8所示，使用5×11框架和摩擦销将2个大型电动机固定，确保小车底盘结构稳定。

● 安装主控器和辅助轮

如图4-9所示，使用连接件搭建支架，连接主控器和辅助轮。

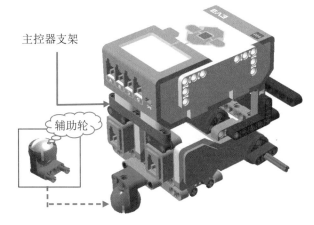

图4-9 安装主控器和辅助轮

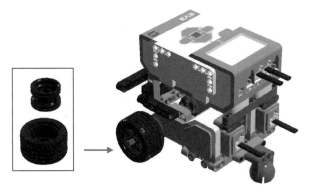

图4-10 安装驱动轮、连接电动机数据线

● 安装驱动轮、连接电动机数据线

如图4-10所示，使用轮毂和轮胎组装成驱动轮，并连接到大型电动机的轮轴上，完成驱动轮的搭建。用数据线将2个大型电动机分别连接到主控器的B端口和C端口，完成电动机和主控器之间的连接。

● 安装传感器，连接传感器数据线

如图4-11所示，使用孔梁和销搭建支架，将触动传感器连接到车体上，并使用孔梁和销搭建"保险杆"，使小车碰撞更加敏感。最后使用数据线将触动传感器连接到主控器的1号端口上，完成触动传感器和主控器之间的连接。

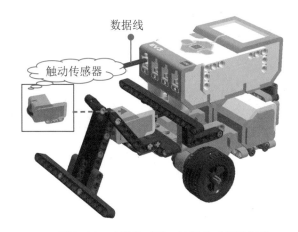

图4-11 安装传感器，连接传感器数据线

编写程序

碰碰小车构建好之后，根据任务需求，先设计算法，然后编写程序并设置程序模块参数，最后下载运行程序。程序的第一部分让碰碰小车在碰到物体之前保持直线前进。用设置为开启模式的移动转向模块控制小车前进，用触碰模式的等待模块告诉机器人何时碰到了物体。当触动传感器被按下时，程序会停止电动机转动，让小车后退一点，转向另一个方向，然后继续前进，直到碰到另一个障碍物。将整个程序放在循环模块中，在停止程序之前，小车会一直运行下去。

● 直行前进

　　启动软件，新建程序，如图4-12所示操作，从"流程控制"模块中拖拽一个"循环"模块添加到程序中，让程序重复运行直到停止。拖拽"移动转向"模块放置在"循环"模块内部，将模式设置为"开启"，端口设置为"B+C"，功率参数设置为"25"。

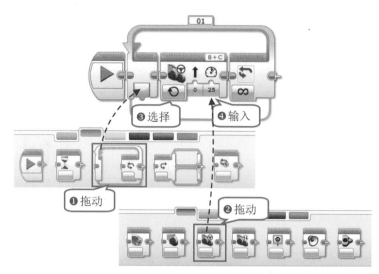

图4-12　直行前进

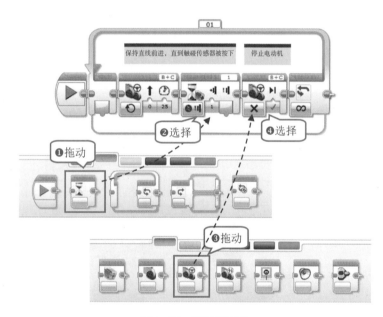

图4-13　检测障碍物

● 检测障碍物

　　按图4-13所示操作，拖动"等待"模块放入"循环"模块，放置在"移动转向"模块的右侧。单击模式选择器，选择"触动传感器—比较"模式，保持默认设置"按下"。拖拽"移动转向"模块放入"循环"模块右侧，将模式设置为"关闭"。

● 后退

　　按图4-14所示操作，在"循环"模块中添加"移动转向"模块，放在右侧，将模式设置为"开启指定角度"，将端口设置为"B+C"，功率参数设置为"25"，度数设置为"-300"，让小车后退。

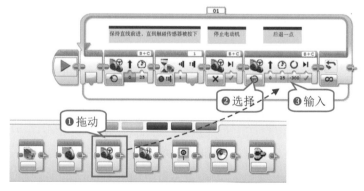

图4-14　后退

● 转向

按图4-15所示操作，在"循环"模块中再添加一个"移动转向"模块，放在最右侧，可将转向参数设置为"100"，让小车原地旋转，模式设置为"开启指定度数"，功率参数设置为"25"，度数设置为"250"。

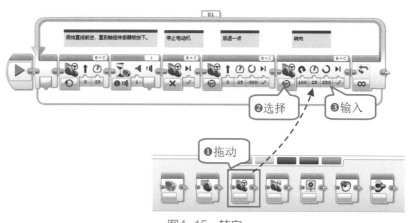

图4-15　转向

● 下载运行程序

使用USB连接线将计算机和碰碰小车连接起来，将程序下载到主控器中，断开连接线，选择程序运行并修改参数调试。

功能检测

当程序运行时，碰碰小车应直线前进，碰到障碍物时停止前进，然后后退、转向，再重复这一过程，直到按下EV3上的停止按钮为止。如表4-4所示，调整最后一个移动转向的参数，观察碰碰小车运动的变化，并记录下来。

表4-4　调整参数检测功能

参数设置	碰碰小车运动速度、转动角度等状态的变化
功率50，转向100，角度250	
功率25，转向200，角度250	
功率25，转向100，角度500	
功率50，转向200，角度500	

思考：如果想让碰碰小车不用重复多次才能离开障碍物，小车至少需要转过_____圈。

智慧钥匙

1. 关于传感器

在智能机器人的搭建和制作过程中，通常会用传感器让机器人对周围环境做出反应，这就类似于人类的五种感官（触觉、视觉、听觉、嗅觉和味觉）。在编程中有3个模块可以使用传感器：等待模块、循环模块和切换模块。程序将根据传感器获取的数据决定下一步该做什么，如图4-16所示。

2. 触动传感器

如图4-17所示，触动传感器前面有一个红色小按钮，程序使用该传感器输入的值来判断按钮是否被按压、松开或碰撞（按压后再松开）。触碰传感器通常用于控制程序运行，或者是检测机器人在运行中碰到了什么东西。

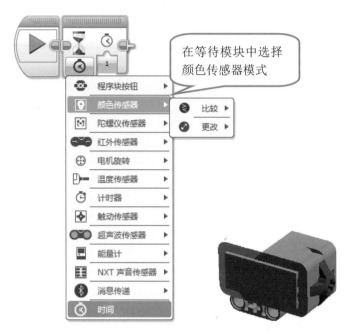

图4-16 等待模块中的模式选择   图4-17 触动传感器

挑战空间

① 任务拓展

尝试着提高移动转向模块的功率参数，看看速度达到多少时，碰碰小车的运行变得不稳定了？在哪个速度下机器人的转向开始失控？这可能和小车运行的地面有关系。

② 举一反三

试着修改碰碰小车的程序，让它变成一个可以和你玩抛球游戏的小车。拿一个小球抛向保险杠，当保险杠被压下时，小车迅速向前移动一小段距离，把小球推回给你，然后小车回到原地，等待你的下一次抛球。应如何设计算法？请将你设计的程序算法记录在表4-5中。

表4-5 算法设计表

所属类别	模块名称	模块设置

智能小车会辨色

扫一扫 看微课

眼睛是人类认识世界、观察世界、感知世界的重要器官。在乐高EV3套装中也有这样一个小"眼睛"，本节课我们就一起来研究它。设想这样一个场景：乐高小车带上它的"眼睛"行驶在马路上，它的前方有一块红色模型，车后方有一块黄色模型。小车前进，当看到红色模型时，停止前进，然后后退，直到看到黄色模型后停下来。

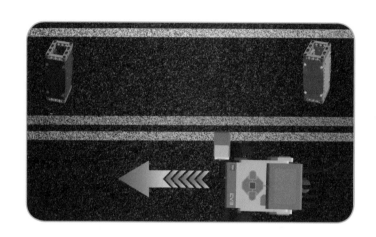

 **任务分析**

设计制作一辆能辨别颜色的智能小车，看到不同的颜色做出不同的反应。在构思这个作品时，明确作品的功能与特点，思考需要解决的问题，并提出相应的解决方案，最后设计搭建会辨色的智能小车。

 明确功能

要设计制作一辆看到不同颜色的模型能做出不同反应的智能小车，首先要知道它应当具备哪些功能或特征。请将你认为需要达到的目标填写在图5-1所示的思维导图中。

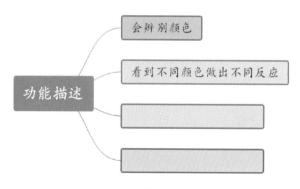

图5-1　明确"智能小车"功能

提出问题

制作会辨色的智能小车时，需要思考的问题如图5-2所示。你还能提出怎样的问题？填在框中。

 问题

1 ——— 颜色传感器装在什么位置合适？

2 ——— 颜色传感器应该接在几号端口？

3 ———

4 ———

图5-2 提出问题

头脑风暴

我国从20世纪80年代开始进行无人驾驶汽车的研究。无人驾驶汽车是一种智能汽车，也可以称为轮式移动机器人，见图5-3。它是利用车载传感器来感知车辆周围环境，并根据感知所获得的道路、车辆位置和障碍物信息，控制车辆的转向和速度，从而使车辆能够安全、可靠地在道路上行驶。那么无人驾驶汽车肯定也有这样的"眼睛"，能够辨认红绿灯，并遵守"红灯停绿灯行"等交通规则。

图5-3 无人驾驶汽车

提出方案

通过以上的活动探究，了解到为了实现智能小车的辨色功能需要使用颜色传感器。在设计小车的结构时不仅要考虑小车的运动方式，还要确定传感器在小车上的位置，以及主控器的位置。请根据表5-1的内容，完善你的作品方案。

表5-1 "智能小车"方案构思表

构思	提出问题
传感器 小车 主控器	1. 车轮的数量和结构？ 2. 传感器的位置？ 3. 主控器的位置？ 想一想：_____ 小车的驱动轮： 　■前轮驱动　　■后轮驱动

 作品规划

根据以上的方案，可以初步设计出作品的构架，请规划作品所需要的元素，将自己的想法和问题添加到图5-4所示的思维导图中。

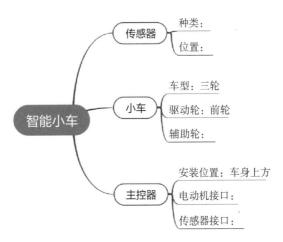

图5-4 规划设计"智能小车"

结构设计

智能小车主要由车体、主控器和颜色传感器3部分组成，其中车体主要由2个大型电动机构成，如图5-5所示。在搭建车体时，要将颜色传感器和主控器的位置预留出来。

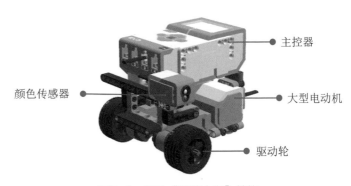

图5-5 设计"智能小车"结构

程序规划

智能小车构建好之后，根据任务需求，先设计算法，然后编写程序并设置程序模块参数，最后下载运行程序。

 绘制流程图

根据任务需求，按照顺序，当看到红色模型时，停止前进再后退，直到看到黄色模型停下来。绘制程序流程图，如图5-6所示。

规划模块

根据此任务要求，需要使用的模块及参数见表5-2。

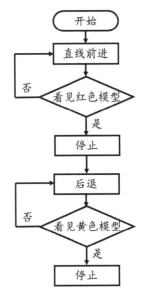

图5-6 绘制"智能小车"流程图

表5-2 "智能小车"程序模块表

所属类别	模块名称	模块设置
动作	移动转向	开启：功率25
流程控制	等待	等待—颜色传感器—比较—颜色—5（红色）
动作	移动转向	关闭
动作	移动转向	开启：功率-25
流程控制	等待	等待—颜色传感器—比较—颜色—4（黄色）
动作	移动转向	关闭

构建智能小车主要分器材准备、搭建作品、编写程序和功能检测4个环节。首先根据作品结构，选择合适的器材；然后依次搭建车体、主控、轮子、传感器；最后编程测试作品功能，开展实验探究活动。

器材准备

智能小车的框架搭建需要选择大型电动机、框架、梁、角梁和连接件，驱动轮选择轮毂和轮胎，使用轴与车身连接，辅助轮选择球座和钢球，使用连接件与车体连接；主控器和颜色传感器分别使用连接件与车体连接。主要器材清单如表5-3所示。

表5-3 "智能小车"器材清单

名称	形状	名称	形状	名称	形状
5×7框架		5×11框架		3孔梁	
5孔梁		3×7角梁		3×4角梁	
7孔梁		9孔梁		15孔梁	

续表

名称	形状	名称	形状	名称	形状
轴套		各种销		轴销	
轴套长销		轮毂		轮胎	
带末端的轴		球座		钢球	
正交双轴孔联轴器		正交联轴器		各种轴	

搭建作品

　　搭建智能小车时，可以分模块进行。首先搭建并固定小车的底盘，然后搭建支架、安装主控器和辅助轮，最后安装轮胎和颜色传感器并连接数据线。大家也可以根据自己的想法进行搭建。

● 搭建底盘

　　如图5-7所示，利用5×7框架、孔梁和角梁以及各种销，将2个大型电动机整齐地固定在一起，完成小车底盘的搭建。

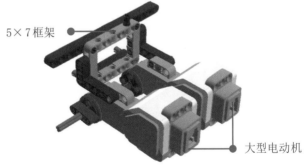

图5-7　搭建底盘

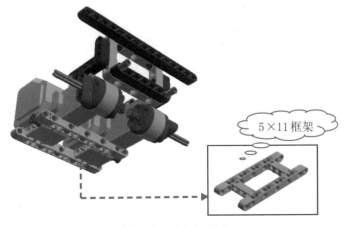

图5-8　固定电动机

● 固定电动机

　　如图5-8所示，使用5×11框架和摩擦销将2个大型电动机固定，确保小车底盘结构稳定。

● 安装主控器和辅助轮

如图5-9所示，使用连接件搭建支架，连接主控器和辅助轮。

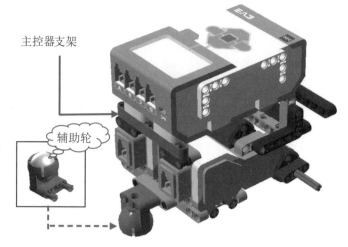

图5-9 安装主控器和辅助轮

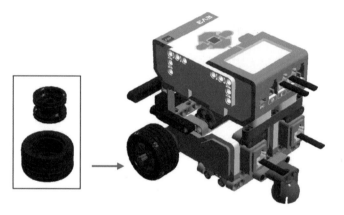

图5-10 安装驱动轮、连接电动机数据线

● 安装驱动轮、连接电动机数据线

如图5-10所示，使用轮毂和轮胎组装成驱动轮，并连接到大型电动机的轮轴上，完成驱动轮的搭建。用数据线将2个大型电动机分别连接到主控器的B端口和C端口，完成电动机和主控器之间的连接。

● 安装传感器、连接传感器数据线

如图5-11所示，使用销将颜色传感器连接到车体上，装在合适的位置。使用数据线将颜色传感器连接到主控器的3号端口上，完成传感器和主控器之间的连接。

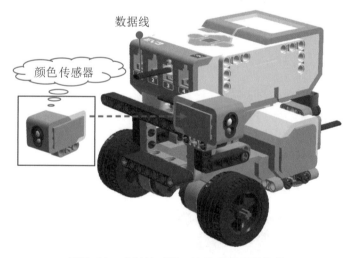

图5-11 安装传感器、连接传感器数据线

编写程序

智能小车构建好之后，根据任务需求，先设计算法，然后编写程序并设置程序模块参数，最后下载运行程序。程序按顺序主要分成以下几步。

● 直行前进

启动软件，新建程序，按图5-12所示操作，从"流程控制"模块中拖拽一个"移动转向"模块，放置在开始模块右侧，将模式设置为"开启"，端口设置为"B+C"，功率参数设置为"25"。

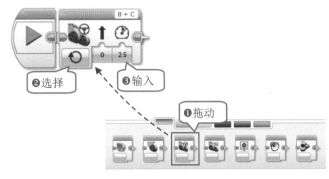

图5-12　直行前进

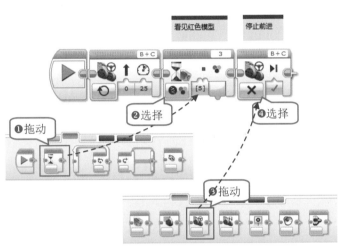

图5-13　看到红色模型停止前进

● 看到红色模型停止前进

按图5-13所示操作，拖动"等待"模块放置在"移动转向"模块的右侧，选择"颜色传感器—比较—颜色"模式，设置为"5（红色）"。拖拽另一个"移动转向"模块，放入"等待"模块右侧，将模式设置为"关闭"。

● 后退

按图5-14所示操作，添加"移动转向"模块，将模式设置为"开启"，端口设置为"B+C"，功率参数设置为"-25"，让小车后退。

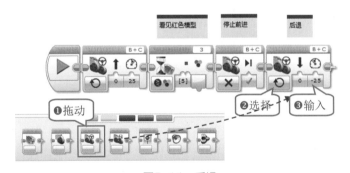

图5-14　后退

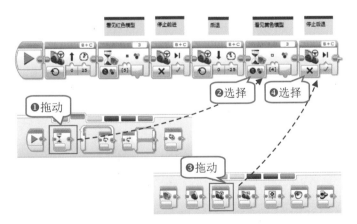

图5-15　看见黄色模型停止后退

● 看到黄色模型停止后退

按图5-15所示操作，拖动"等待"模块放置在"移动转向"模块的右侧，选择"颜色传感器—比较—颜色"模式，设置为"4（黄色）"。拖拽另一个"移动转向"模块，放入"等待"模块右侧，将模式设置为"关闭"。

思维导图学乐高机器人创意搭建与编程 下

50

● 下载运行程序

　　使用USB连接线将计算机和智能小车连接起来，将程序下载到主控器中，断开连接线，选择程序运行并修改参数调试。

功能检测

　　当程序运行时，智能小车应直线前进，当看到红色模型时，停止前进，然后后退，直到看到黄色模型停下来。如表5-4中所示的几种场景，若想让智能小车始终是在A点停止前进、后退；在B点停下来，应该修改哪一个程序模块中的参数值？请写在表中。

表5-4　修改方案

场景设置	程序修改方案
	需修改的程序模块：_____ 需修改的参数值：_____
	需修改的程序模块：_____ 需修改的参数值：_____

　　思考：如果想实现不管A点放置什么颜色的模型，小车看见后都会停止前进，然后后退，请问程序应该怎么编写？

智慧钥匙

1. 颜色传感器

　　颜色传感器，如图5-16所示，可以检测颜色和由传感器前部小窗口进入的光线强度。该传感器可用于三种不同的模式：颜色模式、反射光线强度模式和环境光强度模式。

2. 颜色模式

　　使用颜色模式时，颜色传感器前端的LED灯发出明亮的五彩光，可以检

图5-16　颜色传感器

测出黑色、蓝色、绿色、黄色、红色、白色和棕色，如果它不能确定前面的颜色，会用无颜色或最接近的颜色来输出。想要得到准确的颜色读数，物体应非常接近传感器（但不要直接接触），以减少其他光源的影响。如图5-17所示为等待模块中颜色传感器模式选择和颜色设置。

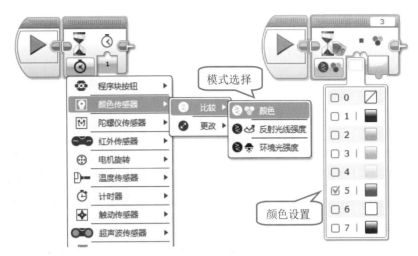

图5-17 颜色传感器模式选择和颜色设置

3. 反射光线强度模式

使用反射光线强度模式时，颜色传感器前端的LED灯发出明亮的红色光，测量由物体反射回来的光线总量。测量值范围为0～100，0表示非常暗，100表示非常亮。这个模式在巡线时非常有用。与颜色模式相同，传感器的位置要尽量靠近物体以避免其他光源干扰数据读取。如图5-18所示，等待传感器读取小于50的数值。

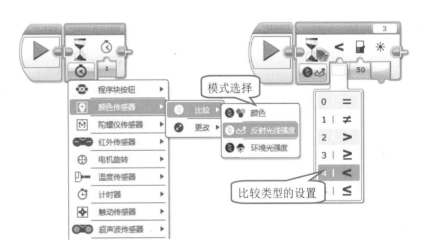

图5-18 等待传感器读取小于50的数值

4. 环境光强度模式

使用环境光强度模式时，颜色传感器前端的LED灯发出淡蓝色光，测试机器人所处环境的光线。如图5-19所示为颜色传感器等待模块的"比较—环境光强度"模式。

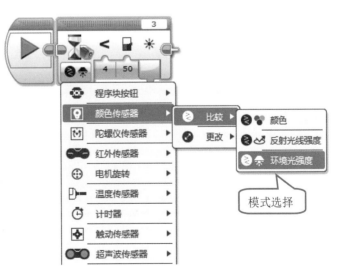

图5-19 "比较—环境光强度"模式

挑战空间

1 任务拓展

模拟一个红绿灯的场景，如图5-20所示，尝试编写程序实现当智能小车看见红色模块时，停止10s再前进，当智能小车看见绿色模块时，减慢速度保持前进。

2 举一反三

尝试改变颜色传感器在智能小车上的位置，改变颜色传感器的使用模式，如图5-21所示，使智能小车能稳稳地沿着黑色线条走一条曲线。

图5-20 模拟红绿灯

图5-21 "智能小车"巡线走

扫一扫 看微课

第6课

巡逻小车懂礼貌

随着时代的进步、科技的发展，无人驾驶巡逻车渐渐走进我们的生活，常常用于大型场馆、机场车站、校园等的安全防控。本节课我们利用EV3套装里的超声波传感器来搭建一个能感知外界物体的巡逻小车，当小车在巡逻时感应到物体，发出声音表示问候并停止前进。制作一个懂礼貌的巡逻小车吧。

任务分析

设计制作一辆巡逻小车，当小车在巡逻时感应到物体，发出声音表示问候并停止前进。在构思这个作品时，明确作品的功能与特点，思考需要解决的问题，并提出相应的解决方案，最后设计、搭建懂礼貌的巡逻小车。

 明确功能

要设计制作一辆能感应到物体并做出相应反应的巡逻小车，首先要知道它应当具备哪些功能或特征。请将你认为需要达到的目标填写在图6-1的思维导图中。

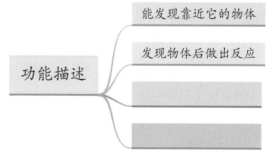

图6-1 明确巡逻小车功能

提出问题

制作懂礼貌的巡逻小车时，需要思考的问题如图6-2所示。你还能提出怎样的问题？填在框中。

问题

1 超声波传感器装在小车的什么位置？

2 超声波传感器接在几号端口？

3

4

图6-2 提出问题

 ## 头脑风暴

现在很多便利店、小卖部的门口都有一个感应门铃，当有顾客进入时，会发出问候语"您好，欢迎光临！"。感应门铃的前身是电子防盗报警器，最开始人们用它来防盗，后来演变成比较悦耳的迎宾声。顾客一进门，门铃有所感应就报出欢迎语音，起到了提醒店员有人进店和迎宾的两重作用。如图6-3所示。

图6-3 感应门铃

提出方案

通过以上的活动探究，了解到为了实现巡逻小车的感应功能需要使用超声波传感器，在设计小车的结构时不仅要考虑到小车的运动方式，还要确定传感器在小车上的位置，以及主控器的位置。请根据表6-1的内容，完善你的作品方案。

表6-1 "巡逻小车"方案构思表

构思	提出问题
传感器 小车 主控器	1. 车轮的数量和结构？ 2. 传感器的位置？ 3. 主控器的位置？ 想一想：_____ 小车的驱动轮： ■前轮驱动　　■后轮驱动

规划设计

作品规划

根据以上的方案，可以初步设计出作品的构架，请规划作品所需要的元素，将自己的想法和问题添加到图6-4所示的思维导图中。

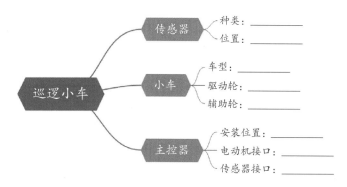

图6-4　规划设计"巡逻小车"

结构设计

巡逻小车主要由车体、主控器和超声波传感器3部分组成，最重要的是由2个大型电动机构成的车体。如图6-5所示，在搭建车体时，要将超声波传感器和主控器的位置预留出来。

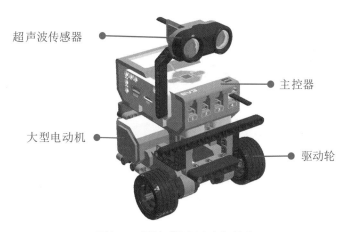

图6-5　设计"巡逻小车"结构

程序规划

巡逻小车构建好之后，根据任务需求，先设计算法，然后编写程序并设置程序模块参数，最后下载运行程序。

● **绘制流程图**

根据任务需求，当小车在巡逻时感应到物体，发出声音表示问候并停止前进。绘制程序流程图，如图6-6所示。

● **规划模块**

根据此任务要求，需要使用的模块及参数见表6-2。

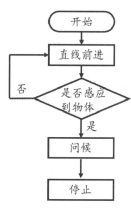

图6-6　绘制"巡逻小车"流程图

表6-2 "巡逻小车"程序模块表

所属类别	模块名称	模块设置
动作	移动转向	开启：功率25
流程控制	等待	等待—超声波传感器—比较—距离—小于50
动作	声音	播放文件
动作	移动转向	关闭

探究实践

作品的实施主要分器材准备、搭建作品、编写程序和功能检测4个部分。首先根据作品结构，选择合适的器材；然后依次搭建车体、主控、轮子、传感器；最后编程测试作品功能，开展实验探究活动。

器材准备

巡逻小车的框架搭建需要选择大型电动机、框架、梁、角梁和连接件，驱动轮选择轮毂和轮胎，使用轴与车身连接，辅助轮选择球座和钢球，使用连接件与车体连接；主控器和超声波传感器分别用连接件与车体连接。主要器材清单如表6-3所示。

表6-3 "巡逻小车"器材清单

名称	形状	名称	形状	名称	形状
5×7框架		5×11框架		3孔梁	
5孔梁		3×7角梁		3×4角梁	
7孔梁		9孔梁		15孔梁	
轴套		各种销		轴销	

续表

名称	形状	名称	形状	名称	形状
轴套长销		轮毂		轮胎	
带末端的轴		球座		钢球	
正交双轴孔联轴器		正交联轴器		各种轴	

 搭建作品

搭建巡逻小车时，可以分模块进行。首先搭建并固定小车的底盘，然后搭建支架、安装主控器和辅助轮，最后安装轮胎和超声波传感器并连接数据线。

● 搭建底盘

如图6-7所示，利用5×7框架、孔梁和角梁以及各种销，将2个大型电动机整齐地固定在一起，完成小车底盘的搭建。

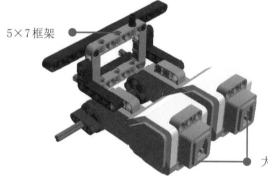

图6-7　搭建底盘

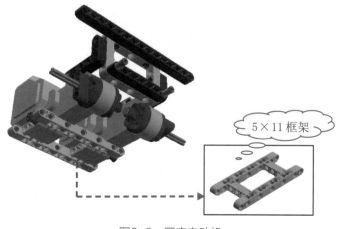

图6-8　固定电动机

● 固定电动机

如图6-8所示，使用5×11框架和摩擦销将2个大型电动机固定，确保小车底盘结构稳定。

● **安装主控器和辅助轮**

如图6-9所示，使用连接件搭建支架，连接主控器和辅助轮。

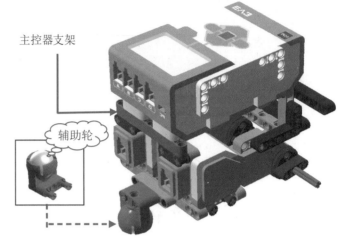

主控器支架

辅助轮

图6-9　安装主控器和辅助轮

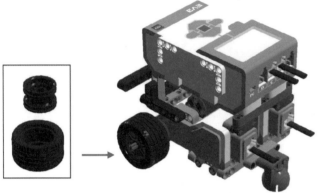

图6-10　安装驱动轮、连接电动机数据线

● **安装驱动轮、连接电动机数据线**

如图6-10所示，使用轮毂和轮胎组装成驱动轮，并连接到大型电动机的轮轴上，完成驱动轮的搭建。用数据线将2个大型电动机分别连接到主控器的B端口和C端口，完成电动机和主控器之间的连接。

● **安装传感器、连接传感器数据线**

如图6-11所示，使用角梁和销将超声波传感器连接到车体上，装在合适的位置。使用数据线将超声波传感器连接到主控器的4号端口上，完成传感器和主控器之间的连接。

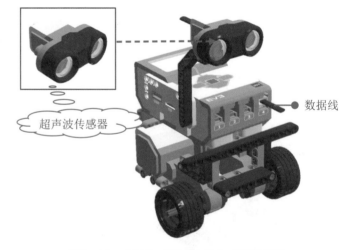

数据线

超声波传感器

图6-11　安装传感器、连接传感器数据线

▶_ 编写程序

巡逻小车构建好之后，根据任务需求，先设计算法，然后编写程序并设置程序模块参数，最后下载运行程序。程序按顺序主要分成以下几步。

● **直行前进**

启动软件，新建程序，按图6-12所示操作，拖拽"移动转向"模块放置在"开始"模块右侧，将模式设置为"开启"，端口设置为"B+C"，功率参数设置为"25"。

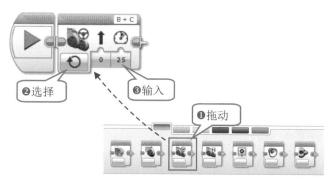

图6-12　直行前进

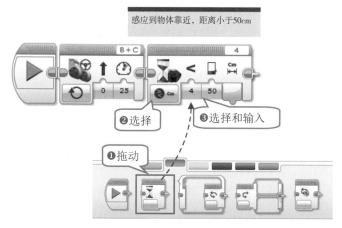

图6-13　感应到物体靠近

● **感应到物体靠近**

按图6-13所示操作，拖动"等待"模块放置在"移动转向"模块的右侧，选择"超声波传感器—比较—距离（厘米）"模式，设置为"<50"。

● **播放问候语**

按图6-14所示操作，添加一个"声音"模块，放在右侧，将模式设置为"播放文件"，音量调至"100"，播放方式选择"等待完成"。让巡逻小车播放之前录制好的问候语文件，播放完成后再执行下一个程序块。

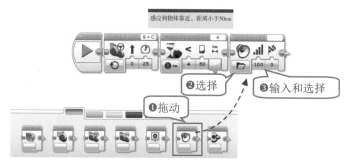

图6-14　播放问候语

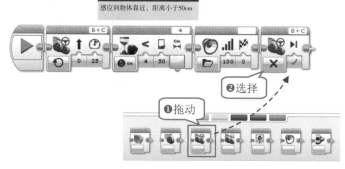

图6-15　停止前进

● **停止前进**

按图6-15所示操作，拖动"移动转向"模块放入"声音"模块右侧，将模式设置为"关闭"。

● 下载运行程序

　　使用USB连接线将计算机和主控器连接起来，将程序下载到主控器中，断开连接线，选择程序运行并修改参数调试。

 功能检测

　　当巡逻小车运行时，选择不同材质、不同大小的物体让其感应，观察巡逻小车的感应灵敏度，将你的观察结果记录在表6-4中。

表6-4 "巡逻小车"功能检测

物体名称	感应灵敏度记录
书本	
篮球	
乒乓球	
毛绒玩具	

 **智慧钥匙**

1. 超声波传感器

　　超声波传感器，如图6-16所示，是一种声呐设备，可以检测自身与前方物体之间的距离。它发出高频声波并测量声波从目标物体反射回传感器所需的时间。一个物体的形状和质地对超声波传感器的检测结果有极大的影响，平坦、坚硬的表面将大多数声波反射回去，最容易被发现；而弯曲的表面反射了一部分声波，同时又分散掉一部分声波；柔软的表面更容易吸收声波，而不是反射它们。因此在较长的距离下，超声波传感器更容易检测到坚硬、平坦的物体。

图6-16 超声波传感器

2. "距离（英寸）"和"距离（厘米）"模式

"距离（英寸）"和"距离（厘米）"模式是经常被用到的，两者除了测量单位不同之外，其他均完全相同。该模块的参数配置项目与颜色传感器基本相同，只是阈值是距离而不是光值。如图6-17所示是设置为"超声波传感器—比较—距离（英寸）"模式的等待模块。

图6-17　设置为"比较—距离（英寸）"模式

3. "当前/监听"模式

超声波传感器可以检测到另一个设置为"当前/监听"模式的超声波传感器的存在，这对涉及多个机器人的游戏或挑战是非常有用的。在等待模块的"超声波传感器—比较—当前/监听"模式中，唯一需要设置的是连接传感器的端口，如图6-18所示，这个模块会等待另一个超声波传感器被检测到。

图6-18　设置为"比较—当前/监听"模式

挑战空间

① 任务拓展

巡逻小车应直线前进，当小车在巡逻时感应到物体，发出声音表示问候并停止前进，如物体继续靠近，当距离小于20cm的时候发出警报声。程序模块应怎么设计，将你的想法填写在表6-5中。

表6-5　程序模块设计

所属类别	模块名称	模块设置
动作	移动转向	开启：功率25
流程控制	等待	等待—超声波传感器—比较—距离—小于50
动作	声音	播放文件
动作	移动转向	关闭

② 举一反三

　　尝试利用乐高EV3套装里面的超声波传感器做一个电子感应门铃。门的尺寸如图6-19所示，请先确定安装门铃的合理位置，再搭建电子感应门铃，最后根据图片提供的门的尺寸来编写程序，实现功能。

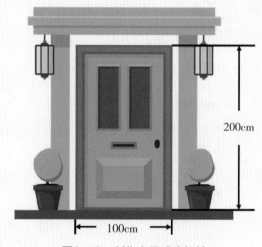

200cm

100cm

图6-19　制作电子感应门铃

第 7 课

科技小车听指挥

扫一扫 看微课

人们常用"差之毫厘、谬以千里"来表示开始时虽然相差很微小，但结果会造成很大的错误。在科学技术的世界里，更是要做到丝毫不差。火箭上天、玉兔登月，如果有了一点点长度上或角度上的误差，都会造成重大的失误。本节课我们利用EV3套装里面的陀螺仪传感器，让科技小车精准地转动90°角。

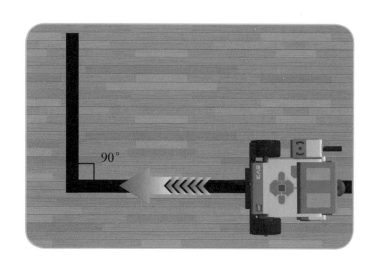

任务分析

设计制作一辆能精准转动角度的科技小车，前进一段距离后转动90°，再前进一段距离，停下来。在构思这个作品时，明确作品的功能与特点，思考需要解决的问题，并提出相应的解决方案，最后设计搭建科技小车。

明确功能

要设计制作一辆能精准转动角度的科技小车，首先要知道它应当具备哪些功能或特征。请将你认为需要达到的目标填写在图7-1的思维导图中。

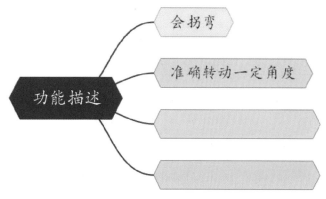

图7-1 明确"科技小车"功能

提出问题

制作能精准转动角度的科技小车时，需要思考的问题如图7-2所示。你还能提出怎样的问题？填在线上。

头脑风暴

机器人是虽然外表可能不像人，也不以人类的方式操作，但可以代替人力自动工作的机器。美国著名科普作家艾萨克·阿西莫夫为机器人提出了三条原则，即"机器人三定律"：第一定律——机器人不得伤人或任人受到伤害而无所作为；第二定律——机器人应服从人的一切命令，但命令与第一定律相抵触时例外；第三定律——机器人必须保护自身的安全，但不得与第一、第二定律相抵触。这些"定律"构成了支配机器人行为的道德标准，机器人必须按人的指令行事，为人类生产和生活服务。如图7-3所示为智能机器人。

问题

1 陀螺仪传感器安装的位置？

2 陀螺仪传感器的方向如何？

3

4

图7-2 提出问题

图7-3 智能机器人

提出方案

通过以上的活动探究，了解到为了实现科技小车的精准转弯，需要使用陀螺仪传感器。在设计小车的结构时不仅要考虑到小车的运动方式，还要确定传感器在小车上的位置，以及主控器的位置。请根据表7-1的内容，完善你的作品方案。

表7-1 "科技小车"方案构思表

构思	提出问题
传感器 小车 主控器	1. 车轮的数量和结构？ 2. 传感器的位置？ 3. 主控器的位置？ 想一想：_____ 小车的驱动轮： ■前轮驱动　■后轮驱动

作品规划

根据以上的方案，可以初步设计出作品的构架，请规划作品所需要的元素，将自己的想法和问题添加到图7-4所示的思维导图中。

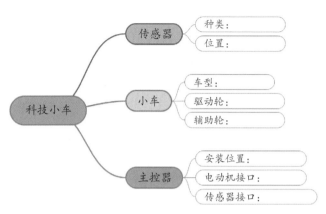

图7-4 规划设计"科技小车"

结构设计

科技小车主要由车体、主控器和陀螺仪传感器3部分组成，其中车体主要由2个大型电动机构成，如图7-5所示。在搭建车体时，要将陀螺仪传感器和主控器的位置预留出来。

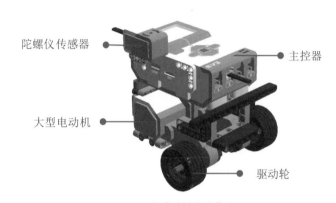

图7-5 设计"科技小车"结构

程序规划

科技小车构建好之后，根据任务需求，先设计算法，然后编写程序并设置程序模块参数，最后下载运行程序。

● 绘制流程图

根据任务需求制作一辆能精准转动角度的科技小车，前进一段距离后转动90°，再前进一段距离，停下来。绘制程序流程图，如图7-6所示。

● 规划模块

根据此任务要求，需要使用的模块及参数见表7-2。

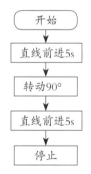

图7-6 绘制"科技小车"流程图

表7-2 "科技小车"程序模块表

所属类别	模块名称	模块设置
动作	移动转向	开启指定秒数：功率30，时间5s
动作	移动转向	开启：功率30，转向参数：25

续表

所属类别	模块名称	模块设置
流程控制	等待	陀螺仪传感器—更改—角度：阈值90
动作	移动转向	开启指定秒数：功率30，时间5s
动作	移动转向	关闭

探究实践

构建科技小车主要分器材准备、搭建作品、编写程序和功能检测4个环节。首先根据作品结构，选择合适的器材；然后依次搭建车体、主控、轮子、传感器；最后编程测试作品功能，开展实验探究活动。

器材准备

科技小车的框架搭建需要选择大型电动机、框架、梁、角梁和连接件，驱动轮选择轮毂和轮胎，使用轴与车身连接，辅助轮选择球座和钢球，使用连接件与车体连接；主控器和陀螺仪传感器分别使用连接件与车体连接。主要器材清单如表7-3所示。

表7-3 "科技小车"器材清单

名称	形状	名称	形状	名称	形状
5×7框架		5×11框架		3孔梁	
5孔梁		3×7角梁		3×4角梁	
7孔梁		9孔梁		15孔梁	
轴套		各种销		轴销	
轴套长销		轮毂		轮胎	

续表

名称	形状	名称	形状	名称	形状
带末端的轴		球座		钢球	
正交双轴孔联轴器		正交联轴器		各种轴	

搭建作品

搭建科技小车时，可以分模块进行。首先搭建并固定小车的底盘，然后搭建支架、安装主控器和辅助轮，最后安装轮胎和传感器并连接数据线。

● 搭建底盘

如图7-7所示，利用5×7框架、孔梁和角梁以及各种销，将2个大型电动机整齐地固定在一起，完成小车底盘的搭建。

图7-7　搭建底盘

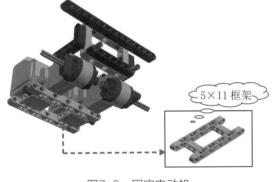

图7-8　固定电动机

● 固定电动机

如图7-8所示，使用5×11框架和摩擦销将2个大型电动机固定，确保小车底盘结构稳定。

● 安装主控器和辅助轮

如图7-9所示，使用连接件搭建支架，连接主控器和辅助轮。

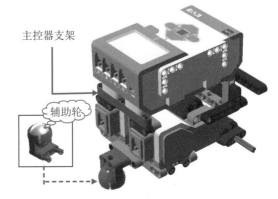

图7-9　安装主控器和辅助轮

● 安装驱动轮、连接电动机数据线

如图7-10所示，使用轮毂和轮胎组装成驱动轮，并连接到大型电动机的轮轴上，完成驱动轮的搭建。用数据线将2个大型电动机分别连接到主控器的B端口和C端口，完成电动机和主控器之间的连接。

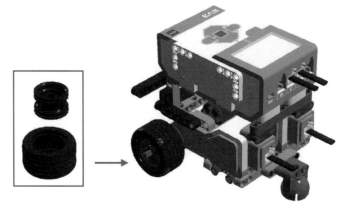

图7-10　安装驱动轮、连接电动机数据线

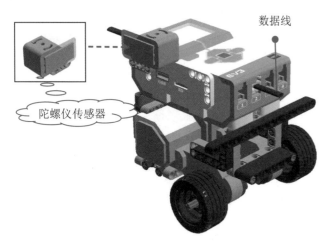

图7-11　安装传感器、连接传感器数据线

● 安装传感器、连接传感器数据线

如图7-11所示，使用销将陀螺仪传感器连接到车体上，装在合适的位置。使用数据线将陀螺仪传感器连接到主控器的2号端口上，完成传感器和主控器之间的连接。

>_ 编写程序

科技小车构建好之后，根据任务需求，先设计算法，然后编写程序并设置程序模块参数，最后下载运行程序。程序按顺序主要分成以下几步。

● 直行前进5s

启动软件，新建程序，按图7-12所示操作，拖拽"移动转向"模块放置在"开始"模块右侧，将模式设置为"开启指定秒数"，端口设置为"B+C"，功率参数设置为"30"，时间设置为"5"。

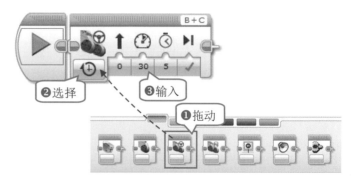

图7-12　直行前进5s

● 慢慢转动

　　按图7-13所示操作，拖拽一个"移动转向"模块放在右侧，将模式设置为"开启"，端口设置为"B+C"，功率参数设置为"30"，转向参数设置为"25"。

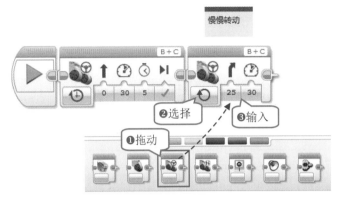

图7-13　慢慢转动

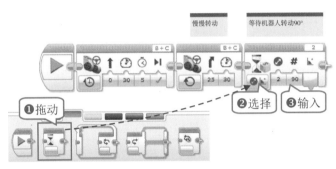

图7-14　等待机器人转动90°

● 等待机器人转动90°

　　按图7-14所示操作，添加一个"等待"模块，放在右侧，将模式设置为"陀螺仪传感器—更改—角度"，阈值设置为"90"，等待机器人转动90°。

● 再次直线前进5s

　　按图7-15所示操作，拖拽一个"移动转向"模块，放置在右侧，将模式设置为"开启指定秒数"，端口设置为"B+C"，功率参数设置为"30"，时间设置为"5"。

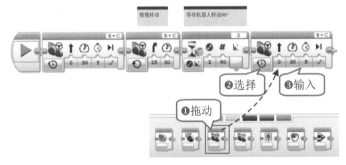

图7-15　再次直线前进5s

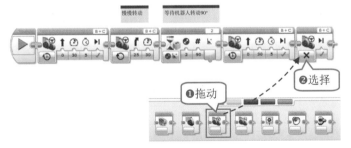

图7-16　停止前进

● 停止前进

　　按图7-16所示操作，拖拽一个"移动转向"模块，放置在右侧，将模式设置为"关闭"。

● 下载运行程序

　　使用USB连接线将计算机和科技小车连接起来，将程序下载到主控器中，断开连接线，选择程序运行并修改参数调试。

功能检测

当程序运行时，科技小车能精准地转动90°。如果改变程序中第二个"移动转向"模块中的参数，如表7-4所示，请将你的实验结果记录在表中。

表7-4 "科技小车"功能检测

"移动转向"模块参数	实验结果
功率参数设置为"60" 转向参数设置为"25"	
功率参数设置为"30" 转向参数设置为"50"	
功率参数设置为"60" 转向参数设置为"50"	

思考："功率参数"和"转向参数"设置为什么数值时科技小车可以稳稳地精确转弯？

智慧钥匙

1. 陀螺仪传感器

陀螺仪传感器，如图7-17所示，用于检测旋转运动。它可以告诉程序在传感器外壳标识的2个箭头方向上的旋转速率，还可以根据传感器每秒旋转的角度值确定出它的旋转距离。陀螺仪传感器只能检测一个旋转轴的运动，所以一定要确保按正确方向安装。

图7-17 陀螺仪传感器

2. 速率模式

在速率模式下，陀螺仪传感器以"（d/s）"为单位测量旋转速率。如图7-18所示为"等待"模块中"陀螺仪传感器—比较—速率"模式。陀螺仪传感器顺时针旋转时，读取的数值为正值；逆时针旋转时，读取的数值为负值。

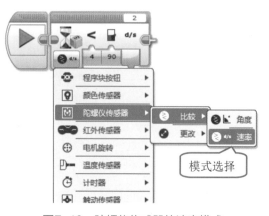

图7-18 陀螺仪传感器的速率模式

3. 角度模式

如图7-19所示，在角度模式下，陀螺仪传感器读取的是自传感器重置以来机器人旋转的距离（角度值），正值意味着传感器顺时针旋转，负值意味着传感器逆时针旋转。

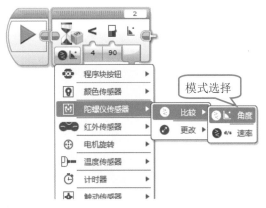

图7-19　陀螺仪传感器的角度模式

挑战空间

1 任务拓展

如图7-20所示，尝试编写程序，利用陀螺仪传感器检测机器人行进是否偏离直线，根据偏差进行修正，实现科技小车长时间长距离的直线行走。

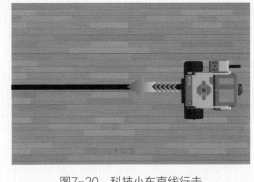

图7-20　科技小车直线行走

2 举一反三

如图7-21所示，尝试使用陀螺仪传感器搭建一辆平衡车。陀螺仪传感器检测到平衡车有前倾或后倾时，根据检测进行调整，保持小车的平衡。

图7-21　平衡车

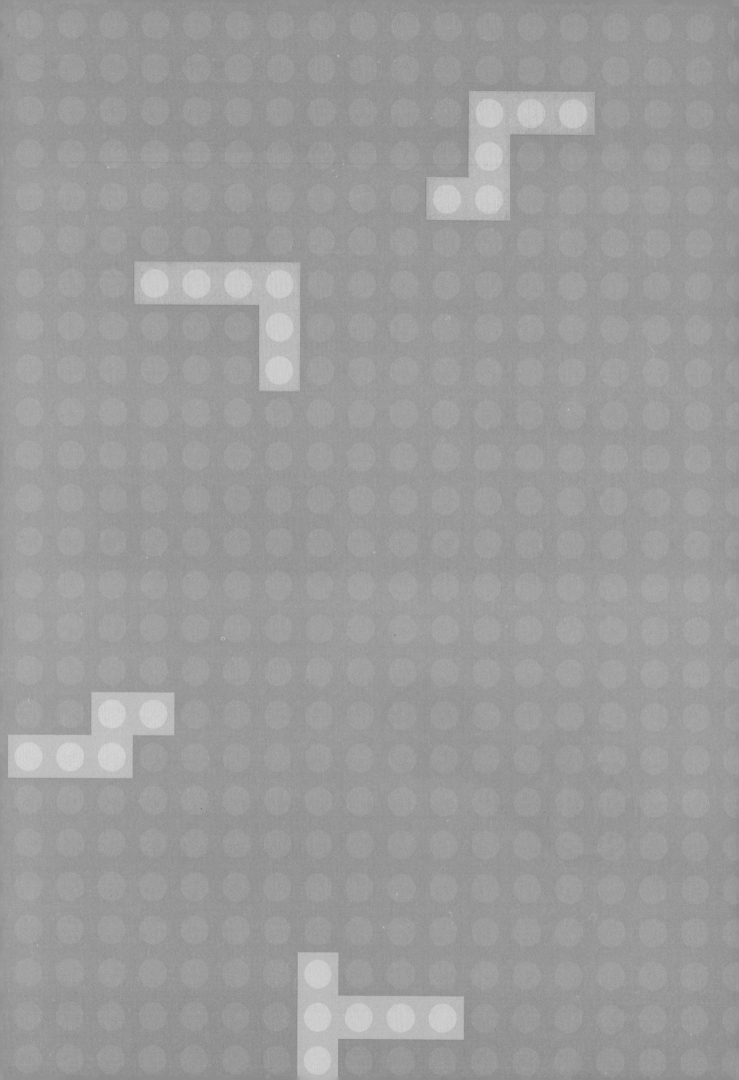

第 3 单元
智能控制

　　本单元以常见生活情景中能够自主自发控制的事物为研究对象，并深入其中，探索这些有趣事物背后运作的原理，再根据乐高EV3配件去设计制作出智能机器人。

　　本单元从不同的机器人类型入手，选择了趣味性较强的案例，设计了4节课，分别是机器小狗、寻迹小车、斗牛勇士和倒车雷达。在看一看、想一想、搭一搭、玩一玩的过程中，初步感受智能机器人的设计方法，并通过编写程序去完成一些简单的任务。

机器小狗

扫一扫 看微课

你或许会有这样的经历，走在乡间的道路上，路过农家大院时，院里总有小狗对你吠叫，让你下意识离那家远一点，这些狗叫做看门狗，能起到看家护院的作用，一旦看到陌生人走进家附近，立马就能警觉起来，通过吠叫引起别人注意，把不法之徒的想法直接掐灭在萌芽状态。本节课我们运用手上的配件也制作一只"小狗"，让它拥有自己的判断，看到有物体走近也能做出相应的反应。

 **任务分析**

要想设计出一只机器小狗实现看家功能，在构思时，首先我们要了解能检测物体靠近的工作原理，选择合适的传感器来实现"看家"功能；然后明确作品的功能与特点，并思考需要解决的问题，并提出相应的解决方案；最后设计搭建机器小狗。

 明确功能

要制作一只有看家功能的机器小狗，首先要知道它应当具备哪些功能或特征。请将你认为需要达到的目标填写在图8-1的思维导图中。

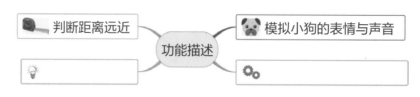

判断距离远近　　功能描述　　模拟小狗的表情与声音

图8-1　明确机器小狗功能

提出问题

　　要想制作出"机器小狗"，根据上述明确的功能，还需思考几个问题，如图8-2所示。你还能提出怎样的问题？填在框中。

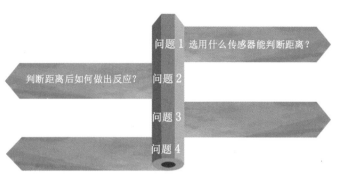

问题 1　选用什么传感器能判断距离？

问题 2　判断距离后如何做出反应？

问题 3

问题 4

图8-2　提出问题

头脑风暴

　　要设计制作一只有看家功能的机器小狗，首先要了解如何测量距离。其实我们之前介绍的超声波传感器可以测量距离，联想到生活中，如图8-3所示，水波泛起涟漪，碰到障碍物又反射回来，超声波传感器也用到了相似的反射原理。当信号发出后，遇到物体，一部分信号返回，计算出往返时间除2，乘上波速就可以计算出距离。

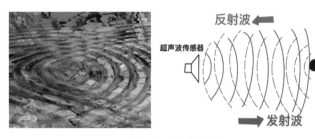

反射波

超声波传感器　　　　　物体

发射波

图8-3　探究原理

提出方案

　　通过以上的活动探究，了解了超声波测距的工作原理。然后，要根据传感器的大小来设计机器小狗的结构，并确定传感器和主控器的位置，以及小狗对距离如何做出反应。请根据表8-1的内容，完善你的作品方案。

表8-1　"机器小狗"方案构思表

构思	提出问题
传感器 机器小狗 反应方式	1. "机器小狗"的结构和稳定性？ 2. 传感器的位置？ 3. 主控器的位置？ 想一想：_____
	"机器小狗"的反应方式： ■ 显示　　■ 声音

规划设计

作品规划

根据以上的方案，可以初步设计出机器小狗的构架，请规划作品所需要的元素，将自己的想法和问题添加到图8-4所示的思维导图中。

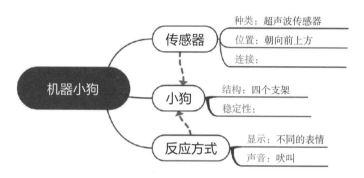

图8-4 规划设计"机器小狗"

结构设计

机器小狗由主控器主体和超声波传感器2部分组成，不需要移动，所以不需要电动机的参与，结构较为简单，最重要的是主体的稳定性。如图8-5所示，在搭建主体时，要将超声波传感器和主控器合理拼接在一起。

图8-5 设计"机器小狗"结构

程序规划

机器小狗构建好之后，根据任务需求，先设计算法，然后编写程序并设置程序模块参数，最后下载运行程序。

● 绘制流程图

根据任务需求，小狗需要时刻观察有没有物体靠近，即超声波传感器时刻检测有无物体靠近，当靠近时主控器显示"生气瞪眼"画面，并且主控器发出犬吠声；当物体远离时主控器显示"睡眼惺忪"画面，并且不发出声音。根据需求绘制程序流程图，如图8-6所示。

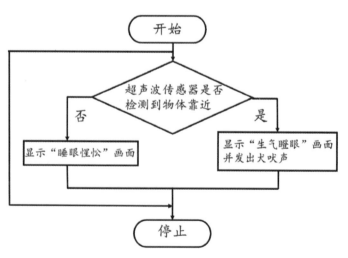

图8-6 绘制"机器小狗"流程图

● 规划模块

　　根据此任务要求，需要使用的模块及参数见表8-2。

表8-2　"机器小狗"程序模块表

所属类别	模块名称	模块设置
流程控制	循环	循环：无条件循环
流程控制	切换	比较：超声波传感器检测距离是否小于50cm
动作	显示	LEGO图像文件—"眼睛"—"Pinch middle"
动作	显示	LEGO图像文件—"眼睛"—"Angry"
动作	声音	LEGO声音文件—"动物"—"Dog bark1"

探究实践

　　作品的实施主要分器材准备、搭建作品、编写程序和功能检测4个环节。首先根据作品结构，选择合适的器材；然后依次搭建主体和传感器，并将其组合；最后编程测试作品功能，开展实验探究活动。

器材准备

　　选用4个3×7双角梁作为小狗的四肢，用主控器充当小狗的主体，超声波传感器作为小狗的眼睛，使用7孔梁连接传感器和主控器。主要器材清单如表8-3所示。

表8-3　"机器小狗"器材清单

名称	形状	名称	形状	名称	形状
主控器		7孔梁		3×7双角梁	
超声波传感器		电线		各种销	

搭建作品

搭建机器小狗时，可以分模块进行。首先搭建并固定小狗的四肢，然后搭建支架、连接主控器和超声波传感器，最后连接数据线。

● 搭建四肢

如图8-7所示，利用连接销，将3×7双角梁固定在主控器的四个角上。

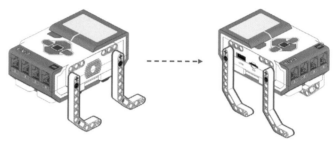

图8-7 搭建四肢

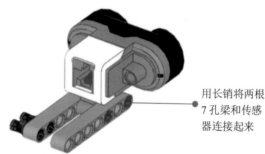

用长销将两根7孔梁和传感器连接起来

图8-8 固定传感器

● 传感器固定

如图8-8所示，使用7孔梁和若干连接销将超声波传感器进行连接。

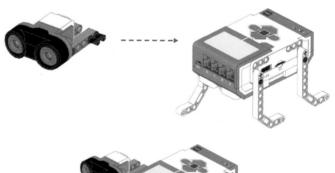

● 组装

按图8-9所示，连接主控器和传感器，并且用电线连接端口1。

图8-9 连接固件

编写程序

机器小狗构建好之后，根据任务需求，需要先设计算法，然后编写程序并设置程序模块参数，最后下载运行程序。

● 启动程序

　　启动编程软件▣，单击"添加程序/实验"按钮▣，新建程序文件。

● 无限循环

　　按图8-10所示操作，拖动流程控制内的"循环"模块到"开始"模块的右侧，让后续模块都在此循环体内无条件无限执行。

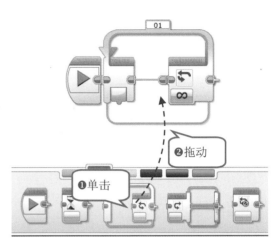

图8-10　添加"循环"模块

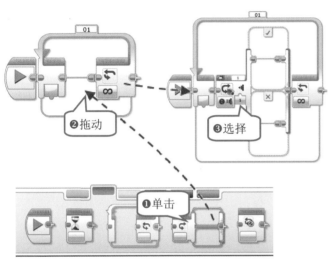

图8-11　添加"切换"模块

● 添加"切换"模块

　　按图8-11所示操作，拖动流程控制内的"切换"模块到"循环"模块内。

● 选择切换方式

　　按图8-12所示操作，设置切换方式，将切换条件设置为比较是否小于50cm，并设置端口为1。

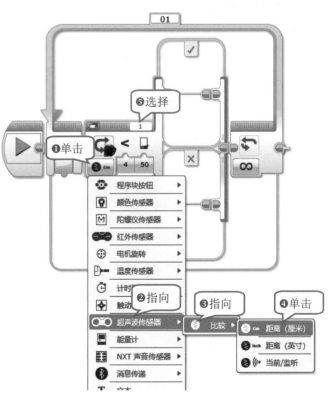

图8-12　选择切换方式

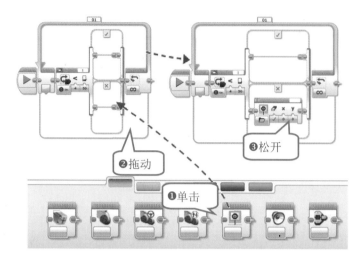

● **不满足切换条件**

　　按图8-13所示操作，不满足切换条件时，小狗应显示"睡眼惺忪"画面，拖动动作里的"显示"模块到"切换"模块的下方。

图8-13　不满足切换条件

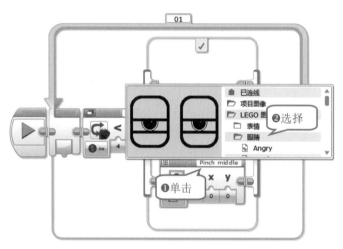

图8-14　设置"睡眠惺忪"显示界面

● **设置"睡眠惺忪"显示界面**

　　按图8-14所示操作，单击"显示"模块的右上角，找到"LEGO图像文件—眼睛—Pinch middle"。

● **满足切换条件**

　　按图8-15所示操作，满足切换条件时，小狗应显示"生气瞪眼"画面，并发出吠叫，拖动"显示"模块和"声音"模块到"切换"模块的上方。

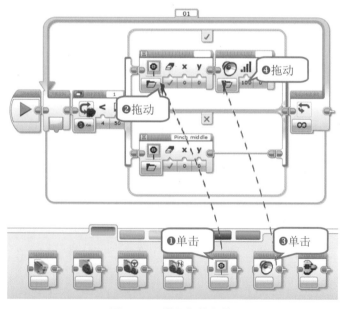

图8-15　满足切换条件

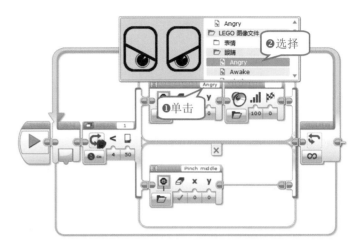

● 设置"生气瞪眼"显示界面

　　按图8-16所示操作，单击"显示"模块的右上角，找到"LEGO图像文件—眼睛—Angry"。

图8-16　设置"生气瞪眼"显示界面

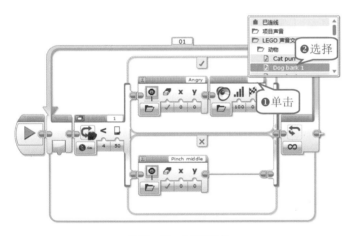

● 设置吠叫声音

　　按图8-17所示操作，单击"声音模块"的右上角，选择"LEGO声音文件—动物—Dog bark1"。

图8-17　设置声音

● 下载运行程序

　　使用USB连接线将计算机和机器人连接起来，将程序下载到主控器中，断开连接线，选择程序运行并修改参数调试。

功能检测

　　机器小狗搭建好后，我们就可以进行操作控制了。先将机器人放置于场地内，如图8-18，再放一把尺子在机器人的前方。让我们开始游戏吧，通过手掌测距离远近，看机器小狗的反应来调整参数。

图8-18　游戏场地

● 测试程序

将手掌分别放在大于和小于50cm的地方，并记录距离，看机器小狗的反应，将结果填写在表8-4中。

表8-4 "机器小狗"反应记录表1

分组	放置距离	我的预测	小狗反应（有/无）		
			第1次	第2次	第3次
大于50cm					
小于50cm					

● 修改参数

修改程序参数数值，由50改为10（或者数值n），再次测试程序，看在大于和小于n的情况下，机器小狗有什么反应，将结果填写在表8-5中。

表8-5 "机器小狗"反应记录表2

设定距离n/cm	分组	放置距离	我的预测	小狗反应（有/无）		
				第1次	第2次	第3次
	大于n					
	小于n					

1. "切换"模块

EV3在流程控制中提供了"切换"模块（见图8-19），类似于一种判断或者选择，先判断是否满足条件，不满足条件执行"×"里的模块，满足条件执行"√"里的模块。

2. "显示"和"声音"模块

在"声音"模块中，可以播放EV3软件中预置的大量声音文件，也可以自己导入文件进行播放。在"显示"模块中，可以导入文本或者图像文件。

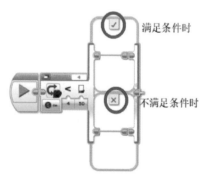

图8-19 "切换"模块

挑战空间

1 ▶ **任务拓展**

想一想，机器小狗在检测到有物体靠近时的反应，能不能设置为在检测有物体靠近时变为欢迎模式呢？想一想如何修改你的程序，试一试吧！

2 ▶ **举一反三**

如要让机器小狗检测到有物体靠近时扑上去呢？是不是需要给机器小狗添加移动模块呢？提前想一想，我们会在后面的学习中在"切换"模块中添加移动指令。

第 9 课

循迹小车

扫一扫 看微课

在现实生活中，循迹是一些动物的本能，警犬能顺着嫌疑人的味道搜寻他的踪迹，蚂蚁能顺着地上放有糖的路线行走，而在无人驾驶领域，汽车要能在道路上行驶不跑偏，需能识别路面上有标志的线，顺着标记行驶是无人驾驶汽车的必备功能之一。本课中我们将在地上做出黑线标记，让小车能沿着既定的路线行走。

任务分析

设计制作一个能沿黑色线路行驶的循迹小车，在构思此作品时，首先我们需要选择合适的传感器来实现"循迹"功能；然后明确作品的功能与特点，思考需要解决的问题，并提出相应的解决方案；最后设计搭建循迹小车。

明确功能

要设计制作一辆寻迹小车，首先要知道它应当具备哪些功能或特征。请将你认为需要达到的目标填写到图9-1所示的思维导图中。

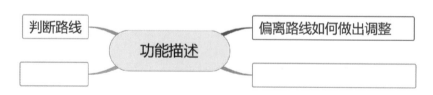

图9-1 明确"循迹小车"功能

? 提出问题

要想制作出循迹小车，根据上述明确的功能，需要思考的问题如图9-2所示。你还能提出怎样的问题？填在框中。

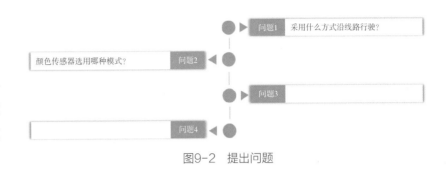

问题1　采用什么方式沿线路行驶？

颜色传感器选用哪种模式？　问题2

问题3

问题4

图9-2　提出问题

头脑风暴

设计、制作循迹小车前，首先要了解如何辨别路面的标志。本册第5课已学习了颜色传感器有三种工作模式，其中，在反射光线强度模式中，颜色传感器会发出红光，然后检测反射光线的强度，检测光线强度的范围为

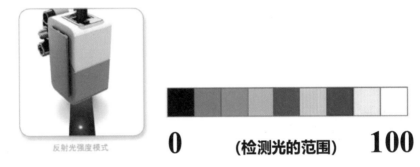

反射光强度模式

0　　（检测光的范围）　　**100**

图9-3　探究"反射光强度"模式工作原理

0（极暗）～100（极亮），如图9-3所示。故可以在白色场地上画黑线来增强对比度，让颜色传感器能更好地检测光线强度，传感器的位置要尽量靠近物体以避免其他光源干扰数据读取。

提出方案

通过以上的探究，了解了颜色传感器反射光线强度模式的工作原理。然后，需要设计能搭载颜色传感器的循迹小车结构，并确定传感器的安装位置，以及小车对光线强度变化如何做出反应。请根据表9-1的内容，完善你的作品方案。

表9-1　"循迹小车"方案构思表

构思	提出问题
传感器 循迹小车 **移动方式**	1. 循迹小车的结构和稳定性如何？ 2. 传感器的位置？ 想一想：_____ 循迹小车的移动方式： 　■ 左右变速　　■ 左右摆动

 作品规划

根据以上的方案，可以初步设计出作品的构架，请规划作品所需要的元素，将自己的想法和问题添加到图9-4所示的思维导图中。

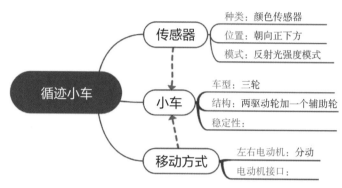

图9-4 "循迹小车"规划设计

结构设计

循迹小车主要由车体、主控器和颜色传感器3部分组成，其中车体由2个大型电动机组成，车体搭建完后如图9-5所示。在搭建完车体后，颜色传感器要尽量贴近地面安装，使测量反射光线强度更准确。

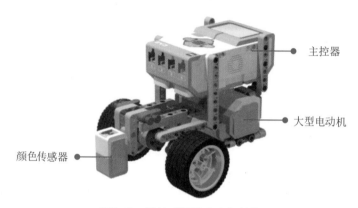

图9-5 设计"循迹小车"结构

程序规划

寻迹小车构建好之后，根据任务需求，先设计算法，然后编写程序并设置程序模块参数，最后下载运行程序。

 绘制流程图

根据任务需求，小车需要时刻观察有没有沿着黑线行驶，当反射光线强度在一个比较低数值的范围内（越暗数值越低），一边电动机正向移动，当检测到不在低数值范围（亮）内，另一边电动机做正向移动，以左右摆动的方式一直顺着黑线行驶。根据需求绘制程序流程图，如图9-6所示。

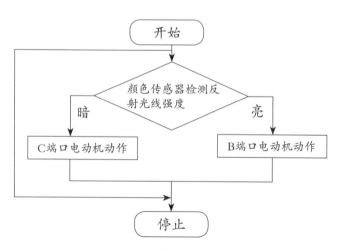

图9-6 绘制"循迹小车"流程图

● 规划模块

根据此任务要求，将需要使用的模块及参数记录在表9-2中。

表9-2 "循迹小车"程序模块表

所属类别	模块名称	模块设置
流程控制	循环	循环：无条件循环
流程控制	切换	比较：颜色传感器检测光强度阈值是否小于50
动作	大型电动机	关闭：结束时制动—"√"
动作	大型电动机	开启：功率50

探究实践

通过器材准备、搭建作品、编写程序和功能检测4个环节完成循迹小车制作。首先根据作品结构，选择合适的器材；然后搭建车体并进行连线工作；最后编程测试作品功能，开展实验探究活动。

器材准备

循迹小车的车体搭建需要选择大型电动机、框架、厚连杆和一些连接件，主控器和颜色传感器分别使用连接件与车体连接，为保证重心稳定，选择球座和钢球来充当辅助轮。主要器材清单如表9-3所示。

表9-3 "循迹小车"器材清单

名称	形状	名称	形状	名称	形状
5×7框架		5×11框架		1×7厚连杆	
1×9厚连杆		1×11厚连杆		3×5直角厚连杆	

续表

名称	形状	名称	形状	名称	形状
直角联轴器		长正交联轴器		轴套长销	
轮毂		轮胎		数据线	
轴和轴套		球座		钢球	
主控器		大型电动机		颜色传感器	

 搭建作品

搭建循迹小车时，可以分步进行。首先搭建并固定小车的底盘，然后搭建支架、安装主控器和辅助轮，最后安装轮胎和颜色传感器并连接数据线。大家也可以根据自己的想法进行搭建，为小车的搭建增加趣味性。

● 固定电动机

如图9-7所示，使用5×11框架和轴套长销将2个大型电动机固定，确保小车底盘结构稳定。

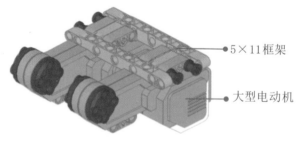

图9-7　固定电动机

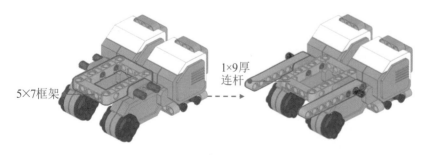

图9-8　搭建底盘

● 搭建底盘

如图9-8所示，利用5×7框架、厚连杆以及各种销，将2个大型电动机整齐地固定在一起，完成小车底盘的搭建。

● 固定主控器

如图9-9所示，使用1×7、1×9厚连杆和若干连接件将主控器进行连接。

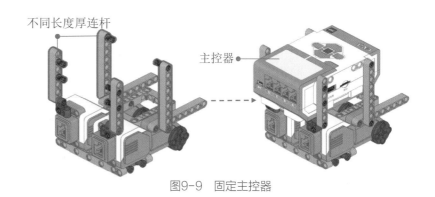

图9-9　固定主控器

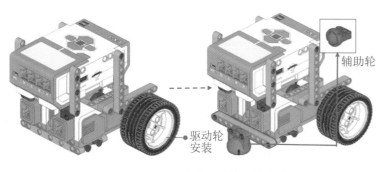

图9-10　安装驱动轮和辅助轮

● 安装驱动轮和辅助轮

如图9-10所示，使用轮毂和轮胎组装成驱动轮，并连接到大型电动机的轮轴上，完成驱动轮的搭建。另一端用连接件将球座与钢球连接，完成辅助轮安装。

● 安装传感器

如图9-11所示，使用销和厚连杆将颜色传感器连接到车体上，装在合适的位置。使用数据线将颜色传感器连接到主控器的3号端口上，左右电动机分别连接到B、C端口，完成传感器、大型电动机、主控器之间的连接。

图9-11　安装颜色传感器

编写程序

循迹小车构建好之后，根据任务需求，需要先设计算法，然后编写程序并设置程序模块参数，最后下载运行程序。

● 启动程序，设置循环

启动EV3编程软件，新建程序文件。按图9-12所示操作，拖动流程控制内的"循环"模块到"开始"模块右侧，让后续模块都在此循环体内无条件无限执行。

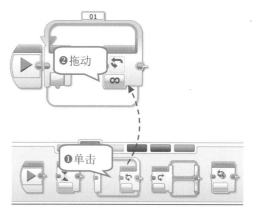

图9-12　添加"循环"模块

● 添加"切换"模块

按图9-13所示操作，拖动流程控制内的"切换"模块到"循环"模块内。

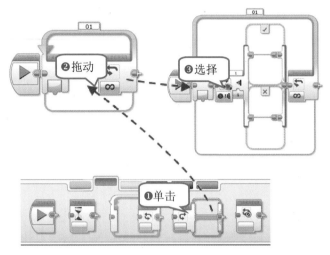

图9-13 添加"切换"模块

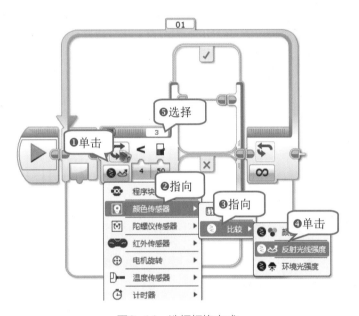

图9-14 选择切换方式

● 选择切换方式

按图9-14所示操作，设置"颜色传感器—比较—反射光线强度"，并设置端口为3。

● 添加切换条件

按图9-15所示操作，当反射光线强度较低时（即在黑线范围内），拖动模块至"√"内，小车关闭C端口电动机，以50功率开启B端口电动机；当反射光强度较高时（即不在黑线范围内），拖动模块至"×"内，小车执行相同操作，但是电动机选择相反的端口，保证其一直在黑线范围内前进。

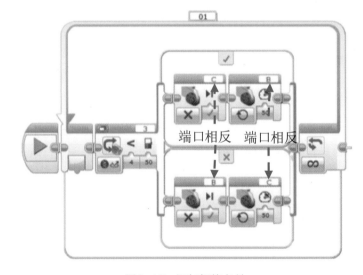

图9-15 添加切换条件

● 下载运行程序

使用USB连接线将计算机和机器人连接起来，将程序下载到主控器中，断开连接线，选择程序运行并修改参数调试。

功能检测

循迹小车搭建好后，就可以进行下一步的实验探究。先将机器人放置于场地内，如图9-16所示，再用黑色胶布贴出一条路，把我们的循迹小车放置于黑线的起点端，让颜色传感器正对黑线。让我们开始游戏吧，观察循迹小车能不能按黑线行驶。

图9-16　游戏场地

● 测试程序

将场地内用黑色胶布贴一条直线、一条曲线，分别测试循迹小车能否按既定路线走完全程，将结果填写在表9-4中。

表9-4　"循迹小车"反应记录表1

分组	我的预测	能否按既定路线走完全程（能/否）		
		第1次	第2次	第3次
直线				
曲线				

● 修改参数

修改光线强度阈值，由50改为一个大于50、一个小于50，再次测试程序，看在直线和曲线的情况下，循迹小车还能不能按既定路线走完全程，将结果填写在表9-5中。

表9-5　"循迹小车"反应记录表2

光线强度阈值	分组	我的预测	能否按既定路线走完全程（能/否）		
			第1次	第2次	第3次
	直线				
	曲线				
	直线				
	曲线				

智慧钥匙

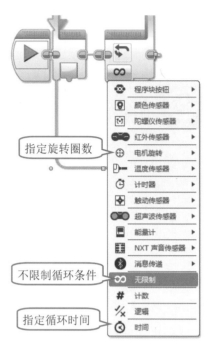

1."反射光线强度"模式

当颜色传感器处于"反射光线强度"模式时，传感器会发出红光，当传感器接近物体表面，红光会从物体上反射回来，颜色越暗反射回来的光线就越少，颜色越亮反射回来的光线就越多，所以可用此方法来测量物体表面的颜色阴影，因为白黑两色反射光线强度区别最大，所以效果最明显。

2."循环"模块的循环条件

在本课任务中，我们设置的是无限条件循环，也可以设置条件循环，如图9-17所示，比如限定多长时间、指定旋转圈数等。

指定旋转圈数

不限制循环条件

指定循环时间

图9-17 多种循环条件可供设置

挑战空间

① 任务拓展

如图9-18所示，想一想，当黑线变为其他颜色的线，通过修改反射光线强度的阈值是否还能完成循迹功能呢？用实验验证一下，并把结果记录下来吧。

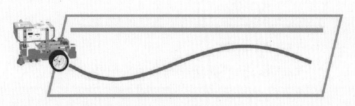

图9-18 不同颜色的轨迹

② 举一反三

在本课的任务中，循迹小车用左右摆动的方式来实现循迹的功能，你能尝试设计出不通过摆动就能完成循迹功能的小车吗？

斗牛勇士

扫一扫 看微课

每个国家都有自己的传统，在欧洲的西班牙，斗牛是他们的国粹，已经有好几个世纪的历史。斗牛士手握红布在公牛面前不断挑衅，公牛被激怒了，就会奔向那块红布，然后斗牛士很灵活地转身躲掉公牛，如此重复，直至公牛累瘫，这个过程惊险而刺激。本节课将模拟这项运动，自己设计一头机械公牛，让它能自动识别红色，全力朝红色目标冲刺。

 **任务分析**

设计制作一头能朝红色目标冲刺的机械公牛。在构思这个作品时，首先我们需要选择合适的传感器来实现辨认颜色功能；然后明确作品的功能与特点，思考需要解决的问题，并提出相应的解决方案；最后设计搭建机械公牛。

 明确功能

要设计制作一头机械公牛，首先要知道它应当具备哪些功能或特征。请将你认为需要达到的目标填写在图10-1所示的思维导图中。

图10-1 明确"机械公牛"功能

提出问题

要想制作出机械公牛，根据上述明确的功能，还需思考几个问题，如图10-2所示。你还能提出怎样的问题？填在框中。

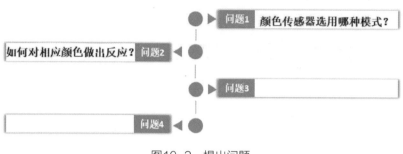

| 问题1 | 颜色传感器选用哪种模式？ |

如何对相应颜色做出反应？ 问题2

问题3

问题4

图10-2　提出问题

头脑风暴

让我们来了解下"颜色"模式的工作原理（见图10-3）。第5课已学习了颜色传感器有三种工作模式，其中，在"颜色"模式中，颜色传感器可辨别附近物体表面的7种颜色：黑色、蓝色、绿色、黄色、白色和棕

颜色模式

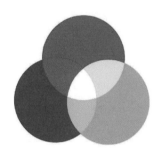

利用光的三原色原理，一共可辨别上述7种颜色

图10-3　探究"颜色"模式工作原理

色，加上无颜色。颜色传感器在此模式下，会同时发出红、黄、蓝三色检测光，利用光的三原色原理，一共可辨别7种颜色，当测量被测物体时，反射光全部反射回来，就认为此时发出的光的颜色与物体的颜色相同。

提出方案

通过以上的探究，更深入地了解了颜色传感器的工作原理，然后，我们需要设计出能搭载颜色传感器的机械公牛结构，并确定传感器的安装位置，以及小车对不同颜色变化如何做出反应。请根据表10-1的内容，完善你的作品方案。

表10-1　"机械公牛"方案构思表

构思	提出问题
颜色传感器 机械公牛	1. 机械公牛的结构和稳定性如何？ 2. 颜色传感器安放在何处？ 想一想：_____
反应方式	机械公牛的反应方式： ■ 主控器发出声音　　■ 电动机转动

规划设计

作品规划

根据以上的方案，可以初步设计出作品的构架，请规划作品所需要的元素，将自己的想法和问题添加到图10-4所示的思维导图中。

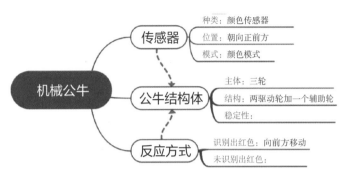

图10-4　"机械公牛"规划设计

结构设计

机械公牛主要由主体、主控器和颜色传感器3部分组成，其中最重要的是由2个大型电动机构成的主体，主体搭建完后如图10-5所示。在搭建完主体后，颜色传感器方向要面向前方，以便测量颜色更准确。

图10-5　设计"机械公牛"结构

程序规划

机械公牛构建好之后，根据任务需求，先设计算法，然后编写程序并设置程序模块参数，最后下载运行程序。

● 绘制流程图

根据任务需求，机械公牛需要时刻观察面前有没有红色物体，当传感器检测到红色时，2个大型电动机同时正向转动，当检测不到颜色时，大型电动机制动。根据需求绘制程序流程图，如图10-6所示。

● 规划模块

根据此任务要求，将需要使用的模块及参数记录在表10-2中。

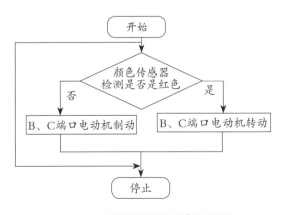

图10-6　绘制"机械公牛"流程图

表10-2 "机械公牛"程序模块表

所属类别	模块名称	模块设置
流程控制	循环	循环：无条件循环
流程控制	切换	测量：颜色传感器测量颜色
动作	大型电动机	关闭：结束时制动—"√"
动作	大型电动机	开启：功率100

探究实践环节主要分为4个部分来完成：器材准备、搭建作品、编写程序、和功能检测。首先根据作品结构，选择合适的器材；然后依次搭建主体并进行连线工作，将其组合；最后编程测试作品功能，开展实验探究活动。

器材准备

机械公牛的主体搭建需要选择大型电动机、框架、厚连杆和一些连接件。主控器固定在上方，颜色传感器固定在正前方。为保证重心稳定，选择球座和钢球来充当辅助轮。主要器材清单如表10-3所示。

表10-3 "机械公牛"器材清单

名称	形状	名称	形状	名称	形状
5×7框架		5×11框架		1×7厚连杆	
1×9厚连杆		1×11厚连杆		1×5厚连杆	
直角联轴器		长正交联轴器		轴套长销	
轮毂		轮胎		数据线	

续表

名称	形状	名称	形状	名称	形状
轴和轴套		球座		钢球	
主控器		大型电动机		颜色传感器	

搭建作品

搭建机械公牛时，可以分步进行。首先搭建并固定小车的底盘，然后搭建支架、安装主控器和辅助轮，最后安装轮胎和颜色传感器并连接数据线。

● 固定电动机

如图10-7所示，使用5×11框架和轴套长销将2个大型电动机固定，确保小车底盘结构稳定。

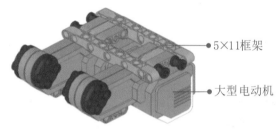

图10-7　固定电动机

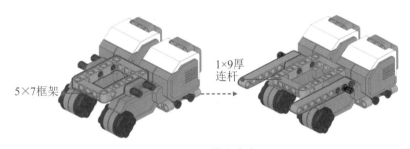

图10-8　搭建底盘

● 搭建底盘

如图10-8所示，利用5×7框架、厚连杆以及各种销，将2个大型电动机整齐地固定在一起，完成小车底盘的搭建。

● 固定主控器

如图10-9所示，使用1×7、1×9厚连杆和若干连接件将主控器进行连接。

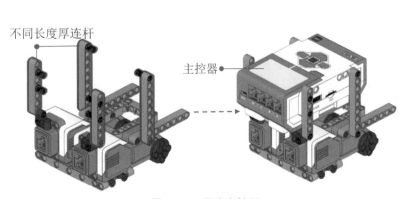

图10-9　固定主控器

● 安装驱动轮和辅助轮

如图10-10所示，使用轮毂和轮胎组装成驱动轮，并连接到大型电动机的轮轴上，完成驱动轮的搭建。另一端用连接件将球座与钢球连接，完成辅助轮安装。

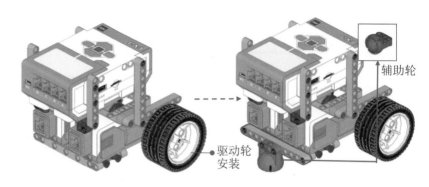

图10-10 安装驱动轮和辅助轮

● 安装传感器、连接数据线

如图10-11所示，使用销和厚连杆将颜色传感器连接到主体上，装在合适的位置。使用数据线将颜色传感器连接到主控器的3号端口上，左右电动机分别连接到B、C端口，完成传感器、大型电动机、主控器之间的连接。

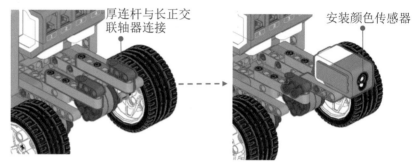

图10-11 安装颜色传感器

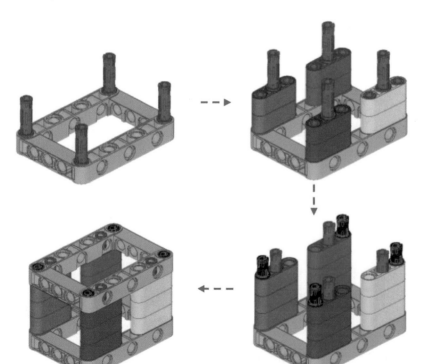

● 制作颜色方块道具

如图10-12所示，利用5×7框架、4种不同颜色的1×3厚连杆以及各种销，搭配出一个颜色方块。

图10-12 制作颜色方块

编写程序

机械公牛搭建好之后，根据之前算法进行编程设计，并设置程序模块参数，最后下载运行程序。

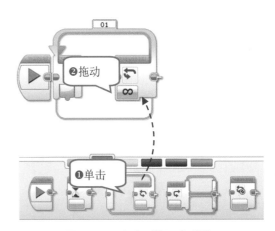

● 启动程序，设置循环

启动EV3编程软件，新建程序文件。按图10-13所示操作，拖动流程控制内的"循环"模块到"开始"模块右侧，让后续模块都在此循环体内无条件无限执行。

图10-13 添加"循环"模块

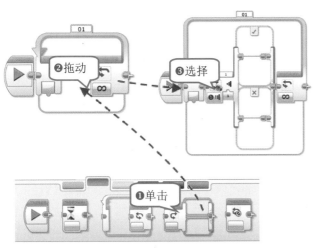

图10-14 添加"切换"模块

● 添加"切换"模块

按图10-14所示操作，拖动"切换"模块到"循环"模块内。

● 选择切换方式

按图10-15所示操作，设置"颜色传感器—测量—颜色"，并设置端口为1。

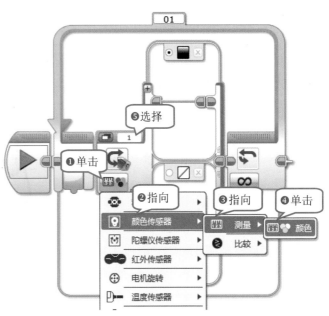

图10-15 选择切换方式

● 选择测量条件

按图10-16所示操作，选择默认情况为红色，另一情况则不做调整。

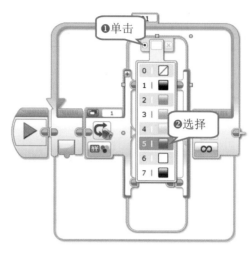

图10-16　选择测量条件

● 添加测量条件

按图10-17所示操作，在红色情况下，添加移动槽，选择状态为开启，两侧功率为最大100，也就是全力朝红色目标冲刺，另一情况则添加移动槽，选择状态为关闭，也就是不做任何动作。

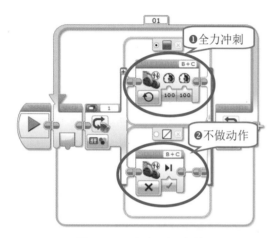

图10-17　添加测量条件

● 下载运行程序

使用USB连接线将计算机和机器人连接起来，将程序下载到主控器中，断开连接线，选择程序运行并修改参数调试。

 功能检测

机械公牛搭建好后，即可运行程序对其进行检测。先将机械公牛放置于场地内，如图10-18，拿出颜色方块，用不同颜色靠近颜色传感器，观察机械公牛的反应。让我们开始游戏吧。

● 测试程序

分别用不同颜色方块的4个面去贴近颜色传感器，将测试结果填写在表10-4中。

图10-18　游戏场地

表10-4　"机械公牛"反应记录表1

分组	我的预测	有何反应		
		第1次	第2次	第3次
黄色				
红色				
绿色				
蓝色				

● 修改参数

　　修改默认条件的颜色为蓝色，再次用不同颜色方块4个面去测试程序，将测试结果填写在表10-5中。

表10-5　"机械公牛"反应记录表2

修改后的条件	分组	我的预测	有何反应		
			第1次	第2次	第3次
蓝色	黄色				
	红色				
	绿色				
	蓝色				

智慧钥匙

1. 增加条件

　　在本课的任务中，在"切换"模块不仅仅只有两种情况选择，如图10-19所示，还可以通过单击左侧小加号，继续添加新的情况，丰富自己的程序。

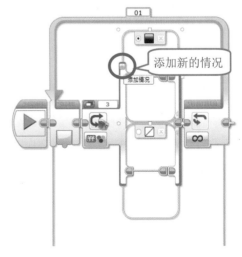

图10-19　多种条件可供设置

2. 颜色传感器在生活中的运用

颜色传感器能辨别不同的颜色，你可能感觉用处并不大。其实，目前普遍使用的智能手机中，都会有一个或两个颜色传感器，如图10-20所示，用于辨别拍摄画面中的颜色，拍摄的照片可以实现更精准的色彩，比如可以让人像面部更自然、色彩复现更准确、画面效果更生动。

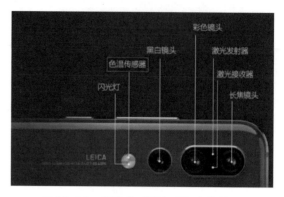

图10-20 颜色传感器在手机上的使用

挑战空间

① 任务拓展

在本课的任务中，其实你可以修改程序的另一个条件，让公牛多识别一个颜色，从而做出不同的反应，试一试吧！

② 举一反三

如图10-21所示，想一想，你是否能够修改程序，做出能够识别三种及三种以上颜色，并做出不同反应的机械公牛？

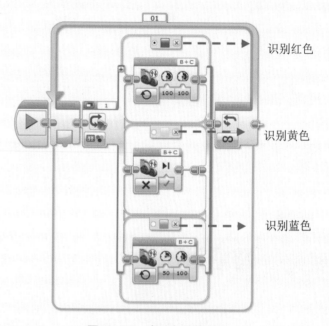

图10-21 多种条件的设置

倒车雷达

扫一扫 看微课

倒车是汽车驾驶的一项基本技术。汽车倒车时，由于车后方的情况不方便观察，比较容易出现撞车的情况，倒车雷达解决了这个问题。当司机倒车时，倒车雷达开始不断地检测车尾部到后方障碍物的距离，一旦小于安全距离，就会发出警报声，而且距离障碍物越近警报声越尖锐刺耳，这样就能提醒司机注意安全、避免撞车。本节课我们通过设计一款车型机器人，让它也能实现倒车的功能。

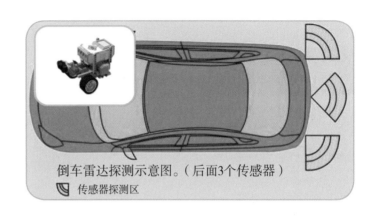
倒车雷达探测示意图。（后面3个传感器）
传感器探测区

任务分析

设计制作一辆拥有"倒车雷达"的车型机器人，首先我们要了解倒车雷达的工作原理，选择合适的传感器来实现"雷达"功能；然后明确作品的功能与特点，并思考需要解决的问题，提出相应的解决方案；最后设计搭建车型机器人。

 明确功能

一辆拥有"倒车雷达"功能的车型机器人，要明确它应当具备哪些功能或特征。请将你认为需要达到的目标填写在图11-1的思维导图中。

小车　　　　　功能描述　　　　雷达

图11-1　明确"雷达小车"功能

提出问题

要想制作出"雷达小车"，根据上述明确的功能，还需思考的问题如图11-2所示，你还能提出怎样的问题？填在框中。

01

02 如何检测障碍物？

选用何种传感器？

03

04

图11-2 提出问题

头脑风暴

要设计一辆有雷达的车型机器人，首先要了解什么是雷达，它的工作原理是什么。通过网络查阅资料，结果如图11-3所示，蝙蝠从嘴巴发出声呐波，通过耳朵接收声呐反射波来感知事物。倒车雷达和蝙蝠声呐的原理一样，使用传感器发出信号，通过接收的反射信号来判断车后方障碍物的距离。

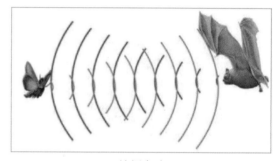

蝙蝠声呐

提出方案

通过以上的活动探究，了解了雷达的工作原理和可实现该功能的传感器。然后根据传感器的大小来设计小车的结构，并确定传感器在小车上的位置，以及主控器的位置。请根据表11-1的内容，完善你的作品方案。

倒车雷达

图11-3 探究雷达原理

表11-1 "雷达小车"方案构思表

构思	提出问题
传感器 小车 主控器	1. 车轮的数量和结构？ 2. 传感器的位置？ 3. 主控器的位置？ 想一想：_____ 小车的驱动轮： ■ 前轮驱动　　■ 后轮驱动

 作品规划

根据以上的方案，可以初步设计出作品的构架，请规划作品所需要的元素，将自己的想法和问题添加到图11-4所示的思维导图中。

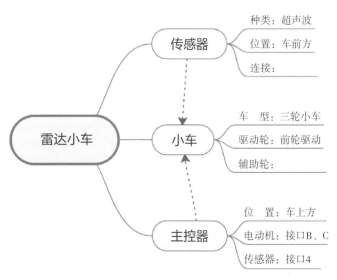

图11-4 规划设计"雷达小车"

结构设计

雷达小车由车体、主控器和超声波传感器三部分组成，其中最重要的是由两个大型电动机构成的车体，如图11-5所示。在搭建车体时，要将超声波传感器和主控器的位置预留出来。

图11-5 设计"雷达小车"结构

程序规划

雷达小车构建好之后，根据任务需求，先设计算法，然后编写程序并设置程序模块参数，最后下载运行程序。

● 绘制流程图

根据任务需求，小车在前进时检测到障碍物后停止前进，绘制程序流程图，如图11-6所示。

● 规划模块

根据此任务要求，需要使用的模块及参数见表11-2。

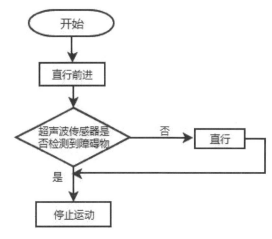

图11-6 绘制"雷达小车"流程图

表11-2 "雷达小车"程序模块表

所属类别	模块名称	模块设置
动作	移动转向	开启：功率50
流程控制	等待	等待—超声波传感器—更改—距离（厘米）：方向1；距离10
动作	移动转向	关闭：结束时制动—"√"

探究实践

探究实践环节主要分为4个部分来完成：器材准备、搭建作品、编写程序和功能检测。首先根据作品结构，选择合适的器材；然后依次搭建主体并进行连线工作；最后编程测试作品功能，开展实验探究活动。

器材准备

雷达小车的框架搭建选择大型电动机、框架、厚连杆和连接件等。驱动轮选择轮毂和轮胎，使用轴与车身连接，辅助轮选择球座和钢球，使用连接件与车体连接。主控器和超声波传感器分别使用连接件与车体连接。主要器材清单如表11-3所示。

表11-3 "雷达小车"器材清单

名称	形状	名称	形状	名称	形状
5×7框架		5×11框架		1×7厚连杆	
1×9厚连杆		1×11厚连杆		1×5厚连杆	
直角联轴器		长正交联轴器		轴套长销	
轮毂		轮胎		数据线	

续表

名称	形状	名称	形状	名称	形状
轴和轴套		球座		钢球	
主控器		大型电动机		超声波传感器	

搭建作品

搭建雷达小车时，可以分模块进行。首先搭建并固定小车的底盘，然后搭建支架连接主控器和辅助轮，最后安装轮胎和超声波传感器并连接数据线。

● 固定电动机

如图11-7所示，使用5×11框架和轴套长销将2个大型电动机固定，确保小车底盘结构稳定。

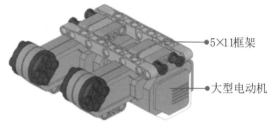

图11-7　固定电动机

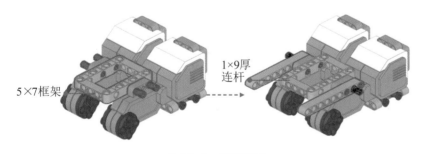

图11-8　搭建底盘

● 搭建底盘

如图11-8所示，利用5×7框架、厚连杆以及各种销，将2个大型电动机整齐地固定在一起，完成小车底盘的搭建。

● 固定主控器

如图11-9所示，使用1×7、1×9厚连杆和若干连接件将主控器进行连接。

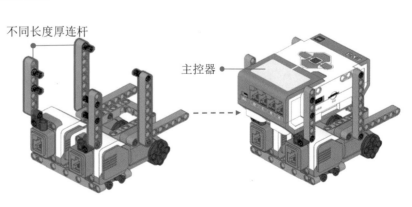

图11-9　固定主控器

● 安装驱动轮和辅助轮

如图11-10所示，使用轮毂和轮胎组装成驱动轮，并连接到大型电动机的轮轴上，完成驱动轮的搭建。另一端用连接件将球座与钢球连接，完成辅助轮安装。

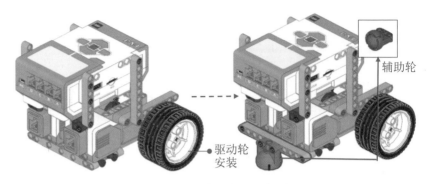

图11-10　安装驱动轮和辅助轮

● 安装传感器、连接数据线

如图11-11所示，使用销和厚连杆将超声波传感器连接到主体上，装在合适的位置。使用数据线将超声波传感器连接到主控器的4号端口上，左右电动机分别连接到B、C端口，完成传感器、大型电动机、主控器之间的连接。

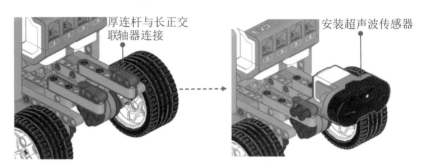

图11-11　安装超声波传感器

编写程序

雷达小车构建好之后，根据任务需求，先设计算法，然后编写程序并设置程序模块参数，最后下载运行程序。

● 启动程序

单击桌面上的图标，启动编程软件，单击"添加程序/实验"按钮，新建程序文件。

● 直行前进

按图11-12所示操作，拖动"移动转向"模块到"开始"模块后，将端口设置为B+C，状态设置为开启，方向设置为0，功率设置为35。

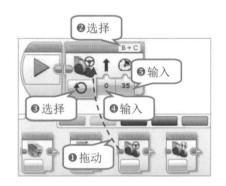

图11-12　直行前进

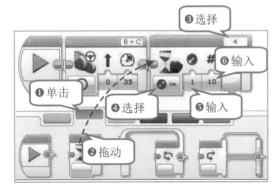

图11-13　检测障碍物

● 检测障碍物

按图11-13所示操作，拖动"等待"模块到"转向移动"后，将端口设置为4，状态设置为超声波传感器—更改—距离（厘米），方向设置为1，量设置为10。

● 停止运动

按图11-14所示操作，拖动"移动转向"模块到"等待"模块后，将端口设置为B+C，状态设置为关闭。

● 下载运行程序

使用USB连接线将计算机和机器人连接起来，将程序下载到主控器中，断开连接线，选择程序运行并修改参数调试。

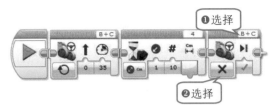

图11-14 停止运动

 功能检测

车型机器人搭建好后，即可进行操作运行程序。先将车型机器人放置于场地一侧，如图11-15，拿出一把尺子，可以用上节课制作的颜色方块充当障碍物，把障碍物放置于尺子刻度0处，启动机器人，观察是否在离障碍物10cm处停止。让我们开始游戏吧。

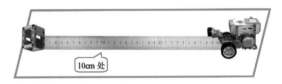

图11-15 游戏场地

● 测试程序

启动机器人，朝着障碍物出发，观察机器人是否能撞到障碍物，若停止，记录下停止位置离障碍物的距离，将结果填写在表11-4中。

表11-4 "雷达小车"反应记录表1

我的预测	是否停止？停止位置记录		
	第1次	第2次	第3次

● 修改参数

修改"等待"模块的距离参数，测试程序，记录是否能自动停止，若停止，则继续记录停止位置离障碍物的距离，比较实际停止距离与你设置的距离差距大不大，将结果填写在表11-5中。

表11-5 "雷达小车"反应记录表2

修改后的距离	我的预测	是否停止？停止位置记录		
		第1次	第2次	第3次

 智慧钥匙

1. 机器人转向

要想实现机器人转向需要通过改变两只驱动轮之间的速度实现。左右两个驱动轮速度差越大，机器人转弯角度越大，反之则转弯角度越小。可以通过改变"移动槽"B、C电动机的功率控制机器人转弯。如图11-16所示，细箭头代表轮子朝前滚动，粗箭头表示机器人实际的运动方向。

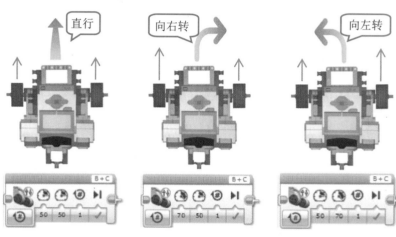

图11-16 机器人转向

2. "移动槽"模块

如图11-17所示，"移动槽"模块有几种模式，可以单击"模式选择"按钮，选择其中任意一种，每种模式都会让编程块的动作有所不同。例如，程序中的第一个编程块是"开始旋转"模式，可以设置让电动机带动机器人转几圈，一般用于控制车轮；而第二个编程块是"开启指定秒数"的模式，可以设置机器人在几秒内完成动作，一般用于控制机械手臂，防止出现电动机卡死的情况。

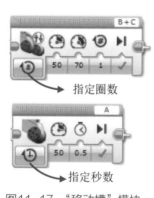

图11-17 "移动槽"模块

 挑战空间

① 任务拓展

想一想，我们身边有哪些设施上应用了超声波传感器？除了超声波传感器，还有哪些传感器可以实现"雷达"功能？

2 举一反三

如要让机器人检测到障碍物时避开障碍物继续前进，应如何设计算法？请将你设计的程序算法记录在表11-6中。

表11-6　算法设计表

所属类别	模块名称	模块设置

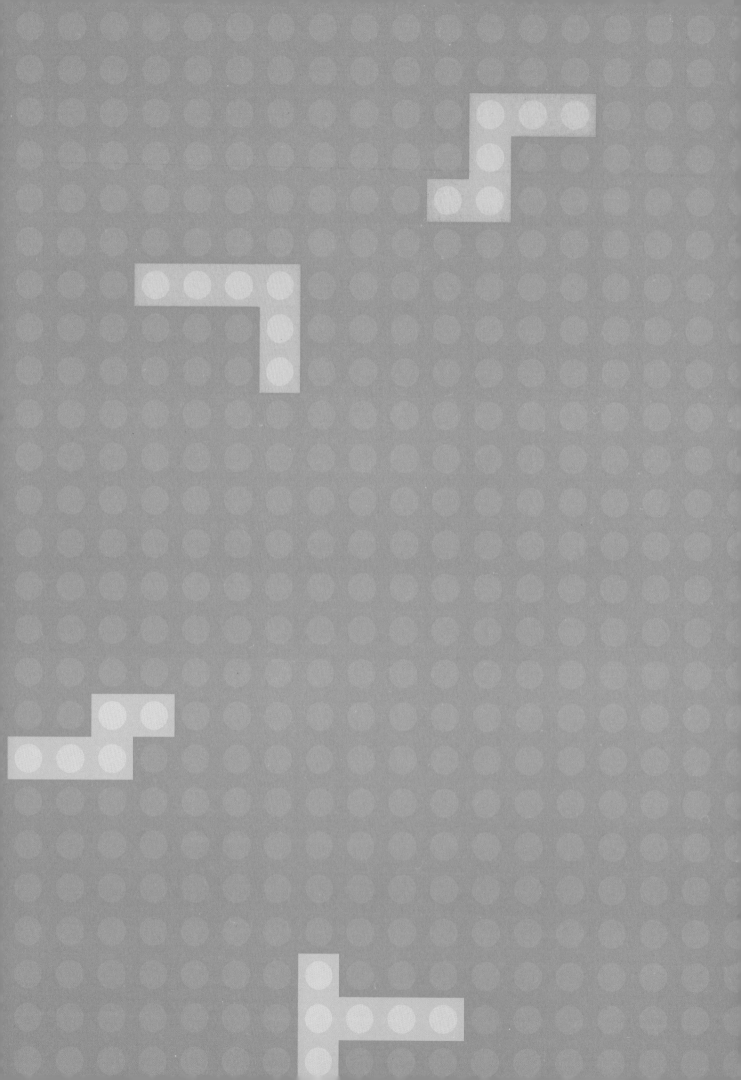

第 4 单元

精准控制

　　本单元的任务是认识各种机器人结构，并深入研究，探索各种机器人的运行原理，再根据乐高EV3已有的配件去设计制作，从而精准控制机器人实现各种任务。

　　本单元从不同的机器人结构和作用入手，选择了趣味性、实用性较强的案例，设计了4节课，分别是：摩天轮盘、体操表演、鼓声轰隆、线控小车。在看一看、想一想、搭一搭、玩一玩的过程中，初步感受机器人结构设计方法，并通过编写程序分别实现摩天轮的转动、机器人表演体操、机器人击鼓以及遥控小车。

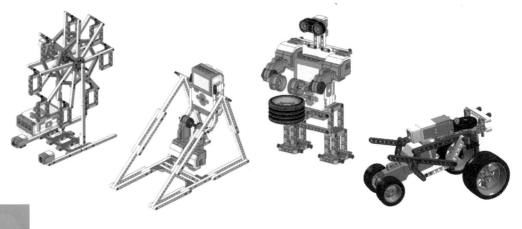

摩天轮盘

扫一扫 看微课

我们在游乐园或主题公园中常见到摩天轮，而且有不少人乘坐过摩天轮。摩天轮边缘悬挂座舱，乘客坐在摩天轮里慢慢往上转，可以从高处俯瞰四周景色，从而感受摩天轮给我们带来的快乐和兴奋。本节课我们动手制作一个摩天轮，再次体验摩天轮的转动带来的奇妙魅力。

任务分析

要想设计制作一个摩天轮，在构思此作品时，首先我们要了解摩天轮的框架结构和转动方式，选择合适的传感器来实现摩天轮的转动和停止；然后明确作品的功能与特点，并思考需要解决的问题，提出相应的解决方案；最后搭建摩天轮并编写程序测试运行。

明确功能

要设计制作一个摩天轮，首先要知道它应当具备哪些功能或特征，并了解摩天轮的结构和工作原理。请将你认为需要达到的目标和要求填写在图12-1的思维导图中。

图12-1 明确"摩天轮"的功能

提出问题

制作摩天轮时，需要思考的问题如图12-2所示。你还能提出什么样的问题？填在框中。

问题1：
摩天轮的整体结构如何？
01

问题2：
摩天轮是如何运行的？
02

问题3：
03

图12-2 提出问题

头脑风暴

　要设计制作摩天轮，首先要知道摩天轮的结构，结合图12-3所示摩天轮的框架看，摩天轮呈转轮状，轮边缘挂着的是供乘客乘搭的座舱，摩天轮的轮箍紧贴在外圆的构架上，靠驱动轮转动轮箍，使乘客座舱沿着轮盘的构架旋转，乘客座舱运行速度较慢，这样可以让乘客观光俯瞰四周风景。如何使用乐高器材去搭建摩天轮的框架结构？你能从中得到什么启示呢？

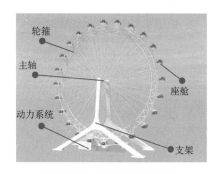

图12-3 摩天轮框架结构

提出方案

　通过以上的活动探究，了解了摩天轮的外观结构和工作原理。然后，要选择合适的零件来设计摩天轮的结构，同时选择实现功能的传感器并确定传感器在摩天轮上的位置以及主控器的位置。请根据表12-1的内容，完善你的作品方案。

表12-1 "摩天轮"作品方案构思表

构思	提出问题
传感器 摩天轮 主控器	1. 摩天轮结构和座舱的数量？ 2. 传感器的位置？ 3. 主控器的位置？ 想一想：＿＿＿＿＿＿＿＿＿＿＿＿＿＿＿＿＿＿＿＿＿＿＿＿＿＿ 摩天轮的动力： 　■ 中型电动机　　■ 大型电动机

规划设计

作品规划

根据以上的方案，可以初步设计出作品的构架，请规划作品所需要的元素，将自己的想法和问题添加到图12-4所示的思维导图中。

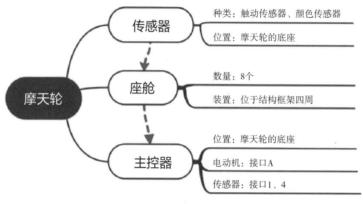

图12-4 规划设计"摩天轮"

结构设计

摩天轮由底座、座舱和主控器3部分组成，由中型电动机提供动力，2个传感器控制运行。如图12-5所示，在搭建摩天轮时，要将座舱的数量确定好。

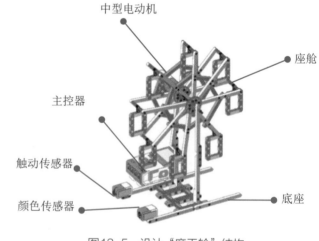

图12-5 设计"摩天轮"结构

程序规划

摩天轮构建好之后，根据任务需求，先设计算法，然后编写程序并设置程序模块参数，最后下载运行程序。

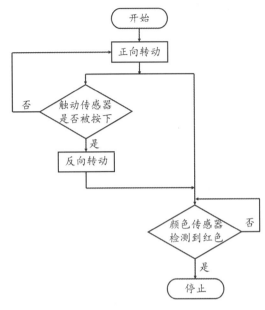

● 绘制流程图

　　根据任务需求，执行程序后摩天轮开始正向转动，当按下触动传感器后摩天轮反向转动，如果颜色传感器检测到红色，摩天轮就会停止转动。如图12-6所示。

图12-6　绘制"摩天轮"流程图

● 规划模块

　　根据此任务要求，需要使用的模块及参数见表12-2。

表12-2　"摩天轮"程序模块表

所属类别	模块名称	模块设置
动作	中型电动机	开启：功率5
流程控制	等待	等待—触动传感器—状态，等待—颜色传感器—检测—红色
动作	中型电动机	关闭：结束时制动—"√"

探究实践

　　本作品实施主要分器材准备、搭建作品、编写程序和功能检测4个部分。首先根据作品结构，选择合适的器材；然后依次搭建底座和座舱，再搭建传感器，并将其组合；最后编程测试作品功能，开展实验探究活动。

器材准备

　　摩天轮动力搭建选用中型电动机，底座选用框架、梁和角梁，座舱使用框架、轴和连接件，最后将主控器、触动传感器和颜色传感器分别使用销连接摩天轮。主要器材清单如表12-3所示。

表12-3 "摩天轮"器材清单

名称	形状	名称	形状	名称	形状
5×7框架		5×11框架		带摩擦的连接销	
11孔梁		7孔梁		带摩擦的连接销	
带轮轴的连接销		3×5角梁		套管	
轴套		角块1，0°		—	—
各种轮轴		15孔梁		—	—

搭建作品

搭建摩天轮时，可以分模块进行。首先搭建并固定摩天轮的底座，然后搭建支架连接中型电动机，接着搭建摩天轮座舱，最后分别安装主控器、颜色传感器和触动传感器并连接数据线。大家也可以根据自己的想法进行搭建。

● 搭建底座

如图12-7所示，用销、15孔梁和5×11框架搭建对称的结构，然后连接起来。

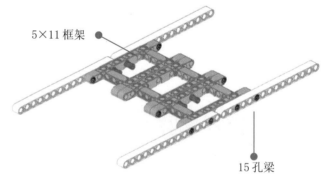

图12-7 搭建底座

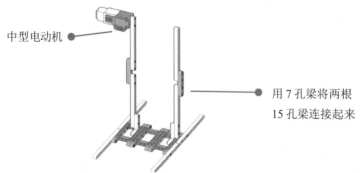

图12-8 固定支架和中型电动机

● 固定支架和中型电动机

如图12-8所示，使用角梁将15孔梁固定，同时固定好中型电动机。

● 搭建座舱

　　按图12-9所示，使用黑色销将5×7框架、11孔梁和15孔梁进行相连。

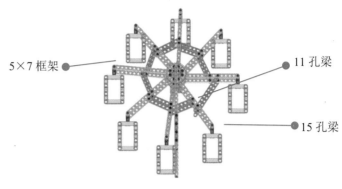

5×7 框架

11 孔梁

15 孔梁

图12-9　搭建座舱

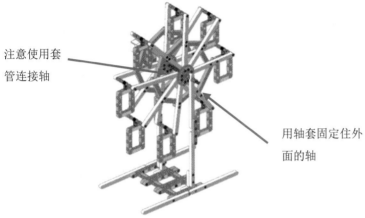

注意使用套管连接轴

用轴套固定住外面的轴

图12-10　安装座舱

● 安装座舱

　　如图12-10所示，使用轴将座舱和底座支架连接起来。

● 连接传感器

　　如图12-11所示，用销将触动传感器和颜色传感器固定在底座上，最后用数据线连接在主控器上。

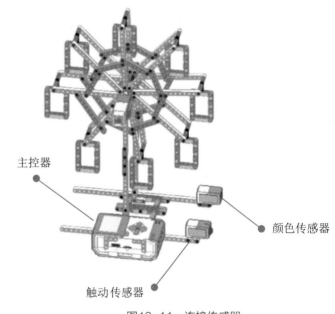

主控器

颜色传感器

触动传感器

图12-11　连接传感器

编写程序

　　摩天轮构建好之后，根据任务需求，先设计算法，然后编写程序并设置程序模块参数，最后下载运行程序。

● 开始转动

　　启动EV3编程软件，新建程序文件，按图12-12所示操作，拖动"中型电动机"模块到"开始"模块后，将端口设置为A，状态设置为开启，功率设置为5。

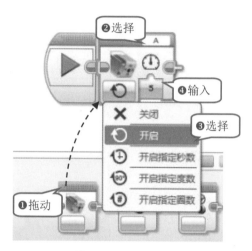

图12-12　开始转动

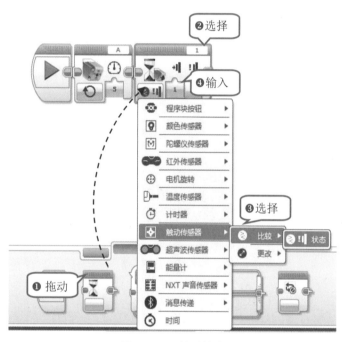

图12-13　检测触动

● 检测触动

　　按图12-13所示操作，拖动"等待"模块到"中型电动机"模块后，将端口设置为1，状态设置为"触动传感器—比较—状态"，设置为"1—按压"。

● 反向转动

　　按图12-14所示操作，拖动"中型电动机"模块到"等待"模块后，将端口设置为A，状态设置为开启，功率设置为-5。

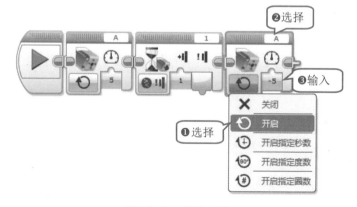

图12-14　反向转动

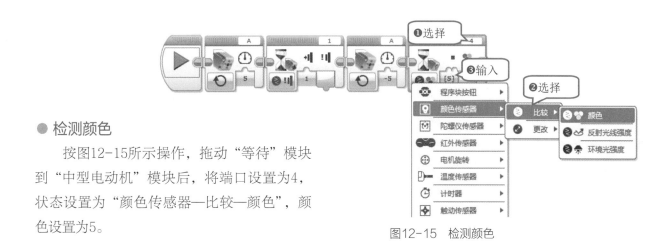

● 检测颜色

按图12-15所示操作，拖动"等待"模块到"中型电动机"模块后，将端口设置为4，状态设置为"颜色传感器—比较—颜色"，颜色设置为5。

图12-15　检测颜色

图12-16　停止转动

● 停止转动

按图12-16所示操作，再次拖动"中型电动机"模块到"等待"模块后，将端口设置为A，状态设置为关闭。

● 下载运行程序

使用USB连接线将计算机和机器人连接起来，将程序下载到主控器中，断开连接线，选择程序运行并修改参数调试。

 功能检测

将器材中的乐高小人安在摩天轮的座舱上，开启程序，观察摩天轮运动方式。

● 乘坐摩天轮

如表12-4所示，通过调整摩天轮的转速，将不同结果填写在表格中。

表12-4　判断"摩天轮"运动状态记录表

转速（功率）	乐高小人状态	创意改进
5		
10		
15		

● 速度

通过上面的实验，我们能够了解到转速对乐高小人的影响，那么生活中有哪些例子呢？转速快和转速慢的分别都有哪些？将你们知道的都填写在表12-5中。

表12-5　转速常识

分类	生活中的例子
转速快	
转速慢	

智慧钥匙

1."中型电动机"模块

如图12-17所示，"中型电动机"模块可以选择开启、关闭、开启指定秒数、开启指定度数、开启指定圈数，可以单击"模式选择"按钮，选择其中任意一种，每种模式都会让模块的动作有一些不同。例如，选择"开启指定秒数"模式，可以设置让电动机转动指定秒数；选择"开启指定度数"模式，可以设置让电动机转动指定度数；选择"开启指定圈数"模式，可以设置让电动机转动指定的圈数。

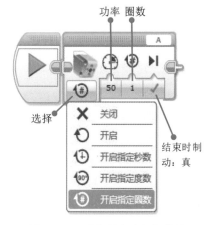

图12-17　"中型电动机"模块

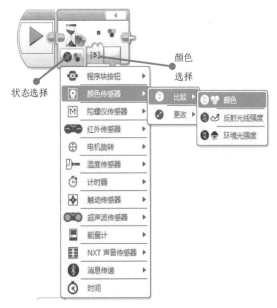

图12-18　"等待"模块

2."等待"模块

如图12-18所示，"等待"模块在编程中非常重要，它是一个输入的模块，当程序接收到"等待"模块的信息后才能执行下一个程序，摩天轮中就用到了"等待"模块中的两种状态，分别是颜色传感器和触动传感器。

挑战空间

1 ▶ **任务拓展**

想一想，我们身边有哪些设施上应用了触动传感器？除了触动传感器，还有哪些传感器可以实现检测的功能？

2 ▶ **举一反三**

如要让摩天轮转动的同时发出音乐，应如何设计算法？请将你设计的程序算法记录在表12-6中。

表12-6 "摩天轮"程序算法设计表

所属类别	模块名称	模块设置

体操表演

扫一扫 看微课

同学们，在奥运会上我们都见过运动员表演体操，体操的表演形式丰富多彩，形态各异。以前，体操只是一项常见的运动，到19世纪末被列入1896年的第一届现代奥运会项目。通过本节课的学习，我们可以让机器人完成体操的动作表演，再次见证运动健儿的风采。

任务分析

要想让机器人完成体操表演，在构思时，首先要探究哪些运动器材可用于机器人的表演，同时选择合适的模型来搭建；然后明确作品的功能与特点，并思考需要解决的问题，并提出相应的解决方案；最后编写程序测试运行，从而实现让机器人完成体操的表演。

明确功能

要想让机器人完成体操表演，首先要知道实现这个作品应当具备哪些功能或特征。请将你认为需要达到的目标和要求填写在图13-1的思维导图中。

图13-1 明确"体操表演"功能

❓ 提出问题

要想让机器人表演体操，我们需要思考的问题如图13-2所示。你还能提出怎样的问题？填在框中。

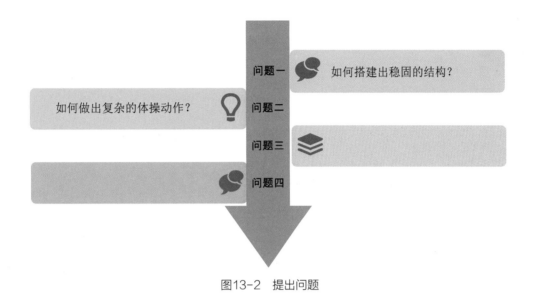

图13-2　提出问题

💡 头脑风暴

要想让机器人表演体操，首先要了解表演器材的结构，如图13-3所示的表演器材，左右两侧的支架是三角形结构，利用三角形的稳定性，中间是单杆，运动员手握单杆可以安全完成一系列表演的动作。根据表演器材的结构以及运动员表演方式，思考如何设计乐高器材让机器人完成体操表演。

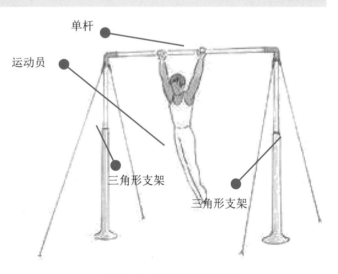

图13-3　体操表演的器材

📝 提出方案

通过以上的活动探究，了解到体操表演器材的结构。然后，要选择合适的零件来设计结构，使用大型电动机进行角度调整以及编写程序让机器人做出复杂的体操动作。请根据表13-1的内容，完善你的作品方案。

表13-1 "体操表演"方案构思表

构思	提出问题
 支架 身体 腿部	1. 体操表演器材的框架选择什么形状？ 2. 体操机器人的腿部用什么零件代替？ 3. 主控器的位置？ 想一想：_____ 体操运动员的运动方式： ■ 双腿并齐 ■ 双腿交叉

 规划设计

 作品规划

根据以上的方案，可以初步设计出作品的构架，请规划作品所需要的元素，将自己的想法和问题添加到图13-4所示的思维导图中。

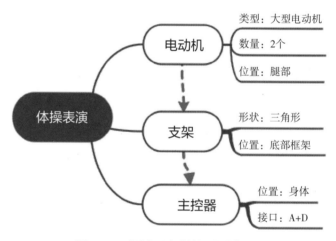

图13-4 规划设计"体操表演"

结构设计

体操机器人以及表演器材由三角支架、主控器和大型电动机3部分组成，搭建的底部支架利用了三角形的稳定性。如图13-5所示，同时在搭建的过程中要计算好三角支架各个部分的长度。

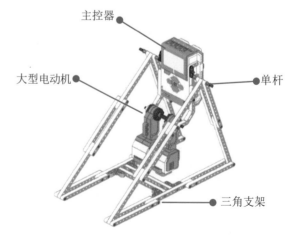

图13-5 设计"体操"表演的结构

程序规划

结构构建好之后，根据任务需求，先设计算法，然后编写程序并设置程序模块参数，最后下载运行程序。

● 绘制流程图

根据任务需求，体操机器人执行程序后开始进行体操表演，绘制程序流程图，如图13-6所示。

● 规划模块

根据此任务要求，需要使用的模块及参数见表13-2。

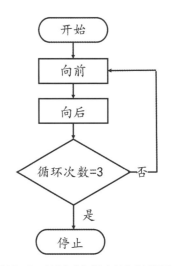

图13-6　绘制"体操表演"流程图

表13-2　"体操表演"程序模块表

所属类别	模块名称	模块设置
动作	转向移动	接口：A+D，度数：60
流程控制	循环	等待—触动传感器—状态，等待—颜色传感器—检测—红色

探究实践

完成该作品主要分器材准备、搭建作品、编写程序和功能检测4个部分。首先根据作品结构，选择合适的器材；然后依次搭建支架、单杆和身体，并将其组合；最后编程测试作品功能，开展实验探究活动。

器材准备

首先选择2个大型电动机作为体操机器人的腿部，支架的搭建选择15孔梁来实现，体操机器人的身体由主控器实现，主要器材清单如表13-3所示。

表13-3　"体操表演"器材清单

名称	形状	名称	形状	名称	形状
轴套½单位		带手柄的连接销		15孔梁	

续表

名称	形状	名称	形状	名称	形状
双角梁		带角连接销		带摩擦的连接销	
带摩擦/轮轴的连接销		套管		带摩擦的连接销	
轴套		各种轮轴		—	—

搭建作品

搭建作品时，可以分模块进行。首先是搭建体操表演器材的结构支架，然后利用带角连接销连接两个三角支架进行固定，接着搭建表演的单杆和体操机器人的身体，最后用大型电动机搭建体操机器人的腿部并连接数据线。

● 搭建支架

如图13-7所示，用销、15孔梁搭建两个一样的支架。

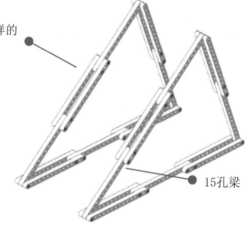

两个一样的支架

15孔梁

图13-7 搭建支架

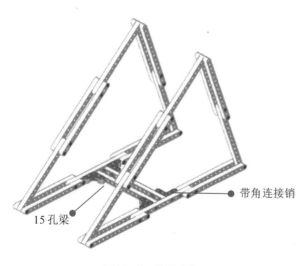

带角连接销

15孔梁

图13-8 连接支架

● 连接支架

如图13-8所示，使用带角连接销用15孔梁连接两个支架。

● 搭建单杆和身体

　　按图13-9所示，使用带手柄的连接销连接主控器和轴，并且安装在已经搭建好的支架上。

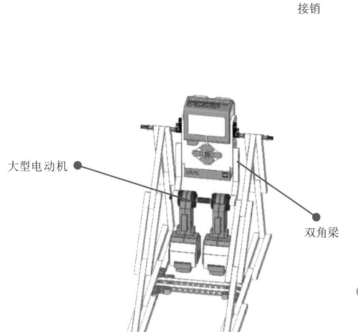

大型电动机

双角梁

图13-10　安装腿部

主控器

带手柄的连接销

图13-9　搭建单杆和身体

● 安装腿部

　　如图13-10所示，使用大型电动机当作腿部，并用双角梁连接到身体。

>_ 编写程序

　　结构搭建好之后，根据任务需求，先设计算法，然后编写程序并设置程序模块参数，最后下载运行程序。

● 循环模块

　　启动EV3编程软件，新建程序文件，按图13-11所示操作，拖动"循环"模块到"开始"模块后，将无限制改成计数，将数字改为3。

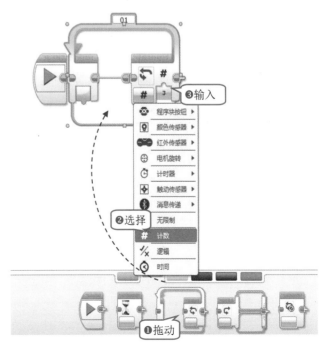

❸输入

　　程序块按钮 ▶
　　颜色传感器 ▶
　　红外传感器 ▶
　　电机旋转 ▶
　　计时器 ▶
　　触动传感器 ▶
　　消息传递 ▶
❷选择 无限制
　　# 计数
　　逻辑
　　时间

❶拖动

图13-11　循环模块

● 向前运动

　　按图13-12所示操作，拖动"移动转向"模块到"循环"模块里面，将端口设置为A+D，状态设置为开启指定度数，功率设置为50，度数设置为60。

● 向后运动

　　按图13-13所示操作，拖动"移动转向"模块到"移动转向"模块后，将端口设置为A+D，状态设置为开启指定度数，功率设置为-50，度数设置为60。

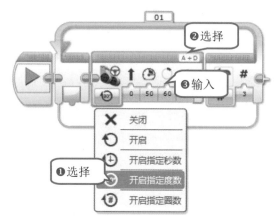

图13-12　向前运动

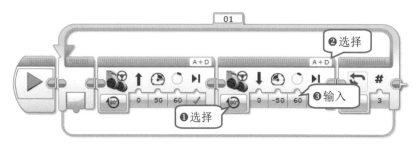

图13-13　向后运动

● 下载运行程序

　　使用USB连接线将计算机和机器人连接起来，将程序下载到主控器中，断开连接线，选择程序运行并修改参数调试。

 功能检测

　　体操机器人和表演器材搭建好后，开启程序观察体操机器人的表演方式，并通过反复测试调整参数。

● 体操表演

　　如表13-4所示，通过对大型电动机度数的调整，将不同结果填写在表格中。

表13-4　判断"体操表演"运动状态

度数	体操表演状态	创意改进
45		
60		
80		

● 惯性

通过上面的实验，我们能够了解到由于度数改变而产生的惯性改变对体操表演的影响，生活中还有哪些现象与惯性有关，将你们知道的都填写在表13-5中。

表13-5 惯性常识

分类	生活中的现象
惯性大	
惯性小	

1. "移动转向" 模块

如图13-14所示，"移动转向"模块可以实现两个电动机同时转动，只需要设置模块中的功率、度数等数值就可以实现两个端口同时连接电动机，从而实现同时转动。

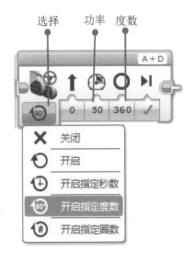

图13-14 "移动转向"模块

2. "移动槽" 模块

如图13-15所示，"移动槽"模块和"移动转向"模块外观参数和功能比较相似，可以使机器人向前、向后驱动、转向或停止，可对具有两个大型电动机（一个电动机驱动车辆左侧，另一个驱动右侧）的机器人车辆使用。"移动槽"模块可以使两个电动机以不同速度或不同方向运行，可以让机器人转向。

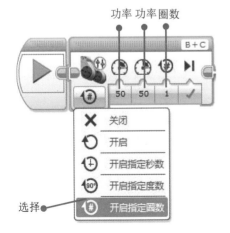

图13-15 "移动槽"模块

挑战空间

① **任务拓展**

想一想,我们身边还有哪些是利用了物体的惯性呢?惯性对我们的生活有什么影响?

② **举一反三**

如要让机器人表演不同的体操动作,应该怎么编写程序呢?请将你设计的程序算法记录在表13-6中。

表13-6 "体操表演"程序算法设计表

所属类别	模块名称	模块设置

鼓声轰隆

扫一扫 看微课

鼓是我国传统的打击乐器。鼓的出现比较早，从如今发现的出土文物来看，可以确定鼓大约有5000年以上的历史。 在古代，鼓不仅用于祭祀、乐舞，还用于打击敌人、驱除猛兽，并且是报时、报警的工具。随着社会的发展，鼓的应用范围更加广泛，民族乐队、各种戏剧、曲艺、歌舞、赛船、舞狮、喜庆集会、劳动竞赛等都离不开鼓类乐器。通过本节课的学习，我们也可以让机器人完成击鼓的动作，感受鼓声轰隆。

任务分析

要想让机器人完成击鼓动作，在构思时，首先要了解生活中击鼓的形式以及击鼓所需要的工具，选择合适的零件来搭建击鼓机器人以及击鼓的结构；然后明确作品的功能与特点，并思考需要解决的问题，提出相应的解决方案；最后编写程序测试运行，让机器人完成击鼓的动作。

明确功能

要想让机器人完成击鼓的动作，首先要知道这个作品应当具备哪些功能或特征。请将你认为需要达到的目标和要求填写在图14-1所示的思维导图中。

图14-1 明确"鼓声轰隆"功能

提出问题

要想让机器人实现击鼓的动作，需要思考的问题如图14-2所示。你还能提出怎样的问题？填在框中。

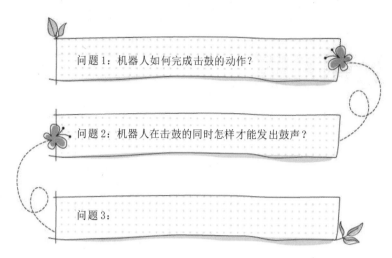

问题1：机器人如何完成击鼓的动作？

问题2：机器人在击鼓的同时怎样才能发出鼓声？

问题3：

图14-2　提出问题

头脑风暴

要想制作击鼓机器人，首先要了解击鼓的方式和需要的工具，如图14-3所示，鼓位于人身体的前方，双手分别各握住一个鼓棒，击打在鼓面上，完成击鼓动作并发出鼓声。根据击鼓的方式，思考如何通过乐高器材搭建机器人去完成击鼓动作。

图14-3　击鼓效果

提出方案

通过以上的活动探究，了解到击鼓的方式以及击鼓所需要的工具。然后，选择合适的零件来稳固搭建，电动机、等待、声音、显示模块综合使用完成击鼓的动作并发出鼓声。请根据表14-1的内容，完善你的作品方案。

表14-1　"鼓声轰隆"作品方案构思表

构思	提出问题
手臂 身体 鼓	1. 击鼓的手臂？ 2. 鼓的大小和位置？ 3. 如何稳定击鼓机器人的身体？ 想一想：_____ 击鼓的动作和音乐： ■动作　■音乐

规划设计

作品规划

根据以上的方案，可以初步设计出作品的构架，请规划作品所需要的元素，将自己的想法和问题添加到图14-4所示的思维导图中。

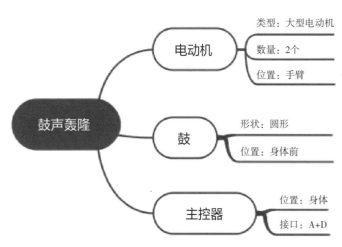

图14-4　规划设计"鼓声轰隆"作品

结构设计

击鼓机器人利用框架搭建了稳定的腿部，使得运行时不容易摔倒。通过程序控制两个大型电动机作为手臂来模仿敲击动作，而超声波传感器则是作为头部测量物体距离。如图14-5所示，在运行程序时机器人模拟击鼓时的动作，发出声音同时在主控器上显示图案。

图14-5　设计作品结构

程序规划

击鼓机器人搭建好之后，根据任务需求，先设计算法，然后编写程序并设置程序模块参数，最后下载、运行程序。

● 绘制流程图

根据任务需求，击鼓机器人执行程序后开始击鼓并发出鼓声，绘制程序流程图，如图14-6所示。

● 规划模块

根据此任务要求，需要使用的模块及参数见表14-2。

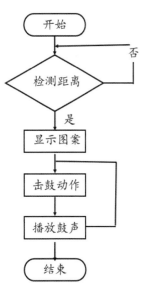

图14-6　绘制"鼓声轰隆"流程图

表14-2 "鼓声轰隆"程序模块表

所属类别	模块名称	模块设置
动作	移动槽	接口：A+D，度数：60
动作	显示	显示图案
动作	声音	发出音乐
流程控制	等待	等待—超声波传感器—比较—距离
流程控制	循环	循环击鼓

探究实践

完成该作品主要分器材准备、搭建作品、编写程序和功能检测4个部分。首先根据作品结构，选择合适的器材；然后依次搭建腿部、身体、手臂和鼓，并将其组合；最后编程测试作品功能，开展实验探究活动。

器材准备

首先选择框架搭建腿部的稳定结构，用两个大型电动机搭建手臂，鼓由轮毂和轮胎组成，主要器材清单如表14-3所示。

表14-3 "鼓声轰隆"器材清单

名称	形状	名称	形状	名称	形状
轴套½单位		带手柄的连接销		15孔梁	
角梁		双连接销		带摩擦的连接销	
带轴套的连接销		交叉块		带摩擦的连接销	

续表

名称	形状	名称	形状	名称	形状
轴套		各种轮轴		轮胎	
轮毂		交叉块		5孔梁	
轮毂		13孔梁		框架	

搭建作品

搭建作品时，可以分模块进行，腿部由框架组合而成，身体用主控器搭建，两个灵活的手臂使用大型电动机搭建，超声波传感器搭建头部，用13孔梁固定身体，最后通过轮毂和轮胎搭建一个鼓。

● 搭建腿部

如图14-7所示，用带轴套的连接销连接框架，并搭建两个一样的腿部结构。

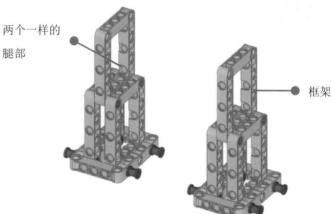

图14-7　搭建腿部

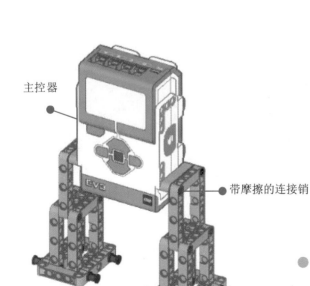

图14-8　安装主控器

● 安装主控器

如图14-8所示，使用带摩擦的连接销安装主控器。

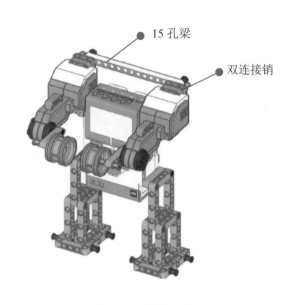

图14-9　搭建手臂

● 搭建手臂

按图14-9所示，用15孔梁和双连接销来固定手臂。

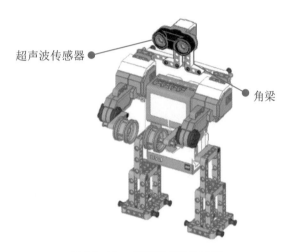

图14-10　安装超声波传感器

● 安装超声波传感器

如图14-10所示，使用角梁作为击鼓机器人的脖子并固定超声波传感器。

● 安装鼓的支架

如图14-11所示，使用13孔梁固定击鼓机器人的身体并用框架来安装鼓的支架，在机器人的前端安装交叉块，作为鼓的固定点。

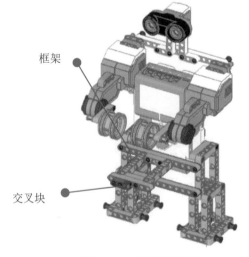

图14-11　安装鼓的支架

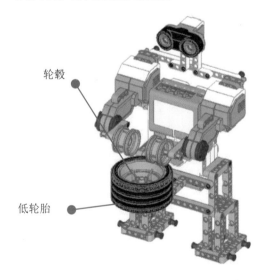

图14-12　安装鼓

● 安装鼓

如图14-12所示，使用轮毂和轮胎来搭建一个鼓。

▶_ 编写程序

作品搭建好之后，根据任务需求，先设计算法，然后编写程序并设置程序模块参数，最后下载运行程序。

● 等待模块

启动EV3编程软件，新建程序文件，按图14-13所示操作，拖动"等待"模块到"开始"模块后，将模式设置成"超声波传感器—比较—距离（厘米）"，比较类型为4，阈值为30。

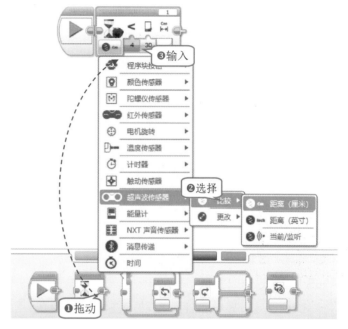

图14-13　等待模块

● 显示图案

按图14-14所示操作，拖动"显示"模块到"等待"模块后，选择"形状—圆圈"，输入X90、Y62、半径40。

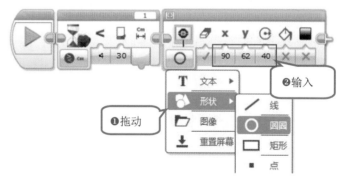

图14-14　显示图案

● 循环

按图14-15所示操作，拖动"循环"模块到"显示"模块后，默认状态即可。

图14-15　循环

● 右手击鼓

　　按图14-16所示操作，拖动"移动槽"模块到"循环"模块中，选择开启指定度数，端口选择A+D，设置左功率30、右功率-30、度数60。

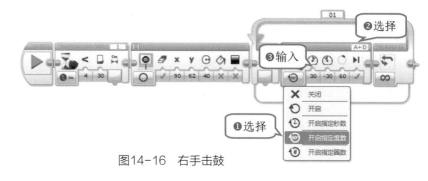

图14-16　右手击鼓

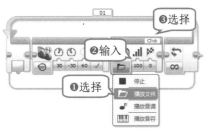

图14-17　播放鼓声

● 播放鼓声

　　按图14-17所示操作，拖动"声音"模块到"移动槽"模块后，选择播放文件，音量为100，文件名称Click。

● 左手击鼓

　　按图14-18所示操作，拖动"移动槽"模块到"声音"模块后，选择开启指定度数，端口选择A+D，设置左功率-30、右功率30、度数60。

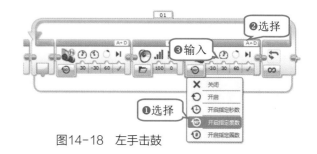

图14-18　左手击鼓

● 下载运行程序

　　使用USB连接线将计算机和机器人连接起来，将程序下载到主控器中，断开连接线，选择程序运行并修改参数调试。

 功能检测

　　作品的结构搭建好后，开启程序观察击鼓的方式，听击鼓的声音，观看主控器显示的图案。

● 调整鼓声

　　如表14-4所示，通过对"声音"模块中音量的调整，将不同结果填写在表中。

表14-4　判断鼓声的大小

音量	鼓声的大小	创意改进
0		
50		
100		

● 修改数据

通过上面的实验，我们能够了解到，当击鼓机器人上的超声波传感器检测到有物体靠近，并且到一定距离时执行接下来的程序，更改超声波传感器的数据，将结果填写在表14-5中。

表14-5　修改数据

修改后的数据	记录
15	
45	
60	

1. 超声波传感器

如图14-19所示的乐高超声波传感器，它可以测量与前方物体之间的距离。实现方式是发送出声波并测量声波反射回传感器所需的时间。可以按英寸或厘米为单位测量与对象之间的距离。例如，可以使用超声波传感器使机器人在距离墙壁的特定距离处停止。

图14-19　乐高超声波传感器

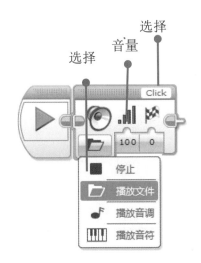

图14-20　"声音"模块

2. "声音"模块

如图14-20所示，在"声音"模块中可以选择一些音调、音符以及音乐文件进行播放，同时还可以通过"声音"模块导入下载的音乐进行播放。

挑战空间

1 ▶ **任务拓展**

　　在本课中我们学习了"移动槽"模块，那么怎么样更改"移动槽"模块的数据使我们的机器人能够左手先击鼓，右手后击鼓呢？

2 ▶ **举一反三**

　　想一想我们是否能够修改程序，让机器人双手同时击鼓并且发出鼓声呢？请将你设计的程序算法记录在表14-6中。

表14-6　击鼓程序算法设计表

所属类别	模块名称	模块设置

第 15 课

线控小车

扫一扫 看微课

大多数人都玩过遥控小车，通过遥控器控制小车前进、后退、左右转弯等动作，小车能够运动的前提是小车本身具备动力，能够前后左右移动，通过遥控器进行操控。

 **任务分析**

设计制作一辆能线控的车型机器人，在构思这个作品时，首先我们要了解线控小车的工作原理，思考可以控制小车进行哪些动作，怎样驱动小车和控制方向，并提出相应的解决方案，最后搭建小车。

明确功能

要设计制作一辆能线控的车型机器人，首先要知道它应当具备哪些功能或特征。请将你认为需要达到的目标填写在图15-1的思维导图中。

图15-1 "线控小车"明确功能

提出问题

制作"线控小车"机器人时，需要思考的问题如图15-2所示。你还能提出怎样的问题？填在框中。

问题1：小车采用前驱还是后驱？

问题2：怎样设计小车的转弯结构？

问题3：用什么方式代替遥控器？

图15-2 提出问题

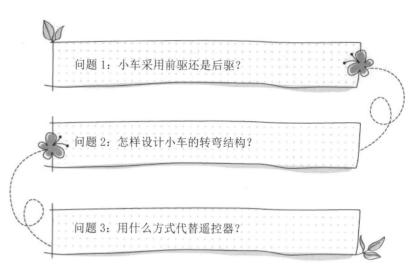

头脑风暴

要设计制作一辆能操控的车型机器人，先要构思如何控制它前进、后退，怎样实现自由转向，以及小车的动力供给等。如图15-3所示，小车的动力是电池，采用操作手柄按键控制小车行走、转向等。无论遥控还是线控，都需要操作手柄。

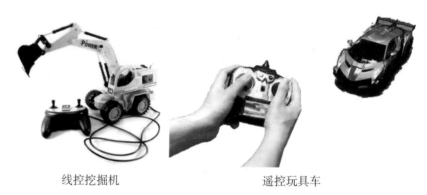

线控挖掘机　　　　　　遥控玩具车

图15-3 常见控制方式

提出方案

通过以上的活动探究，知道线控小车运动的工作原理，了解EV3只能通过主控器控制电动机驱动小车，考虑小车要手持遥控装置，所以可以把主控器与小车分开，车体由大型电动机驱动，中型电动机改变行驶方向。请根据表15-1的内容，完善你的作品方案。

表15-1 "线控小车"作品方案构思表

构思	提出问题
小车	1. 车轮的数量和结构？ 2. 电动机的数量及位置？ 3. 小车方向轮的结构？ 想一想：_____
控制器	小车的驱动轮： ■ 前轮驱动　　■ 后轮驱动

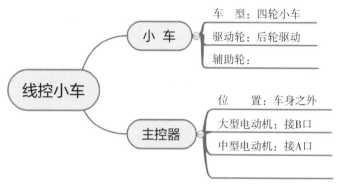

图15-4 规划设计"线控小车"

作品规划

根据以上的方案，可以初步设计出作品的构架，请规划作品所需要的元素，将自己的想法和问题添加到图15-4所示的思维导图中。

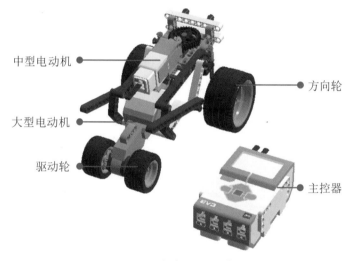

图15-5 设计"线控小车"结构

结构设计

线控小车由车体、主控器两部分组成，主控器作为遥控器使用，而车体由一个大型电动机和中型电动机构成。如图15-5所示，大型电动机提供动力，采用后轮驱动，中型电动机用来控制小车转向，前轮采取悬挂平行四边形结构。

程序规划

线控小车构建好之后，根据任务需求，先设计算法，然后编写程序并设置程序模块参数，最后下载运行程序。

● 绘制流程图

根据任务需求，小车通过主控器的按键进行控制，绘制程序流程图，如图15-6所示。

● 规划模块

根据此任务要求，需要使用的模块及参数见表15-2。

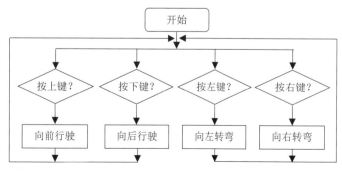

图15-6 绘制"线控小车"流程图

表15-2 "线控小车"程序模块表

所属类别	模块名称	模块设置
流程控制	循环	并行任务 循环：无限制循环
流程控制	切换	测量：程序块按钮
动作	中型电动机	关闭
动作	中型电动机	开启指定度数：功率10，度数±25
动作	大型电动机	关闭
动作	大型电动机	开启：功率±40

探究实践

作品的实施主要分器材准备、搭建作品、编写程序和功能检测4个部分。首先根据作品结构，选择合适的器材；然后依次搭建车体和传动架，并将其组合；最后编程测试作品功能，开展实验探究活动。

器材准备

小车的搭建选择大、中型电动机、框架、连杆和连接件等，注意前后轮轮毂大小不一；主控器用数据线与车体电动机连接。主要器材清单如表15-3所示。

表15-3 "线控小车"器材清单

名称	形状	名称	形状	名称	形状
5×7框架		1×5厚连杆		1×7厚连杆	
1×9厚连杆		1×13厚连杆		4×4厚连杆	
3×3带角连接销		T形厚连杆		正交双轴孔联轴器	

续表

名称	形状	名称	形状	名称	形状
轴套		1#连接器		带轴套的连接销	
8齿齿轮		36齿齿轮		1×1圆锥砖	
轮毂		轮胎		主控器	
数据线		中型电动机		大型电动机	
各种轮轴		各种带末端的轮轴		各种销	

 搭建作品

搭建小车时，可以分两个部分进行。首先使用大型电动机搭建车身以及驱动轮，然后搭建中型电动机连接前轮结构，最后安装轮胎并连接数据线。

● 搭建底座

如图15-7所示，利用大型电动机，将几种长度的连杆互锁，构成车身底座。

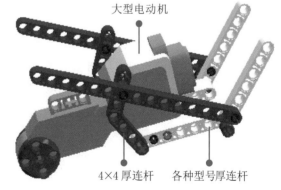

图15-7　搭建底座

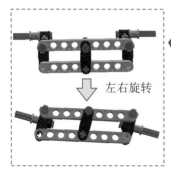

图15-8　搭建旋转结构

● 搭建旋转结构

按图15-8所示，使用连接件搭建支架，搭建前轮部分，形成平行四边形半悬挂结构。

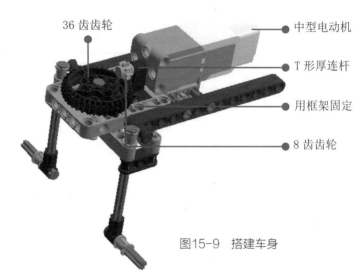

图15-9 搭建车身

36 齿齿轮

中型电动机

T形厚连杆

用框架固定

8 齿齿轮

● 搭建车身

如图15-9所示，使用5×7框架和T形厚连杆将2个齿轮固定在车身上，形成垂直传动结构。

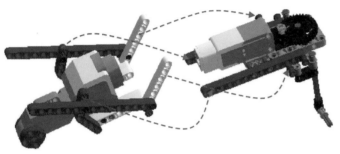

图15-10 组装车身

● 组装车身

如图15-10所示，将小车前后2个部分通过销连接互锁。

● 安装车轮

如图15-11所示，使用轮毂和轮胎组装驱动轮、从动轮，并在车头位置安装装饰。

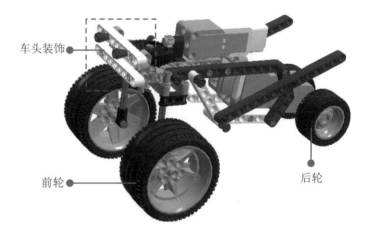

图15-11 安装车轮

车头装饰

前轮

后轮

图15-12 连接主控器

数据线

数据线

● 连接主控器

如图15-12所示，使用数据线分别将大型电动机和中型电动机连接到主控器的B口和A口。

编写程序

　　线控小车构建好之后，根据任务需求设计算法，然后编写程序并设置程序模块参数，最后下载运行程序。

● 添加多个任务

　　启动EV3软件，新建程序文件，从"流程控制"中拖动2个"循环"模块，并行连接到"开始"模块，如图15-13所示。

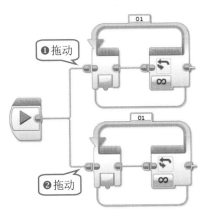

图15-13　并行循环控制

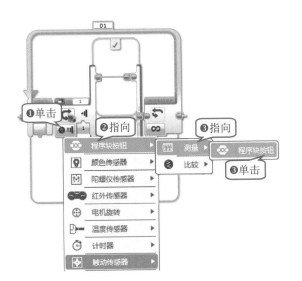

图15-14　选择切换方式

● 选择切换方式

　　拖动"切换"模块到"循环"模块内，按图15-14所示操作，设置切换方式。

● 添加切换情况

　　按图15-15所示操作，设置切换到平面视图，添加"情况"，使切换流程中有3种情况。

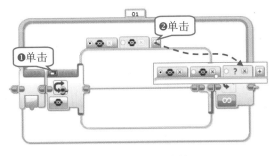

图15-15　添加切换情况

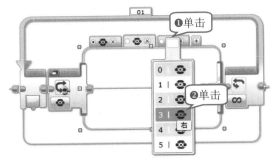

图15-16　选择情况

● 选择情况

　　按图15-16所示操作，分别设置切换流程中3种情况值为"无""左""右"。

● 设置初始情况

按图15-17所示操作，拖入"中型电动机"模块，设置状态为"关闭"。

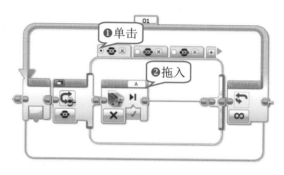

图15-17 设置初始情况

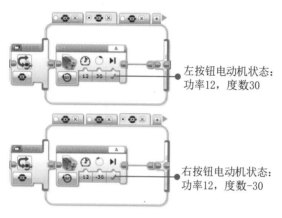

左按钮电动机状态：功率12，度数30

右按钮电动机状态：功率12，度数-30

图15-18 设置左、右情况

● 控制转向

按照同样方法，分别拖入"中型电动机"模块，设置主控制左、右按钮情况，中型电动机状态如图15-18所示。

● 控制前进、后退

按图15-19所示操作，在并行任务另一循环体，拖入"切换"模块，添加"程序块按钮"中0、4、5三种情况的大型电动机状态。

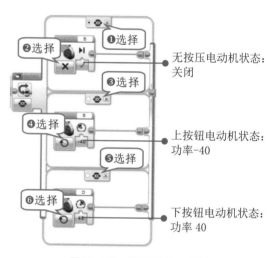

无按压电动机状态：关闭

上按钮电动机状态：功率-40

下按钮电动机状态：功率40

图15-19 控制前进、后退

 功能检测

线控小车搭建好后，我们就可以进行操作控制了。让我们开始游戏吧，通过反复测试调整参数。

● 操控小车

选择一个游戏场地，如图15-20所示，也可以自己在地面准备若干障碍物，制定游戏规则，通过主控器按钮操控小车运动，观察转向时前轮结构的变化。

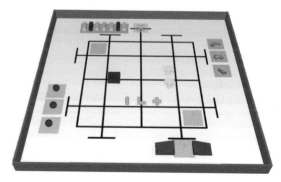

图15-20 游戏场地

● 参数调试

为了测试小车的稳定性，设置不同的参数值测试运行效果，在小车前进的同时转向，功率过大可能会翻车，参数多少最为合适？请填写在表15-4中。

表15-4　"线控小车"参数调试记录表

电动机	参数调整			结论
	第1次	第2次	第3次	
大型电动机	功率：____	功率：____	功率：____	
中型电动机	功率：____ 度数：____	功率：____ 度数：____	功率：____ 度数：____	

智慧钥匙

1. 并行程序

并行程序是指同时执行不同的任务，一般用来解决多任务，比如小车一边行驶，一边红外探测障碍物，扫地机器人一边清理垃圾，一边防止触碰。再如本课案例大型电动机实现前进、后退，中型电动机实现左右转向，用2个并行程序来实现，可以一边行驶一边转向，如图15-21所示。

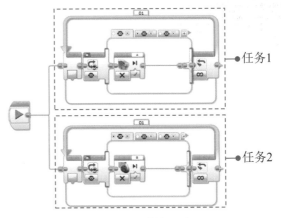

图15-21　并行程序

2. 程序块按钮

EV3主控器正面上的5个按钮（左、中、右、上和下），在"切换"模块中测量模式下，对应的程序块按钮的6个状态如图15-22所示，从程序块按钮获取数据，可以测试对应按钮是否按压或松开，其中0表示没有任何按钮被按压，通过此模块可以获取逻辑值进行判断。

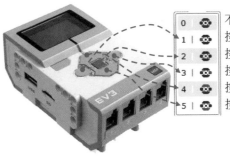

图15-22　程序块按钮

1 任务拓展

想一想，如果再给小车加装红外传感器，当探测前方有障碍物时，自动做出判断，停止前进，传感器装在小车哪个位置，以及如何通过程序实现这个功能呢？

2 举一反三

通过主控器控制按钮控制并行任务，如果让你搭建一个推土机，用控制器的上下左右按钮实现推土机的功能，小车结构如何搭建，又该如何设计算法呢？请将你设计的程序算法记录在表15-5中。

表15-5 "线控小车"算法设计表

所属类别	模块名称	模块设置

第 5 单元

综合实例

在前面的单元中,我们已经学习了乐高EV3机器人的硬件组成和程序设计,本单元让我们一起开动脑筋,利用前面学过的知识,制作几个属于自己的机器人吧!

本单元选择了生活中常见的、趣味性较强的案例,设计了4节课,分别是能源机器人、搬运机器人、分拣机器人和疯狂打地鼠。在看一看、想一想、搭一搭、玩一玩的过程中,体验乐高EV3机器人搭建与编程的乐趣。

第 16 课

能源机器人

扫一扫 看微课

随着科技的发展与社会的进步，低碳环保逐渐被人们重视，太阳能是一种再生能源，太阳的热辐射能可以转换成热能或电能。太阳能应用越来越广泛，早期有太阳能热水器，现在有太阳能路灯，甚至还有太阳能移动电源。

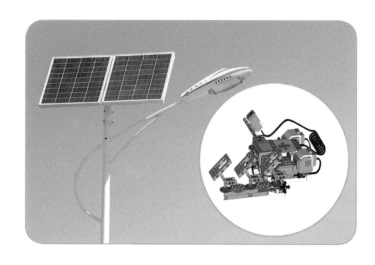

 **任务分析**

模拟设计一款能自动向阳的太阳能板。在构思这个作品时，首先我们设计一个能活动的太阳能板，思考如何检测太阳光以及自动驱动太阳能板旋转，并提出相应的解决方案，最后搭建机器人。

明确功能

能源机器人都有哪些功能和特征呢？怎样自动运行，你认为需要达到哪些目标，才能算作自动？请填写在图16-1的思维导图中。

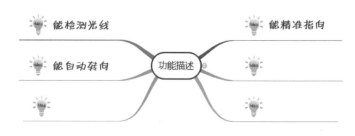

图16-1 明确"能源机器人"功能

提出问题

制作能源机器人时，需要思考的问题如图16-2所示。你还能提出怎样的问题？请填在框中。

问题1：
用什么东西模拟太阳能板？

问题3：

问题2：
如何检测太阳光方向？

问题4：

图16-2 提出问题

头脑风暴

要设计这样的能源机器人，关键在于自动探测周边环境的光线强度，就像植物具有向光性，向日葵就是典型代表。全自动太阳追踪系统，通过传感设备检测太阳位置，始终确保阳光能垂直照射在太阳能板上，如图16-3所示。

向日葵　　　　　　　全自动太阳追踪系统

图16-3　向光性

提出方案

通过以上的活动探究，知道智能太阳能的核心问题就是检测光线强度，了解EV3中哪个传感器能够检测，再根据检测的结果，通过传动机构实现旋转方向，并且能精准计算旋转角度。请根据表16-1的内容，完善你的作品方案。

表16-1　"能源机器人"作品方案构思表

构思	提出问题
能源机器人	1. 使用什么传感器来检测光线强度？ 2. 如何设计传动结构，让太阳能板自由旋转？ 3. 检测到光的位置后，如何精准控制旋转角度？ 想一想：＿＿＿＿＿＿＿＿＿＿＿＿＿＿＿＿＿＿＿＿＿＿＿＿
	动力来源： ■ 大型电动机　　■ 中型电动机

规划设计

作品规划

根据以上的方案，可以初步设计出作品的构架，请规划作品所需要的元素，将自己的想法和问题添加到图16-4所示的思维导图中。

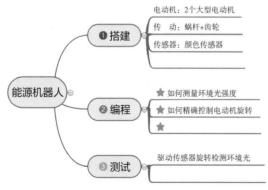

图16-4　规划设计"能源机器人"

结构设计

能源机器人由主控器、光线检测、太阳能板3部分组成。如图16-5所示，2个大型电动机分别给光线检测和太阳能板提供动力，均采用蜗杆传动方式，光线检测使用颜色传感器，太阳能板用齿轮带动旋转。

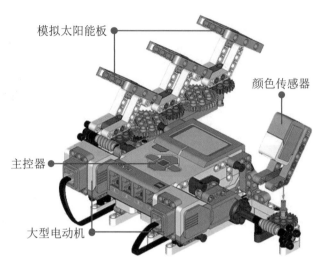

模拟太阳能板

颜色传感器

主控器

大型电动机

图16-5 设计"能源机器人"结构

程序规划

能源机器人结构规划好后，要能实现自动转向，需要程序的精准控制，先来设计算法，再编写程序，设置程序模块参数，最后下载运行程序。

● 绘制流程图

根据任务需求，能源机器人通过传感器获取数据，绘制程序流程图，如图16-6所示。

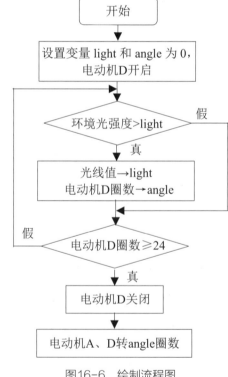

开始

设置变量 light 和 angle 为 0，电动机D开启

环境光强度>light　假

真

光线值→light
电动机D圈数→angle

电动机D圈数≥24　假

真

电动机D关闭

电动机A、D转angle圈数

图16-6 绘制流程图

● 规划模块

根据此任务要求，需要使用的模块及参数见表16-2。

表16-2 "能源机器人"程序模块表

所属类别	模块名称	模块设置
数据操作	变量	写入数字

续表

所属类别	模块名称	模块设置
动作	大型电动机	开启：功率50
流程控制	循环	电动机旋转：比较圈数
数据操作	变量	读取数字，写入比较
传感器	颜色传感器	测量：环境光强度，写入比较
流程控制	切换	逻辑判断
传感器 数据操作	颜色传感器 变量	测量：环境光强度和电动机圈数，写入变量
动作	大型电动机	关闭
数据操作	变量	读取数字，写入移动转向"圈数"
动作	移动转向	开启指定圈数：方向0，功率50，圈数（angle数值）

探究实践

作品的实施主要分器材准备、搭建作品、编写程序和功能检测4个部分。首先根据作品结构，选择合适的器材；然后依次搭建太阳能板和传动结构，并将其组合；最后编程测试作品功能，开展实验探究活动。

器材准备

搭建能源机器人，以框架来模拟太阳能板，主控器两侧分别是颜色传感器和太阳能板，动力来源于大型电动机，采用蜗杆传动方式。主要器材清单如表16-3所示。

表16-3 "能源机器人"器材清单

名称	形状	名称	形状	名称	形状
5×7框架		1×5厚连杆		1×7厚连杆	
1×11厚连杆		1×15厚连杆		4×4厚连杆	

续表

名称	形状	名称	形状	名称	形状
3×5直角厚连杆		1×11.5双弯厚连杆		1#连接器	
双连接销		连接销		3×3带角连接销	
正交双轴孔联轴器		双轴双孔联轴器		蜗杆	
正交双圆孔联轴器		正交三圆孔联轴器		长正交联轴器	
轴套		42齿齿轮		36齿齿轮	
主控器		大型电动机		颜色传感器	
数据线		各种轮轴		各种销	

搭建作品

搭建机器时，可以分三部分进行。首先使用主控器作为基座，然后以此为中心，一边搭建检测环境光强度组件，另一边使用一组齿轮搭建活动组件作为太阳能板，最后安装颜色传感器，并连接数据线。

● 搭建传动结构

按图16-7所示操作，使用连杆、轴、蜗杆和齿轮构造蜗杆传动，通过销与大型电动机连接。

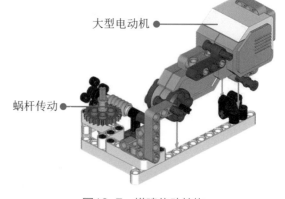

图16-7　搭建传动结构

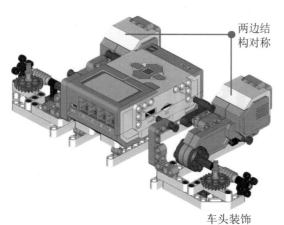

图16-8　组合底座

● 组合左右底座

如图16-8所示，将机器左右2个部分底座通过销连接合体。

● 安装齿轮组

如图16-9所示，使用大小齿轮相互啮合，搭建3个可旋转的结构，固定到底座。

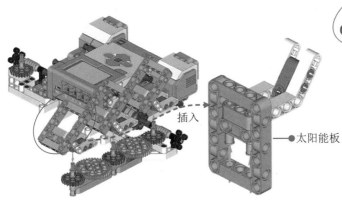

齿轮组合

图16-9 安装齿轮组

插入

太阳能板

图16-10 安装太阳能板

● 安装太阳能板

如图16-10所示，使用框架、连杆搭建结构模拟太阳能板，分别安装3个齿轮。

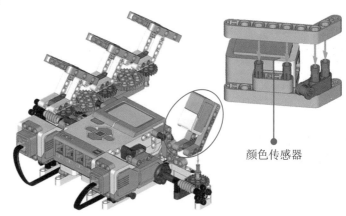

颜色传感器

● 安装传感器

如图16-11所示，使用连杆固定颜色传感器，再安装到左侧齿轮上，其数据线连接到主控器4口。

图16-11 安装传感器

编写程序

能源机器人搭建好后，根据任务需求设计算法，编写程序并设置程序模块参数，最后下载运行程序。

● 状态初始化

启动EV3编程软件，新建程序文件。创建init模块，拖入2个"变量"模块和1个"大型电动机"模块，如图16-12所示为初始化状态。

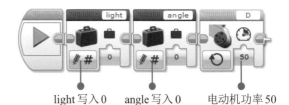

light写入0 angle写入0 电动机功率50

图16-12 状态初始化

● 添加循环结构

在init模块之后，拖入"循环"模块，按图16-13所示操作，设置循环结束条件。

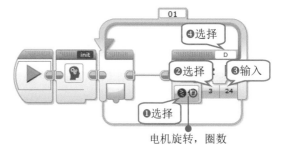

电机旋转，圈数

图16-13 添加循环结构

● 添加数值比较

按图16-14所示操作，添加"比较"模块，设置light变量值大于颜色传感器测量值。

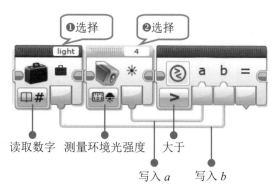

读取数字　测量环境光强度　　大于

写入 *a*　写入 *b*

图16-14　添加数值比较

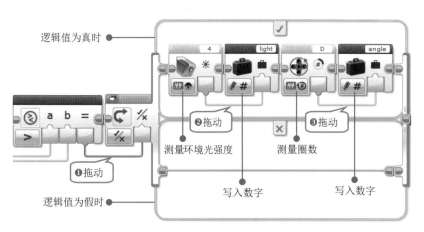

逻辑值为真时

❷拖动　测量环境光强度　　测量圈数　　❸拖动

❶拖动

写入数字　　写入数字

逻辑值为假时

图16-15　添加切换结构

● 添加切换结构

拖入"切换"模块，设置"逻辑"类型，依据"比较"逻辑值进行判断，按图16-15所示操作，记录环境光强度更大时的状态值。

● 精准控制转向

按图16-16所示操作，首先关闭电动机D，再将变量angle的数字传给"移动转向"模块的圈数，精准控制太阳能板朝向。

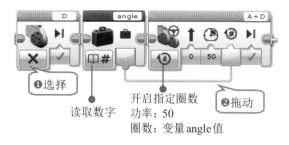

❶选择　　读取数字　　开启指定圈数
功率：50
圈数：变量angle值　　❷拖动

图16-16　精准控制转向

 功能检测

能源机器人搭建、编程结束，需要反复测试，调整搭建结构，调试参数优化程序，以保障机器运行稳定、自动检测、精准控制。

● 参数调试

为了机器能够精准控制转向，电动机功率大小以及旋转圈数需要不断运行测试，尤其是机器在反复探测环境，循环执行的结束条件，D电动机旋转圈数多少最为合适。请填写在表16-4中。

表16-4　"能源机器人"参数调试记录表

电动机	参数调整			结论
	第1次	第2次	第3次	
D电动机	功率:＿＿＿ 圈数:＿＿＿	功率:＿＿＿ 圈数:＿＿＿	功率:＿＿＿ 圈数:＿＿＿	
A电动机	功率:＿＿＿	功率:＿＿＿	功率:＿＿＿	

● 环境光强度检测

　　机器调试到最佳状态，选择不同环境进行测试，记录每次实验时环境光强度最大的数值light以及变量angle的数值，同时观察太阳能板转向是否灵敏、精准，将结果填写在表16-5中。

表16-5　光线强度检测

分组	环境光强度light	电动机旋转圈数angle	太阳能板转向
1			
2			
3			

1. 数据线

LEGO MINDSTORMS EV3数据类型有数字、逻辑、文本、数字排列和逻辑排列5种，编程模块之间数据传输需要通过"数据线"完成。与其他程序相同，类型一定要匹配。为了便于观察，在EV3编程软件中，用3种不同颜色的数据线分别表示不同的数值类型。如图16-17所示，其中黄色传输数字值、绿色传输逻辑值、橙色传输文本值。

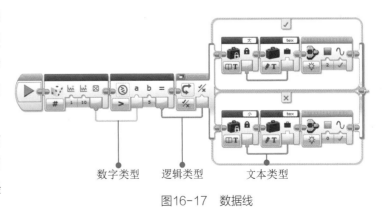

数字类型　　逻辑类型　　文本类型

图16-17　数据线

2．测量与比较

在EV3软件中所有的传感器模块，都有"测量"和"比较"两个模式。测量就是获取数据，不同传感器根据功能会测量相应数据，而"比较"则通过判断比较，给出一个逻辑值。如图16-18（a）所示，是颜色传感器测量环境光强度，图16-18（b）是比较电动机旋转圈数是否大于20。

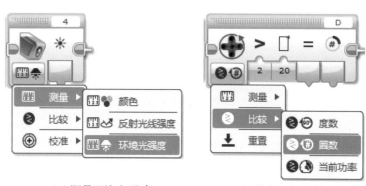

（a）测量环境光强度　　（b）比较电动机旋转圈数

图16-18　测量与比较

1 任务拓展

本节课制作的能源机器人，启动程序只能进行一次判断检测，如果想要实时检测最强光线，并精准控制太阳能板，怎样实现这一功能呢？

2 举一反三

本节课制作的机器人能自动检测光线、旋转太阳能板，生活中利用传感器测量数据、控制机器做出相应动作的机器还有哪些呢？比如灭火机器人，通过红外火焰传感器检测火源，判断位置，并驱动小车前往灭火，如果你来设计这个小车，会有哪些部件，又该如何设计算法呢？

第 17 课

搬运机器人

扫一扫 看微课

人工搬运重物时费时费力，甚至有时我们无法将重物搬起，所以相继出现了很多自动化搬运的工业机器人代替人们的搬运作业，大大减轻了人类繁重的体力劳动，并且提高了工作效率。1960年，美国首次使用机器人搬运重物，如今机器人被广泛应用于自动化生产线、自动装配流水线、码垛搬运等。本节课我们将用乐高器材搭建一个能搬运物品的机器人。

任务分析

模拟设计一款搬运机器人，在构思这个作品时，首先我们应设计一个能活动的机械臂，前端类似"爪"形可以自由张合，思考如何控制机械臂上下旋转，控制爪子张合，并提出相应的解决方案，最后搭建机器。

 明确功能

搬运机器人都有哪些功能和特征呢？你在设计、搭建机器之前必须要明确最终可以达到哪些目标，请填写在图17-1所示的思维导图中。

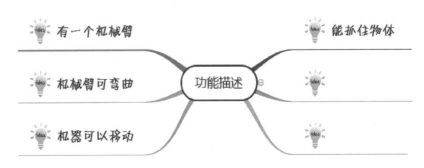

图17-1 明确"搬运机器人"功能

提出问题

在明确了搬运机器人的功能后，需要通过哪些方式来解决呢？会有哪些问题呢？如图17-2所示。你还能提出怎样的问题？请在图中记录。

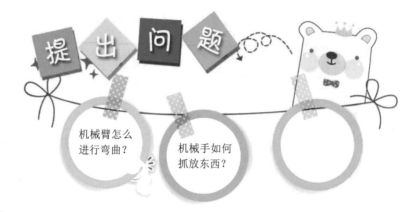

图17-2　提出问题

头脑风暴

要设计搬运机器人，必须解决上述提出的问题，关键在于机械臂能模拟人的手臂运动，还要能抓住物体。在生活中都有哪些案例呢，比如工厂的机械手，折叠台灯可以模拟手臂自由旋转，如图17-3所示，观察这些结构，对你搭建结构、编写程序是否有所启发。

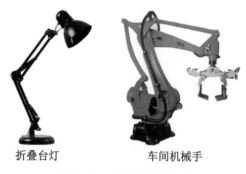

折叠台灯　　　　　车间机械手

图17-3　生活中旋转应用

提出方案

通过以上的活动探究，了解了搬运机器人需要解决的核心问题，结合EV3的特点，搭建机械手臂，通过电动机驱动旋转完成手臂动作。请根据表17-1的内容，完善你的作品方案。

表17-1　"搬运机器人"作品方案构思表

构思	提出问题
传动方式 → 搬运机器人 ← 电动机	1. 机械臂使用什么传动方式？ 2. 机械手使用什么传动方式？ 3. 机器主控器安装在什么位置？ 想一想：＿＿＿＿＿＿＿＿＿＿＿＿＿＿＿＿＿＿＿＿＿＿
	动力来源： ■ 大型电动机　　■ 中型电动机

规划设计

作品规划

根据构思的方案，初步设计出作品的构架。请从结构和编程两方面规划作品，如图17-4所示，如有更好的想法或思路，请添加到思维导图中。

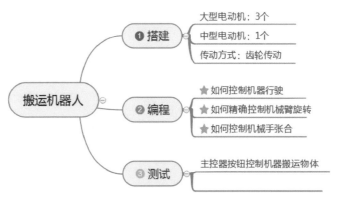

图17-4　规划设计"搬运机器人"

结构设计

搬运机器人由基座、机械臂、机械手3部分组成。如图17-5所示，基座的2个大型电动机给机器人提供驱动力，机械臂的大型电动机提供上下弯曲动力，机械手通过中型电动机垂直传动，驱动齿轮带动连杆旋转，完成张合动作。

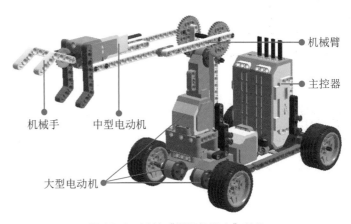

图17-5　设计"搬运机器人"结构

程序规划

规划好搬运机器人的结构，要想使用机械臂搬运物体，需要程序的精准控制，在编程之前，先要设计算法。

● 主程序流程图

根据任务需求，搬运机器人通过主控器按钮控制，绘制程序流程图，如图17-6所示。

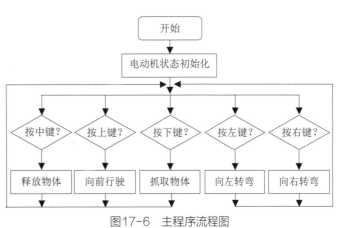

图17-6　主程序流程图

● "抓取"程序流程图

　　默认机械臂抬起状态，当按下主控器"下键"按钮，流程图如图17-7所示。

● "释放"程序流程图

　　当机械手中有物体时，按下主控器"中键"按钮，程序流程图如图17-8所示。

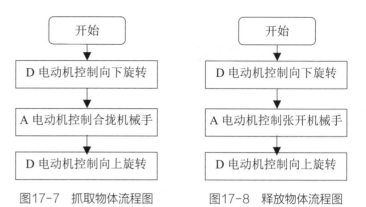

图17-7　抓取物体流程图　　　图17-8　释放物体流程图

　　作品的实施主要分器材准备、搭建作品、编写程序和功能检测4个部分。首先根据作品结构，选择合适的器材；然后依次搭建基座小车、机械臂、机械手，再安装主控器；最后编程测试作品功能，开展实验探究活动。

器材准备

　　搭建此搬运机器人，基座小车采用双电动机驱动，搭载主控器，机械臂用一个大型电动机，机械手使用中型电动机旋转齿轮垂直传动。主要器材清单如表17-2所示。

表17-2 "搬运机器人"器材清单

名称	形状	名称	形状	名称	形状
1×5厚连杆		1×7厚连杆		1×9厚连杆	
1×13厚连杆		1×15厚连杆		4×4厚连杆	
3×5直角厚连杆		1×11.5双弯厚连杆		5×7框架	
双连接销		3×3带角连接销		3×3十字轴与栓连接	
连接销		正交双轴孔联轴器		1#连接器	

续表

名称	形状	名称	形状	名称	形状
轴套		40齿齿轮		8齿齿轮	
主控器		大型电动机		中型电动机	
轮毂		轮胎		20齿齿轮、12齿齿轮	
数据线		各种轮轴		各种销	

搭建作品

　　搭建搬运机器人，可以分四部分进行。首先选择大型电动机作为主框架搭建基座，并安装4个车轮；然后再使用一个大型电动机搭建机械臂，并通过齿轮带动臂旋转；接着使用中型电动机和弯连杆组合搭建机械手；最后安装主控器，并连接数据线。

● 搭建基座

　　如图17-9所示，使用2个大型电动机、连杆，通过销相连构成基座框架，再安装4个轮子。

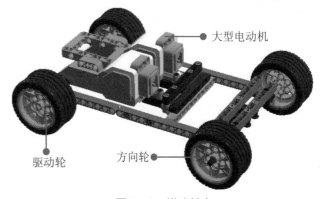

图17-9　搭建基座

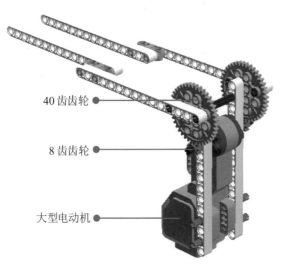

图17-10　搭建机械臂

● 搭建机械臂

　　如图17-10所示，使用大型电动机作为机械臂大臂，通过两个小齿轮啮合大齿轮，连接1×15厚连杆作为小臂，形成可旋转结构。

● 搭建机械手

　　如图17-11所示，使用2个小齿轮垂直啮合，一端连接弯连杆，形成"爪"形，另一端连接中型电动机，再固定机械臂。

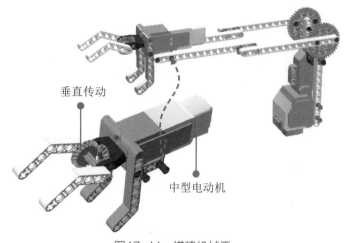

垂直传动

中型电动机

图17-11　搭建机械手

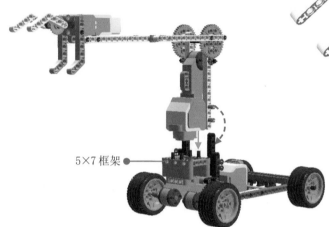

5×7框架

图17-12　安装机械臂

● 安装机械臂

　　如图17-12所示，通过框架、连杆组合，将机械臂垂直固定在小车基座上。

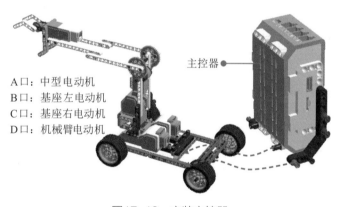

主控器

A口：中型电动机
B口：基座左电动机
C口：基座右电动机
D口：机械臂电动机

● 安装主控器

　　如图17-13所示，使用双弯厚连杆和销将主控器固定在小车基座上，并用数据线分别连接3个大型电动机和1个中型电动机。

图17-13　安装主控器

⟩_ 编写程序

　　搬运机器人结构搭建好后，就能根据算法设计、编写相应程序，反复调试程序、测试参数达到机器运行的最佳状态。

● 状态初始化

　　启动EV3编程软件，新建程序文件。创建init模块，分别拖入"移动槽""大型电动机""中型电动机"模块，如图17-14所示，初始化状态。

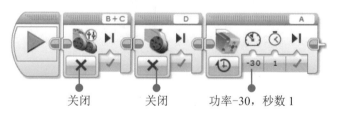

关闭　　　　关闭　　　　功率-30，秒数1

图17-14　状态初始化

● 编写"抓取"程序

　　创建catch模块，分别拖入2个"大型电动机"和1个"中型电动机"模块，如图17-15所示，控制机器抓取物体。

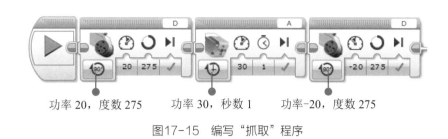

功率 20，度数 275　　功率 30，秒数 1　　功率-20，度数 275

图17-15　编写"抓取"程序

● 编写"释放"程序

　　创建release模块，同样拖入2个"大型电动机"和1个"中型电动机"模块，如图17-16所示，控制机器释放物体。

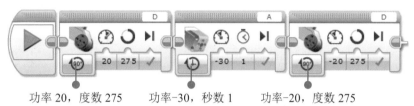

功率 20，度数 275　　功率-30，秒数 1　　功率-20，度数 275

图17-16　编写"释放"程序

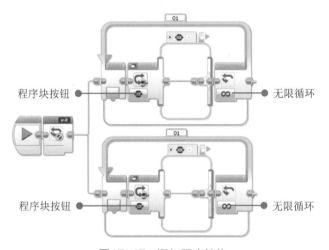

程序块按钮　　　　　无限循环

程序块按钮　　　　　无限循环

图17-17　添加程序结构

● 添加程序结构

　　拖入2个"循环"模块，在每个循环体内拖入"切换"模块，如图17-17所示，设置程序主体框架。

● 控制抓放

　　在第1个"切换"结构中添加4个"情况"，分别实现主控器"上键""下键""中键"以及不按键时的4种状态，如图17-18所示。

抓取物体　　　　前进　　　　释放物体

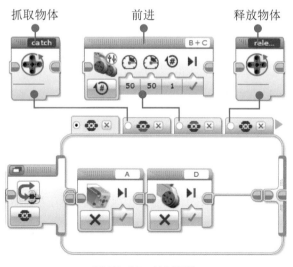

图17-18　控制抓放

● 控制方向

　　在第2个"切换"结构中添加3个"情况"，分别实现主控器按"左键""右键"以及不按键时3种状态，如图17-19所示。

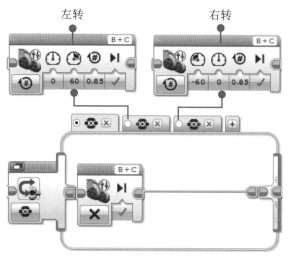

图17-19　控制方向

 功能检测

　　搬运机器人制作好后，需要反复测试，调试参数优化程序，尤其是机械臂抬起和落下高度的调整，以及机械手张开、合拢状态调整。

● 参数调试

　　为了设置机械臂抬起高度，电动机功率大小以及旋转圈数、中型电动机功率和旋转秒数需要不断调试。设置参数多少最为合适，请填写在表17-3中。

表17-3　"搬运机器人"参数调试记录表

电动机	参数调整			结论
	init模块	catch模块	release模块	
D电动机	功率：____ 圈数：____	功率：____ 圈数：____	功率：____ 圈数：____	
A电动机	功率：____ 秒数：____	功率：____ 秒数：____	功率：____ 秒数：____	

● 搬运物体检测

　　机器调试到最佳状态，选择一个场地，摆出若干物品，控制机器人搬运，同时观察机器人运行是否灵敏、精准，在表17-4中记录检测结果，成功打√，失败打×。

表17-4　搬运物体检测

物品	第1次		第2次		第3次	
	抓取	释放	抓取	释放	抓取	释放
轮胎						
橡皮						
积木						

1. 定义模块

使用EV3编写比较复杂的程序时，为了使程序结构更清晰，可以创建"我的模块"，将特有功能的程序写在一起，比如本案例中的init、catch、release三个模块。定义模块时，先在画布中拖入需要的程序块，按图17-20所示操作，创建"suijidengdai"模块。

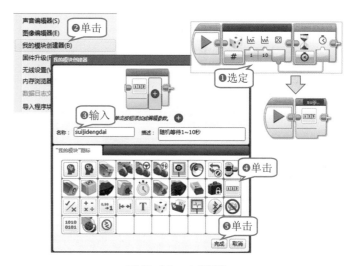

图17-20　定义模块

2. 调用模块

自定义模块其实是一个子程序，同其他高级语言一样，先定义模块，再调用模块。调用模块时，在软件底部的"编程面板"中查询我的模块，按图17-21所示操作，调用自定义模块。

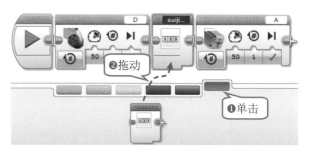

图17-21　调用模块

挑战空间

1 **任务拓展**

你在运行搬运机器人的过程中发现有哪些不足,可以进行哪些优化?比如增加一个颜色传感器,判断机械臂抬起状态,或者增加陀螺仪传感器精准测试角度等,你还有哪些更好的想法,请改进方案进行验证。

2 **举一反三**

本节课搭建机械臂用来搬运物体,生活中还有许多类似的重工作业机器也是通过机械臂方式工作,比如塔吊,如图17-22所示。如果你来设计塔吊,需要哪些部件,如何设计算法,填写在"设计思路"框中。

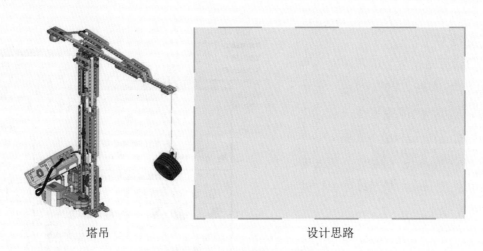

塔吊   设计思路

图17-22　塔吊及其设计思路

分拣机器人

扫一扫 看微课

刘小豆妈妈是公司的质检员，每天都要从生产的产品当中找出不合格的产品，并且分拣出来，由于工作量实在太大，妈妈每天都要工作到很晚才能回家。刘小豆看着妈妈这么辛苦，想分担妈妈的工作，你有什么好的办法帮助她吗？在本节课中，我们使用乐高器材制作一个分拣机器人来帮助刘小豆妈妈去解决这个问题。

任务分析

分拣机器人是一种可以根据传感器辨别物品，并快速进行物品分拣的机器人。在构思这个作品时，首先我们要明确作品的功能与特点，并选择合适的传感器来实现这些功能；然后思考需要解决的问题，并提出相应的解决方案；最后设计搭建作品。

明确功能

要设计制作分拣机器人，首先要知道它应当具备哪些功能或特征。请将你认为需要达到的目标填写在图18-1所示的思维导图中。

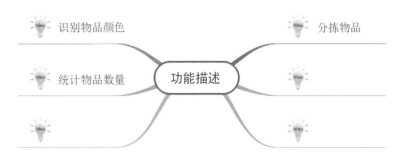

识别物品颜色　　　　　　分拣物品

统计物品数量　　功能描述

图18-1　明确分拣机器人功能

提出问题

制作分拣机器人时，需要思考的问题如图18-2所示。你还能提出怎样的问题？填在框中。

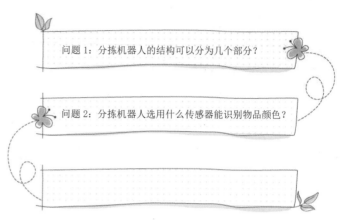

问题1：分拣机器人的结构可以分为几个部分？

问题2：分拣机器人选用什么传感器能识别物品颜色？

图18-2　提出问题

头脑风暴

要设计分拣机器人，首先要知道它是如何工作的。分拣机器人可以将物品进行分类，并将分类后的物品自动运送到指定的位置。那么，我们如何运送物品呢？其实在生活中我们使用传送带来运送物品，如工厂使用传送带运送零部件，机场使用传送带托运行李等，都是传送带在生活中的实际应用。如图18-3所示，请仔细观察，并比较分拣机器人和它们的异同。我们在设计时，有哪些地方可以借鉴呢？

图18-3　传送带的应用

提出方案

通过以上的活动探究，了解了分拣机器人的功能和可实现该功能的传感器。然后，根据传感器的大小来设计机器人的结构，并确定传感器在机器人上的位置，以及电动机的使用数量和在机器人上的位置。请根据表18-1的内容，完善你的作品方案。

表18-1　"分拣机器人"方案构思表

构思	提出问题
传感器 分拣机器人 电动机	1. 分拣机器人的结构？ 2. 传感器的作用和位置？ 3. 电动机的数量及位置？ 想一想：_____
	"分拣"动作需求：识别物品颜色—物品传送到相应位置 ■大型电动机　■中型电动机　■颜色传感器

作品规划

　　根据以上的方案，可以初步设计出作品的构架，请规划作品所需要的元素，将自己的想法和问题添加到图18-4所示的思维导图中。

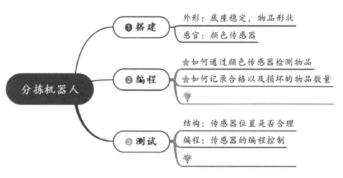

图18-4　规划设计"分拣机器人"

结构设计

　　分拣机器人由底盘、传送机构、大型电动机、中型电动机、主控器和颜色传感器等部分组成，最重要的是由电动机控制传送机构将合格以及损坏的物品传送到相应的分拣盒中。如图18-5所示，在搭建时，要将"颜色传感器"和"主控器"的位置预留出来。

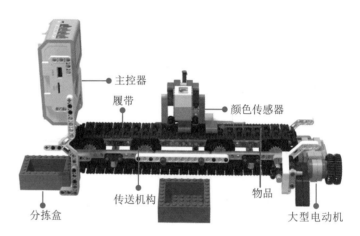

图18-5　设计"分拣机器人"结构

程序规划

　　分拣机器人构建好之后，根据任务需求，先设计算法，然后编写程序并设置程序模块参数，最后下载运行程序。

● 绘制颜色程序流程图

　　根据任务需求，从颜色传感器识别出的物品颜色来检测物品是否合格，绘制程序流程图，如图18-6所示。

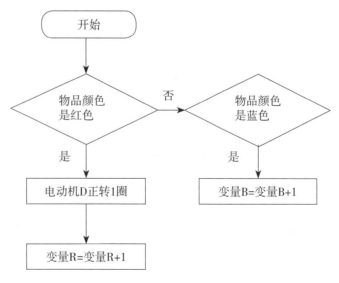

图18-6　颜色程序流程图

● 绘制传送程序流程图

　　根据任务需求，通过物品颜色识别，将合格和损坏的物品分别传送到相应的位置，绘制程序流程图，如图18-7所示。

● 绘制显示程序流程图

　　根据任务需求，将合格以及损坏的物品数量显示在EV3屏幕上，绘制程序流程图，如图18-8所示。

● 绘制主程序流程图

　　根据任务需求，将传送和显示2个模块加入循环中，绘制程序流程图，如图18-9所示。

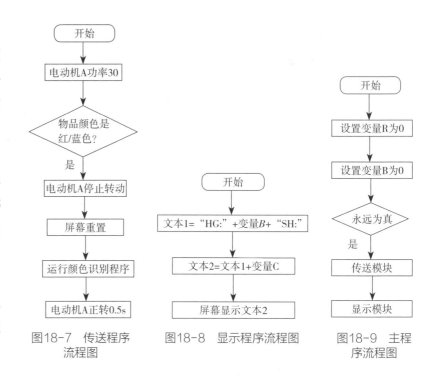

图18-7　传送程序流程图

图18-8　显示程序流程图

图18-9　主程序流程图

探究实践

　　作品的实施主要分器材准备、搭建作品、编写程序和功能检测4个部分。首先根据作品结构，选择合适的器材；然后依次搭建底盘和传送机构，并将其组合；最后编程测试作品功能，开展实验探究活动。

器材准备

　　分拣机器人的底盘搭建选择直角厚连杆、双弯厚连杆和联轴器，它们之间通过各种销连接在一起；传送机构选择大型电动机、中型电动机、连杆、链齿轮和履带，使用各种销和轴将它们连接在一起；颜色传感器使用蓝色长销与支架连接，再将支架连接到传送机构上；主控器使用双弯厚连杆和黑色销与传送机构连接；分拣盒和物品使用连杆、砖和黑色销搭建完成。主要器材清单如表18-2所示。

表18-2　"分拣机器人"器材清单

名称	形状	名称	形状	名称	形状
4齿齿轮		1×15厚连杆		1×3厚连杆	

续表

名称	形状	名称	形状	名称	形状
24齿齿轮		1×7厚连杆		双连接销	
轴和轴套		3×5直角厚连杆		4×6单弯厚连杆	
1×11.5双弯厚连杆		正交双轴孔联轴器		轴套长销	
履带		各种销		链齿轮	
长正交联轴器		连接器		2×4直角厚连杆	
36齿双锥齿轮		4×4单弯厚连杆		各种砖	

搭建作品

搭建分拣机器人时，可以分模块进行。首先是搭建底盘；然后搭建传送机构并将两个电动机固定在传送机构上；接着搭建分拣盒和物品，其中合格的分拣盒和物品用蓝色表示，而损坏的分拣盒和物品用红色表示；最后安装主控器并连接数据线。

图18-10　搭建底盘

● 搭建底盘

以连杆、直角厚连杆和双弯厚连杆等零件作为底盘的主体，用销进行连接固定，如图18-10所示。

● 搭建传送机构

如图18-11所示，首先使用中型电动机、轴和连接器等零件搭建连杆机构，连杆机构可以将损坏的物品推送到损坏的分拣盒中；然后用大型电动机、4齿齿轮、链齿轮和连杆等零件搭建传送装置，传送装置可以运送物品；最后将履带安装在链齿轮上，可以将物品放在履带上，并传送到指定的位置。

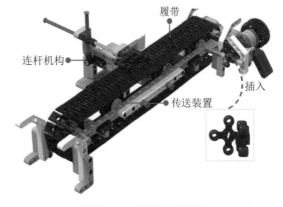

图18-11　搭建传送机构

● 固定颜色传感器

　　如图18-12所示，首先使用联轴器和连杆等零件搭建支架，然后用蓝色长销将颜色传感器固定在支架上，最后将支架连接到传送机构上。

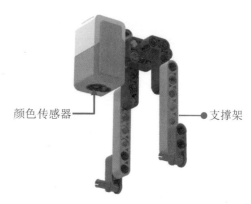

图18-12　固定颜色传感器

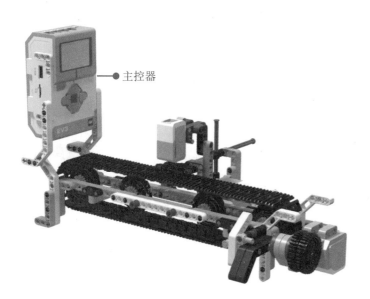

图18-13　连接主控器

● 连接主控器

　　按图18-13所示，搭建作品其他部分，使用双弯厚连杆和黑色销等零件将主控器与传送机构相连。

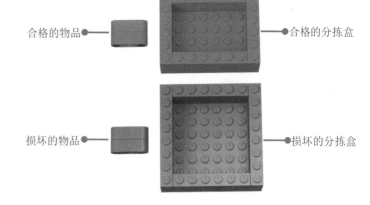

● 搭建分拣盒和物品

　　如图18-14所示，使用连杆、黑色销和砖等零件搭建分拣盒和物品。

图18-14　搭建分拣盒和物品

● 连接数据线

　　通过数据线将大型电动机和中型电动机分别连接到主控器的A和D接口上，再使用数据线将颜色传感器连接到主控器的接口1上。

 **编写程序**

　　分拣机器人构建好之后，根据任务需求，先设计算法，然后编写程序并设置程序模块参数，最后下载运行程序。

● 颜色模块

　　启动EV3编程软件，新建程序文件。创建颜色模块，按图18-15所示操作，拖动"判断"模块到"开始"模块后，将颜色传感器识别出的物品颜色设定为判定条件，根据返回的结果判断物品是否合格。

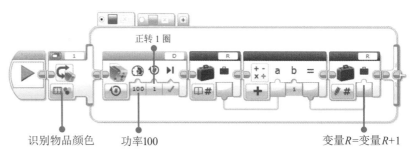

正转1圈

识别物品颜色　　功率100　　　　　　　　　　　　　变量R=变量R+1

图18-15　颜色模块

● 传送模块

　　创建传送模块，按图18-16所示操作，拖动上一步编写好的"颜色"模块到"传送"模块中，将合格和损坏的物品分别传送到相应的位置。

功率30　物品颜色是红色或蓝色　　　　颜色模块

图18-16　传送模块

● 显示模块

　　创建显示模块，按图18-17所示操作，拖动"变量"模块到"开始"模块后，使用"文本"模块合并合格以及损坏的物品数量，再将合并的结果显示在EV3屏幕上。

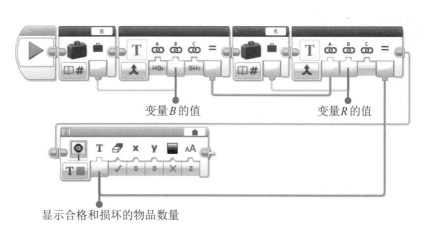

变量B的值　　　　　　　变量R的值

显示合格和损坏的物品数量

图18-17　显示模块

● 编写主程序

　　按图18-18所示操作，拖动2个"变量"模块到"开始"模块之后，设置变量名为R和B，初始值为零，再将传送和显示两个模块加入循环中，程序编写完成，最后将文件名称设置为"FenJian"并保存。

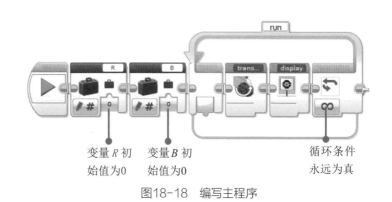

变量R初始值为0　变量B初始值为0　　　　循环条件永远为真

图18-18　编写主程序

● 下载运行程序

　　使用USB连接线将计算机和机器人连接起来，将程序下载到主控器中，断开连接线，选择程序运行并修改参数调试。

 **功能检测**

　　分拣机器人设计制作完成后，就可以进行物品分拣了。我们可以通过改变电动机的功率以及光线强度来进行测试，记录正确放进相应分拣盒中的物品数量，并比较完成效率。下面开始我们的科学探究吧。

● 功率变化

　　在传送带上依次放上8个红色物品和7个蓝色物品，通过修改程序中大型电动机的功率，记录正确放进相应分拣盒中的物品数量，并将合格以及损坏的物品数量显示在EV3屏幕上。按照表18-3中"分组"所示开展测试，将结果填写在表格中。

表18-3 "分拣机器人"功率变化

分组	功率	完成数量	完成效率（高、中、低）
1	20		
2	50		
3	80		

● 光线强度变化

　　在传送带上依次放上8个红色物品和7个蓝色物品，通过不同的环境进行测试，记录正确放进相应分拣盒中的物品数量，并将合格以及损坏的物品数量显示在EV3屏幕上。按照表18-4中"分组"所示开展测试，将结果填写在表格中。

表18-4 "分拣机器人"光线强度变化

分组	环境光强度	完成数量	完成效率（高、中、低）
1	强		
2	中		
3	弱		

1. 变量模块和常量模块

变量模块可以创建一个新变量并进行命名,通过数据线可以把数值写入变量中,也可以从变量中读取当前的数值。这里要注意,变量值是可以随时改变的。常量模块用于输入一个常数,以便在程序中的不同地方调用。这里要注意,如果改变常量值,则程序中所有用到这一常量的地方都会随之改变,如图18-19所示。

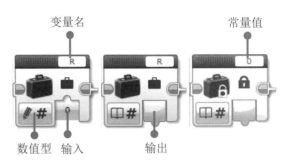

图18-19 变量模块和常量模块

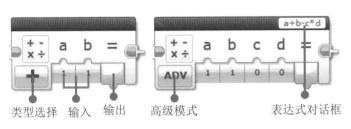

图18-20 数学模块

2. 数学模块

数学模块的功能是对模块中输入的值进行数学计算,并通过数据线将计算的结果输出到变量或EV3屏幕上,如图18-20所示。我们可以通过模式选择器选择高级模式来执行更为复杂的数学运算。

1 任务拓展

想一想,如图18-21所示,为什么在颜色模块后要加一个大型电动机A转动0.5s的命令,能不能把框中的模块语句去除?

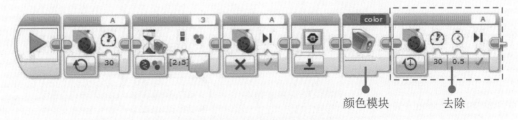

图18-21 去除框中模块语句

2 举一反三

试一试,如果将本节课中使用的颜色传感器换成超声波传感器或触动传感器,分拣机器人又该如何识别物品的种类呢?请设计作品结构并编写程序。

疯狂打地鼠

"打地鼠"是一款比较经典的锻炼反应能力的游戏。在玩游戏的过程中，"地鼠"会从一个个地洞中不经意地探出脑袋，这时只要打中它的脑袋，就可得分。这种轻松愉快的游戏，不仅锻炼了我们的身体，还提高了我们的反应能力。今天就让我们一起用乐高器材来制作一个可以"打地鼠"的游戏机器人吧。

 **任务分析**

设计制作一个可以"打地鼠"的游戏机器人。在构思这个作品时，首先我们要明确作品的功能与特点，并选择合适的传感器来实现这些功能；然后思考需要解决的问题，并提出相应的解决方案；最后设计搭建游戏机器人。

 明确功能

要设计制作一个可以"打地鼠"的游戏机器人，首先要知道它应当具备哪些功能或特征。请将你认为需要达到的目标填写在图19-1所示的思维导图中。

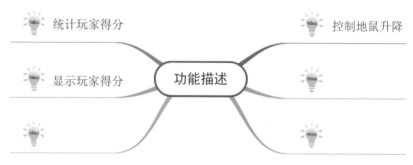

图19-1 明确"打地鼠"功能

提出问题

制作"打地鼠"游戏机器人时，需要思考的问题如图19-2所示。你还能提出怎样的问题？填在框中。

问题1：	问题2：	问题3：
如何让"地鼠"从"地洞"中探出脑袋？	游戏机器人的结构可以分成哪几个部分？	

图19-2　提出问题

头脑风暴

大家可能都玩过"打地鼠"游戏。在游戏过程中，"地鼠"会随机从地洞中冒出脑袋，短时间后又会把脑袋隐藏到地洞中，那么，我们在设计制作这个游戏时，有什么办法可以控制"地鼠"的升降呢？在生活中可以使用连杆机构来达到升降的效果，比如订书机的开盖机构、雨伞的撑开与合拢等。如图19-3所示，请仔细观察，并比较游戏机器人和它们的异同。我们在设计时，有哪些地方可以借鉴呢？

图19-3　生活中的连杆机构

提出方案

通过以上的活动探究，了解了游戏机器人的功能和可实现该功能的传感器。然后根据传感器的大小来设计机器人的结构，并确定传感器在机器人上的位置，以及主控器的位置。请根据表19-1的内容，完善你的作品方案。

表19-1　"打地鼠"作品方案构思表

构思	提出问题
传感器　电动机　主控器	1. 游戏机器人的结构？ 2. 传感器的作用和位置？ 3. 主控器的位置？ 想一想：_____
	"地鼠"动作：上升—等待—下降 ■ 大型电动机　■ 中型电动机

规划设计

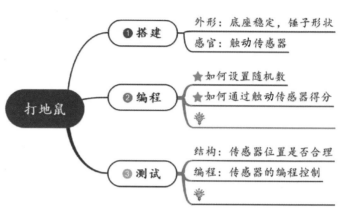

图19-4 规划设计"打地鼠"作品

作品规划

根据以上的方案，可以初步设计出作品的构架，请规划作品所需要的元素，将自己的想法和问题添加到图19-4所示的思维导图中。

结构设计

游戏机器人由锤子、连杆机构、大型电动机、主控器和触碰传感器等部分组成，最重要的是由4个大型电动机控制"地鼠"升降。如图19-5所示，在搭建时，要将触动传感器和主控器的位置预留出来。

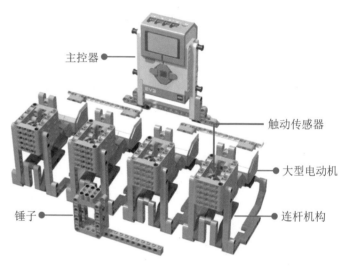

图19-5 设计"打地鼠"作品结构

程序规划

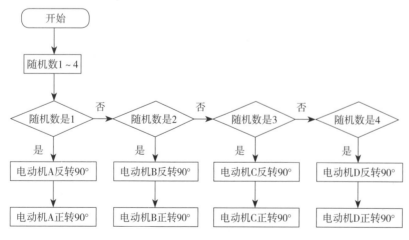

图19-6 随机数程序流程图

游戏机器人构建好之后，根据任务需求，先设计算法，然后编写程序并设置程序模块参数，最后下载运行程序。

● 绘制随机数程序流程图

根据任务需求，利用随机模块生成4个整数，从而控制相应的大型电动机运转，绘制程序流程图，如图19-6所示。

● 绘制得分程序流程图

　　根据任务需求，通过玩家击中"地鼠"的次数，累加分数，绘制程序流程图，如图19-7所示。

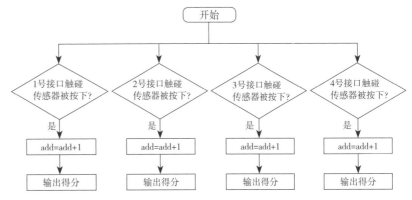

图19-7　得分程序流程图

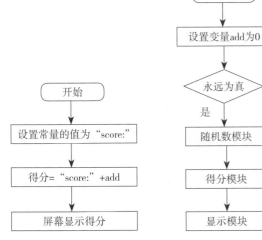

● 绘制显示程序流程图

　　根据任务需求，将玩家的得分显示在EV3屏幕上，绘制程序流程图，如图19-8所示。

● 绘制主程序流程图

　　根据任务需求，将随机数、得分、显示等3个模块加入循环中，绘制程序流程图，如图19-9所示。

图19-8　显示程序流程图　　图19-9　主程序流程图

　　作品的实施主要分器材准备、搭建作品、编写程序和功能检测4个部分。首先根据作品结构，选择合适的器材；然后依次搭建底盘和连杆机构，并将其组合；最后编程测试作品功能，开展实验探究活动。

器材准备

　　游戏机器人的底盘搭建选择大型电动机、联轴器、连杆和双弯厚连杆，它们之间通过各种销和轴连接在一起；连杆机构选择连杆和单弯厚连杆，使用各种销将它们连接在一起；触动传感器使用各种销与连杆机构连接；主控器使用轴套长销与底盘连接；锤子使用框架、连杆、15孔梁和销搭建完成。主要器材清单如表19-2所示。

表19-2 "游戏机器人"器材清单

名称	形状	名称	形状	名称	形状
5×7框架		1×15厚连杆		1×3厚连杆	
1×5厚连杆		1×7厚连杆		双连接销	
轴和轴套		3×5直角厚连杆		4×6单弯厚连杆	
1×11.5双弯厚连杆		正交双轴孔联轴器		轴套长销	
3×3带角连接销		各种销		15孔梁	
主控器		大型电动机		触碰传感器	

◉ 搭建作品

　　搭建游戏机器人时，可以分模块进行。首先是搭建底盘并将大型电动机固定在底盘上；然后搭建连杆机构并将触动传感器固定在连杆机构上；接着安装主控器并搭建可以击中"地鼠"脑袋的锤子；最后连接数据线。大家也可以根据自己的想法进行搭建。

● 搭建底盘

　　如图19-10所示，以连杆、双弯厚连杆和联轴器等零件作为底盘的主体，用销进行连接，再将大型电动机固定在底盘上。

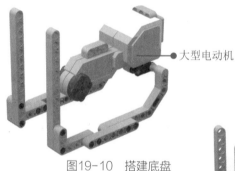

大型电动机

图19-10　搭建底盘

● 搭建连杆机构

　　如图19-11所示，使用连杆和单弯厚连杆等零件搭建连杆机构，并用销将连杆机构固定在大型电动机上。

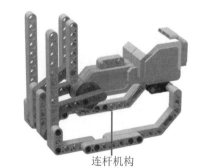

连杆机构

图19-11　搭建连杆机构

● 固定触动传感器

如图19-12所示，使用黑色销，将触动传感器连接到连杆机构上，并将其放入5×7框架中。

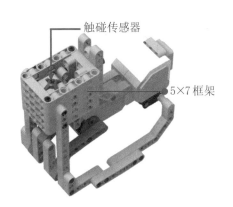

图19-12　固定触碰传感器

● 连接主控器

按图19-13所示，搭建作品其他部分，然后使用轴套长销将主控器连接到底盘上。

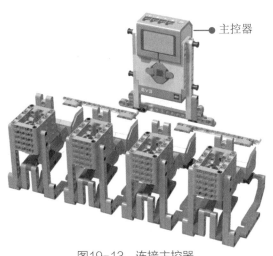

图19-13　连接主控器

● 搭建锤子

按图19-14所示，使用框架、15孔梁和连杆等零件搭建击中"地鼠"脑袋的锤子。

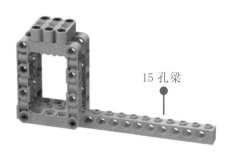

图19-14　搭建锤子

● 连接数据线

从左往右，通过数据线将4个大型电动机连接到主控器的A、B、C、D接口上，再使用数据线将4个触动传感器连接到主控器的1、2、3、4接口上。

编写程序

游戏机器人构建好之后，根据任务需求，先设计算法，然后编写程序并设置程序模块参数，最后下载运行程序。

● 随机数模块

启动EV3编程软件，新建程序文件。创建随机数模块，按图19-15所示操作，拖动"随机"模块到"开始"模块后，将随机数的输出结果设定为判定条件，根据返回的结果控制大型电动机运转。

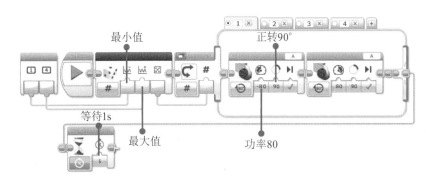

图19-15　随机数模块

● **得分模块**

　　创建得分模块，按图19-16所示操作，拖动"等待"模块到"开始"模块后，根据玩家击中触动传感器的次数，累加分数。

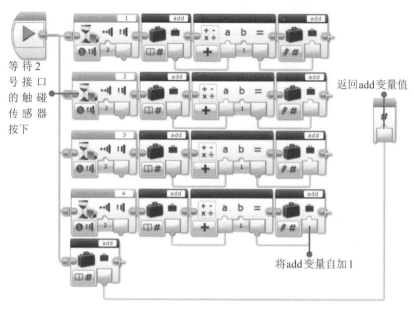

等待2号接口的触碰传感器按下

返回add变量值

将add变量自加1

图19-16　得分模块

● **显示模块**

　　创建显示模块，按图19-17所示操作，拖动"常量"模块到"开始"模块后，设置常量值为"score："，使用"文本"模块合并玩家的得分，再将合并的结果显示在EV3屏幕上。

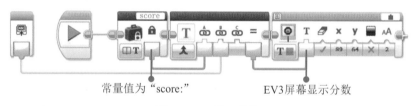

常量值为"score:"　　　EV3屏幕显示分数

图19-17　显示模块

● **编写主程序**

　　按图19-18所示操作，拖动"变量"模块到"开始"模块之后，设置变量名为add，初始值为零，再将随机数、得分、显示3个模块加入循环中，程序编写完成，最后将文件名称设置为"DaDiShu"并保存。

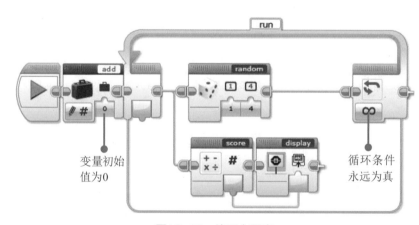

变量初始值为0

循环条件永远为真

图19-18　编写主程序

● **下载运行程序**

　　使用USB连接线将计算机和机器人连接起来，将程序下载到主控器中，断开连接线，选择程序运行并修改参数调试。

功能检测

　　游戏机器人设计制作完成后，就可以进行"打地鼠"游戏了。我们可以通过改变电动机的功率以及转动角度来进行测试，记录锤子击中"地鼠"脑袋的次数，并比较打中概率。下面开始我们的游戏吧。

● 功率变化

　　修改程序中4个大型电动机的功率，记录锤子击中"地鼠"脑袋的次数，并将玩家的得分显示在EV3屏幕上。按照表19-3中"分组"所示开展测试，将结果填写在表格中。

表19-3　"打地鼠"功率变化

分组	功率	得分	打中概率（高、中、低）
1	30		
2	60		
3	90		

● 角度变化

　　修改程序中4个大型电动机的转动角度，记录锤子击中"地鼠"脑袋的次数，并将玩家的得分显示在EV3屏幕上。按照表19-4中"分组"所示开展测试，将结果填写在表格中。

表19-4　"打地鼠"角度变化

分组	转动角度	得分	打中概率（高、中、低）
1	70		
2	80		
3	100		

1. 随机模块

　　随机模块可以产生一个在某一范围内的随机数。随机模块可以输出随机数字或逻辑值，也就是有两种输出类型，即数值型和逻辑型，如图19-19所示。我们可以使用随机模块的结果使机器人从不同动作中随机进行选择。

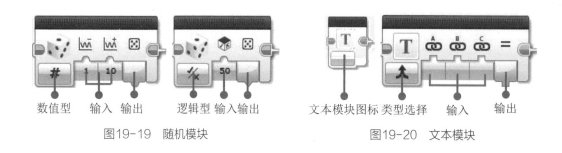

数值型　输入　输出　　　逻辑型　输入输出　　　　文本模块图标 类型选择　输入　　输出

图19-19　随机模块　　　　　　　图19-20　文本模块

2. 文本模块

文本模块的功能是将不同的文本合并在一起，再按照一定的顺序组成一个新的文本输出，如图19-20所示。文本模块可以通过数据线将合并的文本字符串输出到变量或EV3屏幕上。

①　任务拓展

想一想，我们能不能为"打地鼠"游戏添加音乐效果。要求当玩家用锤子打中"地鼠"时，发出一种音效，打不中时，发出另一种音效，应如何设计编写程序呢？

②　举一反三

试一试，可不可以给"打地鼠"游戏设计一个30s的倒计时程序。要求EV3屏幕显示倒计时时间，当计时为0时，停止游戏，并将玩家的得分显示在EV3屏幕上，该如何设计算法和程序呢？